建设工程识图高手训练营系列丛书

市政工程施工图识读

本书编委会　编

中国建筑工业出版社

图书在版编目（CIP）数据

市政工程施工图识读/本书编委会编. —北京：中国建筑工业出版社，2015.10（2025.1 重印）
（建设工程识图高手训练营系列丛书）
ISBN 978-7-112-18469-9

Ⅰ.①市… Ⅱ.①本… Ⅲ.①市政工程-工程施工-工程制图-识别 Ⅳ.①TU99

中国版本图书馆 CIP 数据核字（2015）第 223493 号

本书结合施工图识读实例，详细介绍了市政工程施工图识读的思路、方法和技巧，全书共分为 6 章，内容主要包括：市政工程识图概述、识读市政道路工程施工图、识读市政桥梁工程施工图、识读市政隧道与涵洞工程施工图、识读市政给水排水工程施工图及识读市政燃气工程施工图。

本书可供从事市政工程设计工作人员、施工技术人员使用，也可供各高校市政专业师生参考使用。

责任编辑：岳建光 张 磊
责任设计：董建平
责任校对：刘 钰 赵 颖

建设工程识图高手训练营系列丛书
市政工程施工图识读
本书编委会 编
*
中国建筑工业出版社出版、发行（北京西郊百万庄）
各地新华书店、建筑书店经销
北京科地亚盟排版公司制版
建工社（河北）印刷有限公司印刷
*
开本：787×1092 毫米 横 1/16 印张：13½ 字数：380 千字
2015 年 11 月第一版 2025 年 1 月第二次印刷
定价：**48.00** 元
ISBN 978-7-112-18469-9
(44172)

本书编委会

主　编　冯义显

参　编　（按笔画顺序排列）

王　映　王志良　王毅然　吕学哲

刘斯洋　张　彤　张祺臻　庞　博

赵龙女　胡婉如　董　航　董翠玲

翟景琛

前　言

工程设计图纸是工程技术界的通用语言，是有关工程技术人员进行信息传递的载体，是进行工程施工、编制施工图预算和施工组织设计的依据，是具有法律效力的正式文件，是工程建设重要的技术文件。设计人员可以通过施工图，表达设计意图和设计要求；施工人员可以通过熟悉图纸，理解设计意图，并按图施工。当业主与施工单位因质量产生争议时，施工图是技术仲裁或法律裁决的重要依据。建筑工程竣工后，施工单位应根据施工图纸设计变更文件，绘制竣工图纸，作为今后使用与维修、改建、鉴定的重要依据。可以说，读懂市政工程施工图并快速了解工程施工情况是对市政工程建筑施工技术人员、监理人员和管理人员的最基本要求。为了满足广大技术人员的需要，我们组织编写了本书，旨在提高其技术水平和业务技能。

本书依据最新国家制图标准进行编写，内容简明实用，重点突出，结合大量具有代表性的工程施工图实例，注重工程实践，侧重实际工程图的识读，便于读者结合实际，系统地掌握相关知识。

由于编者水平有限，书中难免有不当和错误之处，敬请广大读者提出宝贵意见。

目　录

1 市政工程识图概述

1.1 市政工程制图标准

1. 图幅

(1) 图纸幅面

图幅是指图纸的幅面大小。对于一整套的图纸，为了便于装订、保存和合理使用，图纸无论装订与否，均需在图幅以内按表 1-1 的规定尺寸画出图框。a 及 c 分别表示图框线到图纸幅面线的相应距离。

图幅及图框尺寸（单位：mm） **表 1-1**

图幅代号 / 尺寸代号	A0	A1	A2	A3	A4
$b \times l$	841×1189	594×841	420×594	297×420	210×297
a	35	35	35	30	25
c	10	10	10	10	10

(2) 图纸图框

在选用图幅时，应根据实际情况，以一种规格为主，尽量避免大小幅面混合使用。一般 A0～A3 图纸宜横式使用，必要时也可立式使用，A4 图纸只能立式使用。图幅尺寸代号的含义，如图 1-1 所示。

图纸幅面的长边是短边的$\sqrt{2}$倍，即在$\sqrt{2}b$。A0 幅面的面积为 $1m^2$，A1 幅面是沿着 A0 幅面长边的对裁，A2 幅面是沿着 A1 幅面长边的对裁，其他幅面依此类推，如图 1-2 所示。必要时，图纸幅面的长边可以加长，但短边不得加宽。长边加长的长度，图幅 A0、A2、A4 应为 150mm 的整倍数；图幅 A1、A3 应为 210mm 的整倍数。

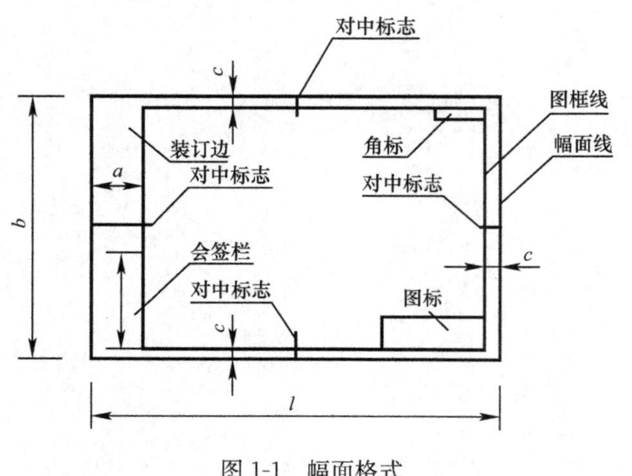

图 1-1　幅面格式

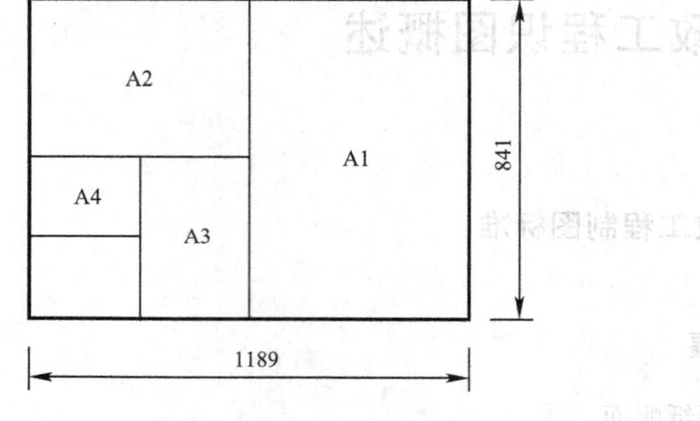

图 1-2　各幅面尺寸在 A0 号图纸的分布

（3）图标及会签栏

图框内右下角应绘图纸标题栏，简称图标。图标格式如图 1-3、图 1-4 所示。

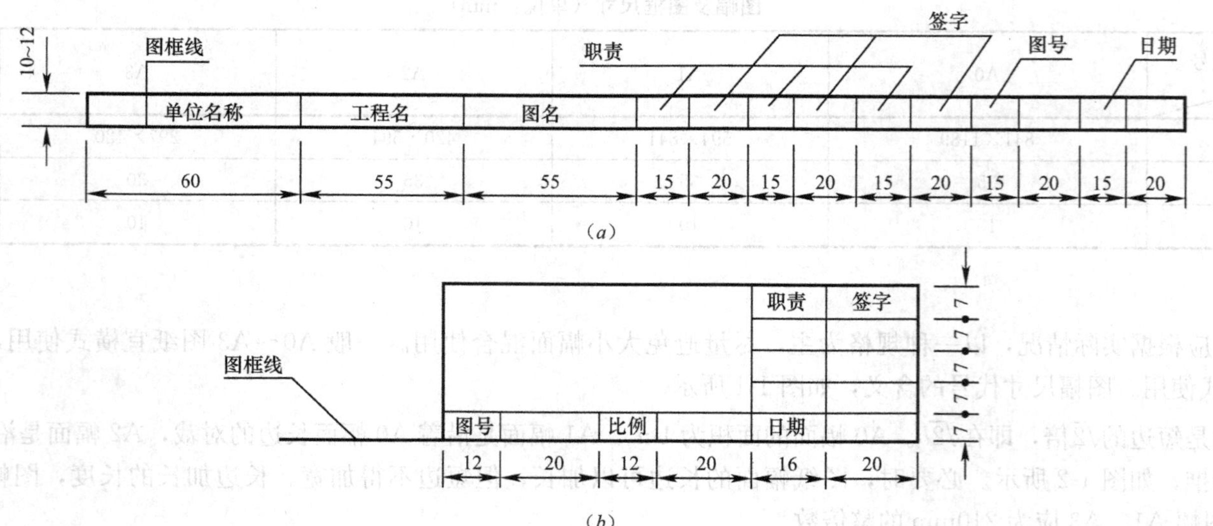

图 1-3　图标格式（单位：mm）（一）

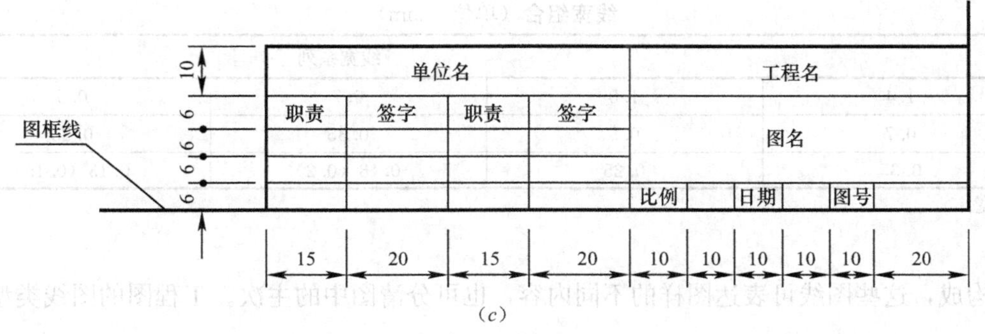

(c)

图 1-4　图标格式（单位：mm）（二）

会签栏应在图框外左下角，其绘制格式如图 1-5 所示。

当图上需绘制角标时，角标应布置在图框内右上角，如图 1-6 所示。角标线线宽宜为 0.25mm。

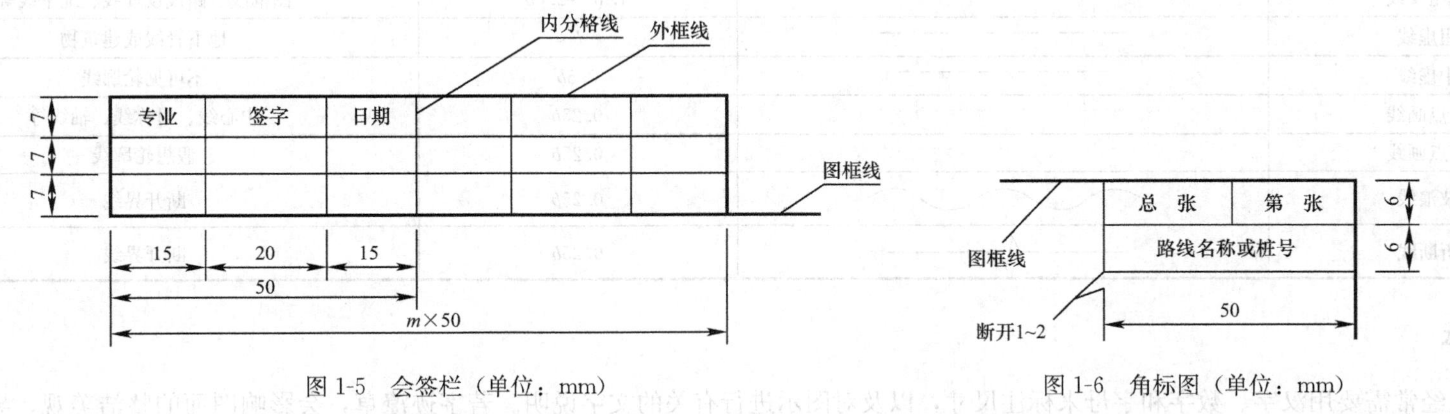

图 1-5　会签栏（单位：mm）　　图 1-6　角标图（单位：mm）

2. 图线

(1) 线宽

工程图样一般使用三种线宽，即粗线、中粗线、细线。绘图时应根据图样的复杂程度及比例大小，选用表 1-2 所示的线宽组合。

线宽组合（单位：mm） 表 1-2

线宽类别	线宽系列				
b	1.4	1.0	0.7	0.5	0.35
$0.5b$	0.7	0.5	0.35	0.25	0.25
$0.25b$	0.35	0.25	0.18（0.2）	0.13（0.15）	0.13（0.15）

注：表中括号内的数字为代用的线宽。

（2）线型

工程图由不同种类的线型构成，这些图线可表达图样的不同内容，也可分清图中的主次。工程图的图线类型及用途，见表 1-3。

图线的类型及用途 表 1-3

名称	线型	线宽	一般用途
标准实线		b	可见轮廓线、钢筋线
中实线		$0.5b$	较细的可见轮廓线、钢筋线
细实线		$0.25b$	尺寸线、剖面线、引出线、图例线等
加粗实线		$1.4b$～$2.0b$	图框线、路线设计线、地平线等
粗虚线		b	地下管线或建筑物
中虚线		$0.5b$	不可见轮廓线
细点画线		$0.25b$	中心线、对称线、轴线等
双点画线		$0.25b$	假想轮廓线
波浪线		$0.25b$	断开界线
折断线		$0.25b$	断开界线

3. 字体

图面上经常需要用汉字、数字和字母来标注尺寸，以及对图示进行有关的文字说明。若字迹潦草，会影响图面的整洁美观，导致辨认困难或引起读图错误，造成工程事故，给国家和社会带来巨大损失。因此，要求字体端正、笔画清晰、排列整齐，标点符号清楚正确，而且采用规定的字体并按规定的大小书写。

4. 尺寸标注

（1）尺寸标注应在视图醒目的位置。计量时，应以标注的尺寸数字为准，不得用量尺直接从图中量取。尺寸应由尺寸界线、尺寸线、尺寸起止符和尺寸数字组成。

(2) 尺寸界线与尺寸线均应采用细实线。尺寸起止符宜采用单边箭头表示，箭头在尺寸界线的右边时，应标注在尺寸线之上；反之，应标注在尺寸线之下。箭头大小可按绘图比例取值。尺寸起止符也可采用斜短线表示。把尺寸界线按顺时针转 45°，作为斜短线的倾斜方向。在连续表示的小尺寸中，也可在尺寸界线同一水平的位置，用黑圆点表示尺寸起止符。尺寸数字宜标注在尺寸线上方中部。当标注位置不足时，可采用反向箭头。最外边的尺寸数字可标注在尺寸界线外侧箭头的上方，中部相邻的尺寸数字可错开标注，如图 1-7 所示。

(3) 尺寸界线的一端应靠近所标注的图形轮廓线，另一端宜超出尺寸线 1～3mm。图形轮廓线、中心线也可作为尺寸界线。尺寸界线宜与被标注长度垂直；当标注困难时，也可不垂直，但尺寸界线应相互平行，如图 1-8 所示。

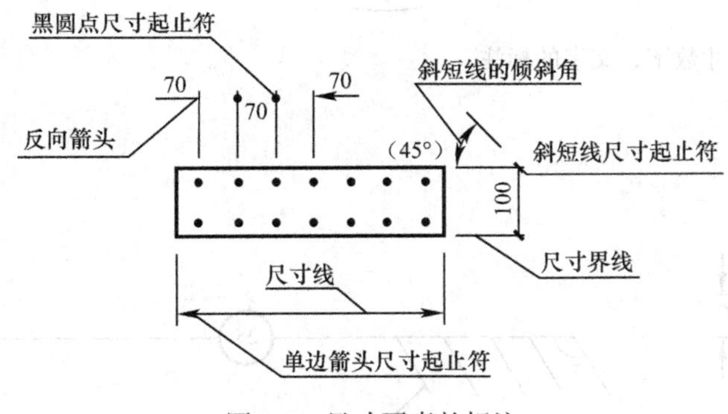

图 1-7　尺寸要素的标注

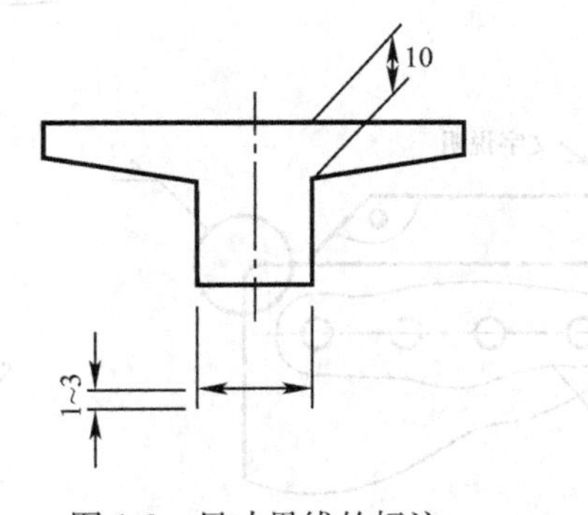

图 1-8　尺寸界线的标注

(4) 尺寸线必须与被标注长度平行，不应超出尺寸界线，任何其他图线均不得作为尺寸线。在任何情况下，图线不得穿过尺寸数字。相互平行的尺寸线应从被标注的图形轮廓线由近向远排列，平行尺寸线间的间距可在 5～15mm。分尺寸线应离轮廓线近，总尺寸线应离轮廓线远，如图 1-9 所示。

(5) 尺寸数字及文字书写方向，如图 1-10 所示。

(6) 用大样图表示较小且复杂的图形时，其放大范围应在原图中采用细实线绘制圆形或较规则的图形圈出，并用引出线标注，如图 1-11 所示。

(7) 引出线的斜线与水平线应采用细实线，其交角 α 可按 90°、120°、135°、150°绘制。当视图需要文字说明时，可将文字说明标注在引出线的水平线上，如图 1-11 所示。当斜线在一条以上时，各斜线宜平行或交于一点，如图 1-12 所示。

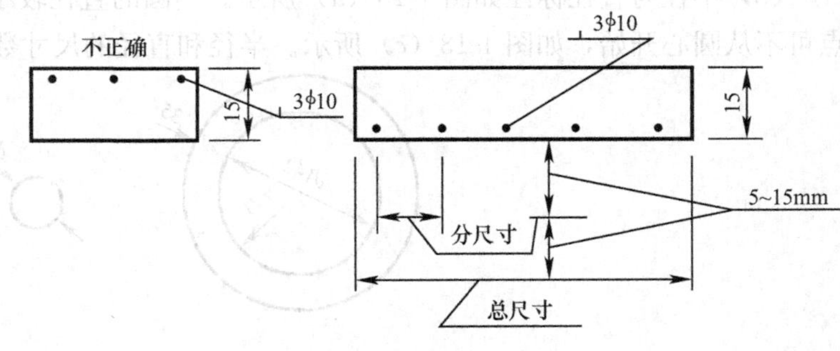

图 1-9　尺寸线的标注

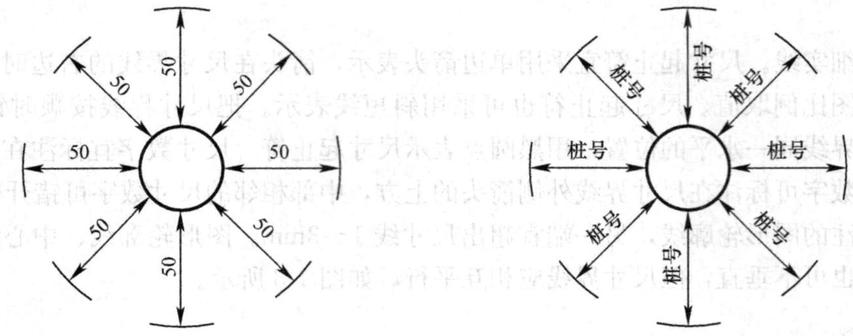

图 1-10　尺寸数字、文字的标注

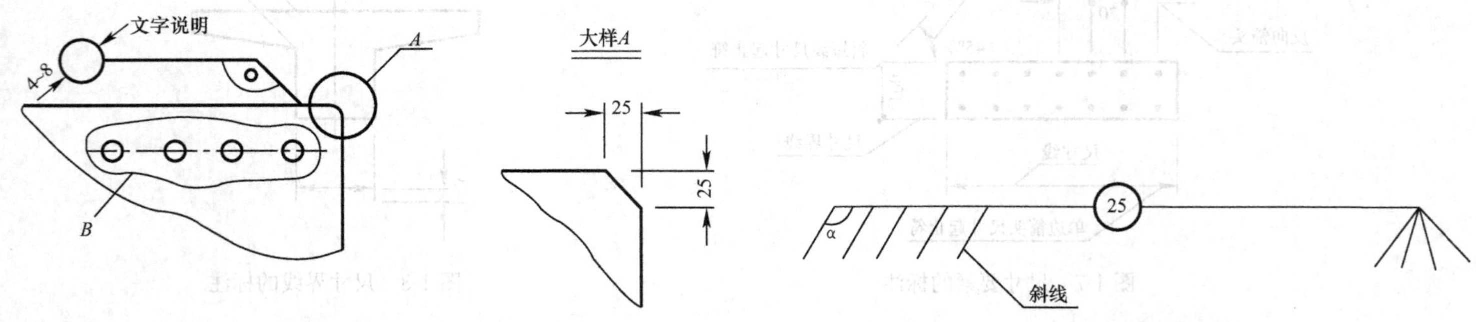

图 1-11　大样图范围的标注　　图 1-12　引出线的标注

(8) 半径与直径标注如图 1-13 (*a*) 所示。当圆的直径较小时，半径与直径标注如图 1-13 (*b*) 所示；当圆的直径较大时，半径尺寸的起点可不从圆心开始，如图 1-13 (*c*) 所示。半径和直径的尺寸数字前，应标注“*r* (*R*)”或“*d* (*D*)”，如图 1-13 (*b*) 所示。

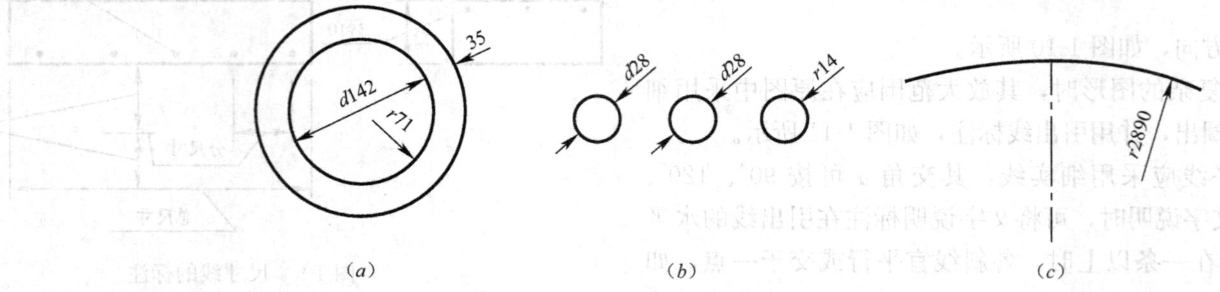

图 1-13　半径与直径的标注

(9) 圆弧尺寸标注，如图 1-14 (*a*) 所示，当弧长分为数段标注时，尺寸界线也可沿径向引出，如图 1-14 (*b*) 所示。弦长的尺寸界线应垂直该圆弧的弦，如图 1-14 (*c*) 所示。

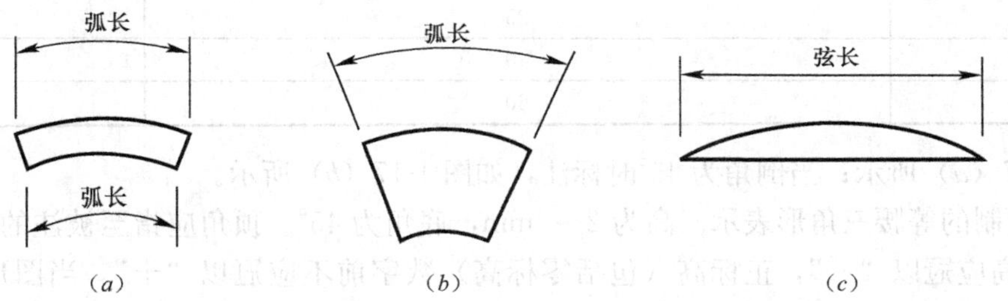

图 1-14 弧、弦的尺寸标注

(10) 角度尺寸线应以圆弧表示。角的两边为尺寸界线。角度数值宜写在尺寸线上方中部。当角度太小时，可将尺寸线标注在角的两条边的外侧。角度数字标注，如图 1-15 所示。

(11) 尺寸的简化画法应符合下列规定：

1) 连续排列的等长尺寸可采用"间距数乘间距尺寸"的形式标注，如图 1-16 所示。

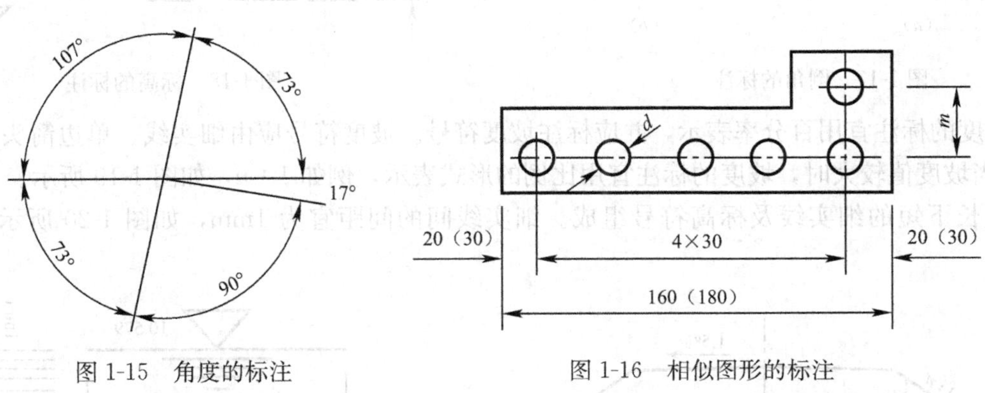

图 1-15 角度的标注

图 1-16 相似图形的标注

2) 两个相似图形可仅绘制一个。未示出图形的尺寸数字可用括号表示。如有数个相似图形，当尺寸数值各不相同时，可用字母表示，其尺寸数值应在图中适当位置列表示出，见表 1-4。

尺寸数值表 **表 1-4**

编号	尺寸	
	m	d
1	25	10
2	40	20
3	60	30

（12）倒角尺寸标注，如图 1-17（a）所示；当倒角为 45°时标注，如图 1-17（b）所示。

（13）标高符号应采用细实线绘制的等腰三角形表示。高为 2～3mm，底角为 45°。顶角应指至被注的高度，顶角向上、向下均可。标高数字宜标注在三角形的右边。负标高应冠以“—”，正标高（包括零标高）数字前不应冠以“＋”。当图形复杂时，也可采用引出线形式标注，如图 1-18 所示。

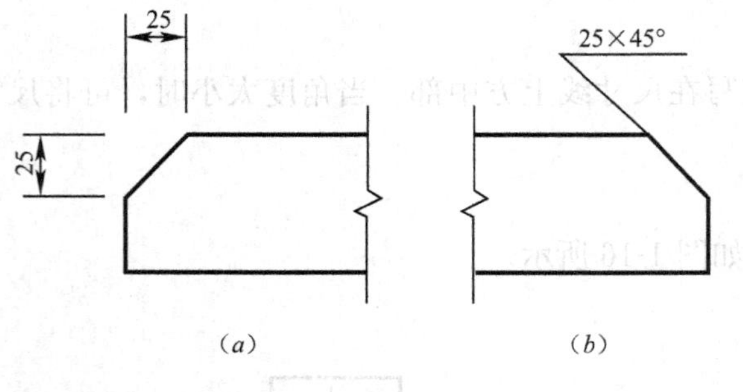

图 1-17 倒角的标注

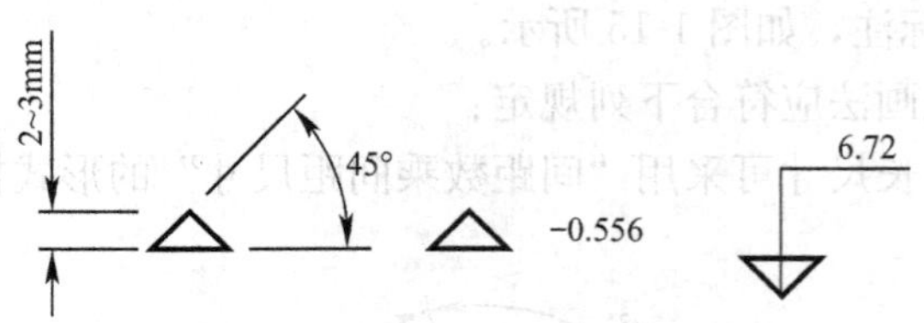

图 1-18 标高的标注

（14）当坡度值较小时，坡度的标注宜用百分率表示，并应标注坡度符号。坡度符号应由细实线、单边箭头以及在其上标注百分数组成。坡度符号的箭头应指向下坡。当坡度值较大时，坡度的标注宜用比例的形式表示，例如 1∶n，如图 1-19 所示。

（15）水位符号应由数条上长下短的细实线及标高符号组成。细实线间的间距宜为 1mm，如图 1-20 所示。其标高的标注应符合上述“(13)”的规定。

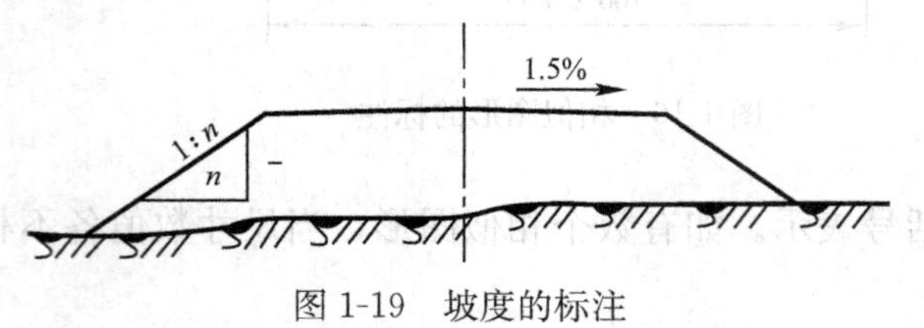

图 1-19 坡度的标注

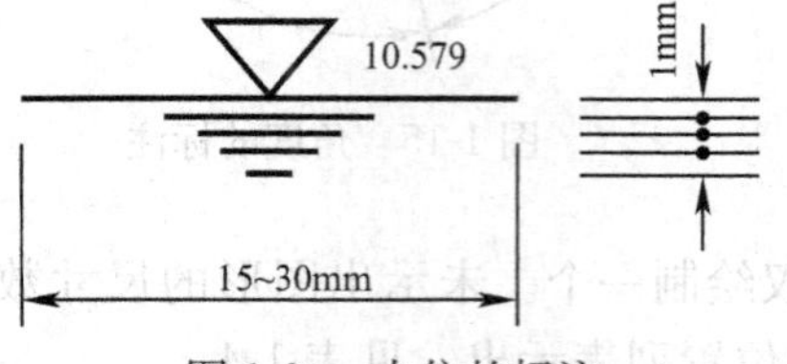

图 1-20 水位的标注

5. 比例

(1) 绘图的比例，应为图形线性尺寸与相应实物实际尺寸之比。比例大小即为比值大小，如 1∶50 大于 1∶100。

(2) 绘图比例的选择，应根据图面布置合理、匀称、美观的原则，按图形大小及图面复杂程度确定。

(3) 比例应采用阿拉伯数字表示，宜标注在视图图名的右侧或下方，字高可为视图图名字高的 0.7 倍，如图 1-21 (*a*) 所示。

当同一张图纸中的比例完全相同时，可在图标中注明，也可在图纸中适当位置采用标尺标注。当竖直方向与水平方向的比例不同时，可用 *V* 表示竖直方向比例，用 *H* 表示水平方向比例，如图 1-21 (*b*) 所示。

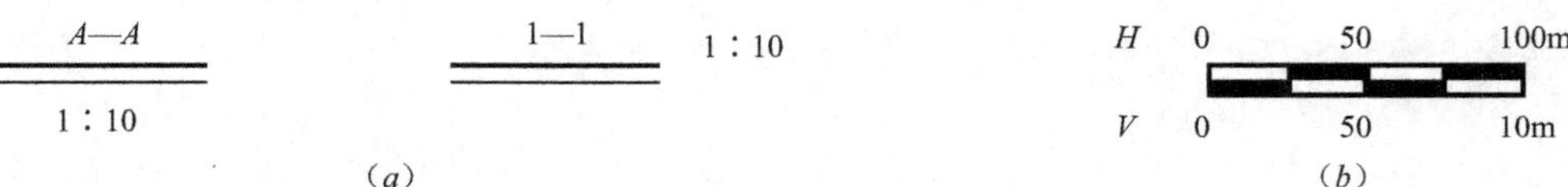

图 1-21　比例的标注

6. 坐标

(1) 坐标网格应采用细实线绘制，南北方向轴线代号应为 X；东西方向轴线代号应为 Y。坐标网格也可采用十字线代替，如图 1-22 (*a*) 所示。

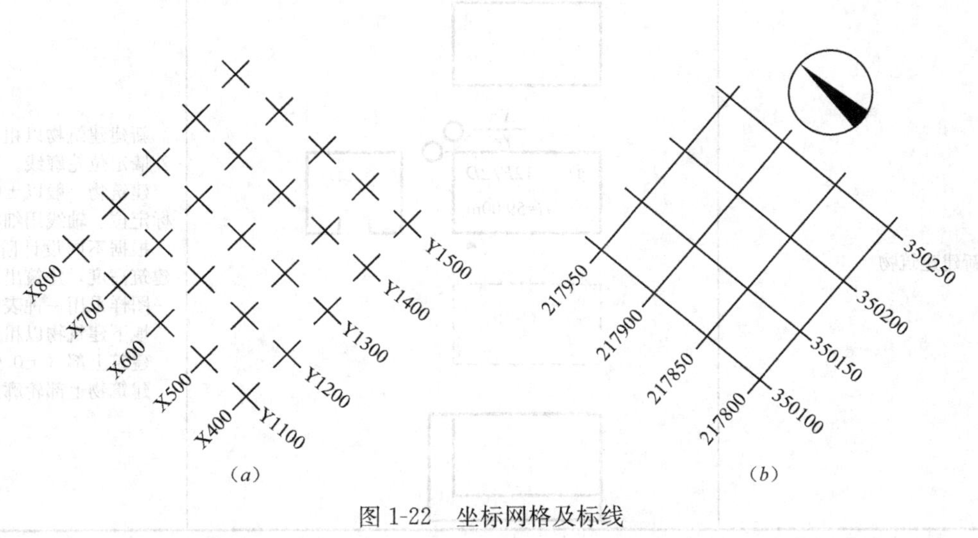

图 1-22　坐标网格及标线

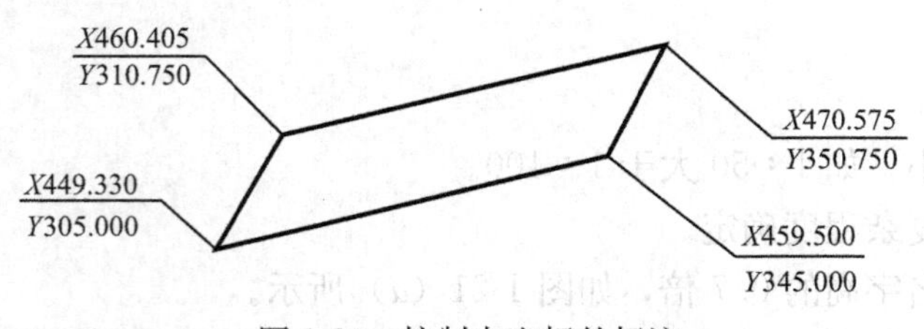

图 1-23 控制点坐标的标注

坐标值的标注应靠近被标注点；书写方向应平行于网格或在网格延长线上。数值前应标注坐标轴线代号。当无坐标轴线代号时，图纸上应绘制指北标志，如图 1-22（*b*）所示。

（2）当坐标数值位数较多时，可将前面相同数字省略，但应在图纸中说明。坐标数值也可采用间隔标注。

（3）当需要标注的控制坐标点不多时，宜采用引出线的形式标注。水平线上、下应分别标注 *X* 轴、*Y* 轴的代号及数值，如图 1-23 所示。当需要标注的控制坐标点较多时，图纸上可仅标注点的代号，坐标数值可在适当位置列表示出。坐标数值的计量单位应采用米，并精确至小数点后三位。

1.2 市政工程制图图例

1. 总平面图例

总平面图例见表 1-5。

总平面图例 表 1-5

序号	名称	图例	备注
1	新建建筑物	X= Y= ① 12*F*/2*D* *H*=59.00m	新建建筑物以粗实线表示与室外地坪相接处±0.00 的外墙定位轮廓线。 建筑物一般以±0.00 高度处的外墙定位轴线交叉点坐标定位。轴线用细实线表示，并标明轴线号。 根据不同设计阶段标注建筑编号，地上、地下层数，建筑高度，建筑出入口位置（两种表示方法均可，但同一图样采用一种表示方法）。 地下建筑物以粗虚线表示其轮廓。 建筑上部（±0.00 以上）外挑建筑用细实线表示。 建筑物上部轮廓用细虚线表示并标注位置

续表

序号	名称	图例	备注
2	原有建筑物		用细实线表示
3	计划扩建的预留地或建筑物		用中粗虚线表示
4	拆除的建筑物		用细实线表示
5	建筑物下面的通道		—
6	散状材料露天堆场		需要时可注明材料名称
7	其他材料露天堆场或露天作业场		需要时可注明材料名称
8	铺砌场地		—
9	敞棚或敞廊		—
10	高架式料仓		—

续表

序号	名称	图例	备注
11	漏斗式储仓		左、右图为底卸式；中图为侧卸式
12	冷却塔（池）	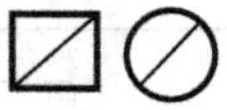	应注明冷却塔或冷却池
13	水塔、储罐	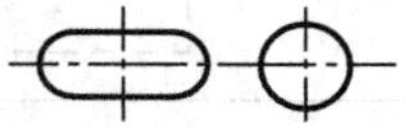	左图为卧式储罐；右图为水塔或立式储罐
14	水池、坑槽		也可以不涂黑
15	明溜矿槽（井）	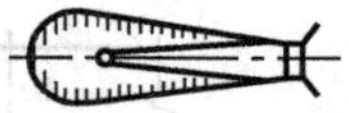	—
16	斜井或平硐	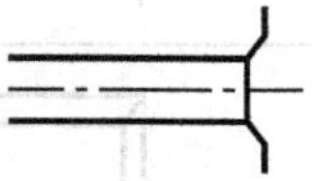	—
17	烟囱		实线为烟囱下部直径，虚线为基础，必要时可注写烟囱高度和上、下口直径
18	围墙及大门	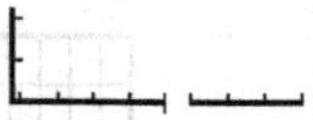	—
19	挡土墙	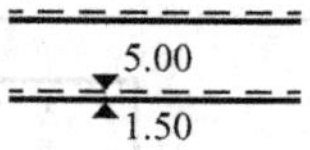 5.00 1.50	挡土墙根据不同设计阶段的需要标注。 墙顶标高 墙底标高
20	挡土墙上设围墙		—
21	台阶及无障碍坡道	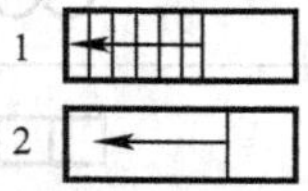 1 2	1 表示台阶（级数仅为示意）； 2 表示无障碍坡道

续表

序号	名称	图例	备注
22	露天桥式起重机	G_n= （t）	起重机起重量 G_n，以吨计算；“+”为柱子位置
23	露天电动葫芦	G_n= （t）	起重机起重量 G_n，以吨计算；“+”为支架位置
24	门式起重机	G_n= （t） G_n= （t）	起重机起重量 G_n，以吨计算； 上图表示有外伸臂；下图表示无外伸臂
25	架空索道		“I”为支架位置
26	斜坡卷扬机道		—
27	斜坡栈桥（皮带廊等）		细实线表示支架中心线位置
28	坐标	1 X=105.00 Y=425.00 2 A=105.00 B=425.00	1 表示地形测量坐标系； 2 表示自设坐标系； 坐标数字平行于建筑标注
29	方格网交叉点标高	-0.50 | 77.85 78.35	“78.35”为原地面标高； “77.85”为设计标高； “−0.50”为施工高度； “−”表示挖方（“+”表示填方）

续表

序号	名称	图例	备注
30	填方区、挖方区、未整平区及零线	+ − + −	“+”表示填方区； “−”表示挖方区； 中间为未平整区； 点画线为零点线
31	填挖边坡		—
32	分水脊线与谷线		上图表示脊线；下图表示谷线
33	洪水淹没线		洪水最高水位以文字标注
34	地表排水方向		—
35	截水沟	1 40.00	“1”表示1%的沟底纵向坡度，“40.00”表示变坡点间距离，箭头表示水流方向
36	排水明沟	107.50 + 1 40.00 107.50 1 40.00	上图用于比例较大的图面； 下图用于比例较小的图面； “1”表示1%的沟底纵向坡度，“40.00”表示变坡点间距离，箭头表示水流方向； “107.50”表示沟底变坡点标高（变坡点以“+”表示）
37	有盖板的排水沟	1 40.00 1 40.00	—

续表

序号	名称	图例	备注
38	雨水口	1 2 3	1 表示雨水口； 2 表示原有雨水口； 3 表示双落式雨水口
39	消火栓井		—
40	急流槽		箭头表示水流方向
41	跌水		—
42	拦水（闸）坝		—
43	透水路堤		边坡较长时，可在一端或两端局部表示
44	过水路面		—
45	室内地坪标高	151.00 （±0.00）	数字平行于建筑物书写
46	室外地坪标高	143.00	室外标高也可采用等高线
47	盲道		—
48	地下车库入口		机动车停车场
49	地面露天停车场		—
50	露天机械停车场		露天机械停车场

2. 市政工程图例

(1) 道路与铁路图例

道路与铁路图例见表 1-6。

道路与铁路图例 **表 1-6**

名称	图例	备注
新建的道路	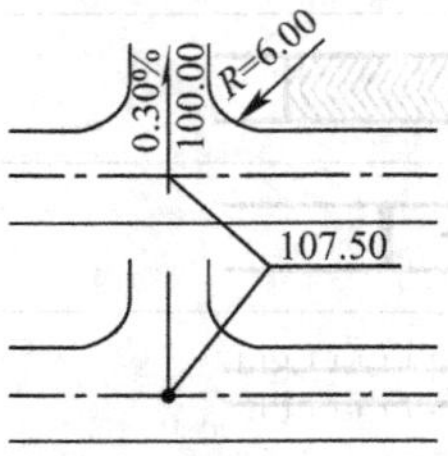 0.30% 100.00 R=6.00 107.50	“R=6.00”表示道路转弯半径；“107.50”表示道路中心线交叉点设计标高，两种表示方式均可，同一图样采用一种方式表示；“100.00”表示变坡点之间距离，0.30%表示道路坡度，——→表示坡向
道路断面	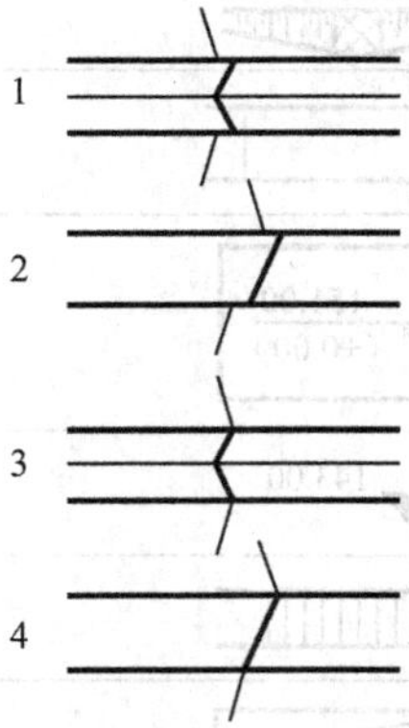 1 2 3 4	1 为双坡立道牙； 2 为单坡立道牙； 3 为双坡平道牙； 4 为单坡立道牙
原有道路		—
计划扩建的道路		—

续表

名称	图例	备注
拆除的道路		—
人行道	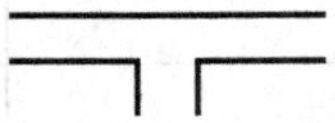	—
道路曲线段	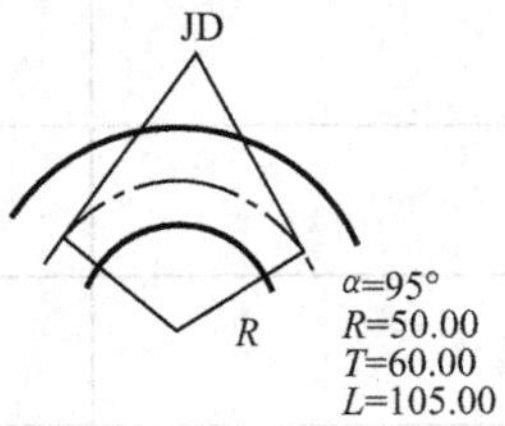 JD R α=95° R=50.00 T=60.00 L=105.00	主干道宜标以下内容： JD 为曲线转折点，编号应标坐标； α 为交点； T 为切线长； L 为曲线长； R 为中心线转弯半径； 其他道路可标转折点、坐标及半径
道路隧道	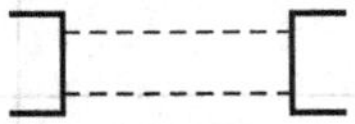	—
汽车衡	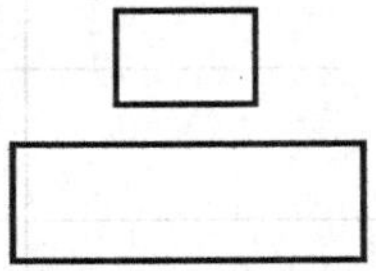	—
汽车洗车台	 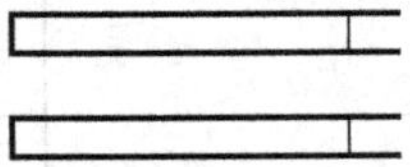	上图为贯通式； 下图为尽头式
运煤走廊	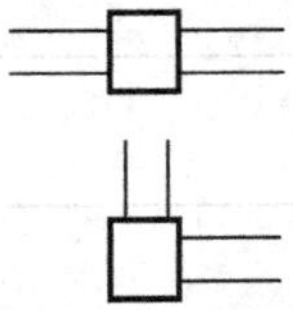	—

续表

名称	图例	备注
新建的标准轨距铁路		—
原有的标准轨距铁路		—
计划扩建的标准轨距铁路		—
拆除的标准轨距铁路		—
原有的窄轨铁路	GJ762	“GJ762”为轨距（以 mm 计）
拆除的窄轨铁路	GJ762	—
新建的标准轨距电气铁路		—
原有的标准轨距电气铁路		—
计划扩建的标准轨距电气铁路		—
拆除的标准轨距电气铁路		—
原有车站		—
拆除原有车站		—
新设计车站		—
规划的车站		—
工矿企业车站		—
单开道岔	n	“$1/n$”表示道岔号数；n 表示道岔号

续表

名称	图例	备注
单式对称道岔	n	“1/n”表示道岔号数；n 表示道岔号
单式交分道岔	1/n 3	
复式交分道岔	n	
交叉渡线	n n n n	—
菱形交叉		—
车挡		上图为土堆式； 下图为非土堆式
警冲标		—
坡度标	GD112.00 6 8 110.00 180.00 56 44	“GD112.00”表示轨顶标高，“6”、“8”表示纵向坡度为6%、8%，倾斜方向表示坡向，“110.00”、“180.00”表示变坡点间距离，56、44表示至前后百尺标的距离
铁路曲线段	JD2 α-R-T-L	“JD2”表示曲线转折点编号，“α”表示曲线转向角，“R”表示曲线半径，“T”表示切线长，“L”表示曲线长

续表

名称	图例	备注
轨道衡	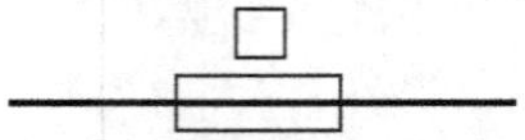	粗线表示铁路
站台	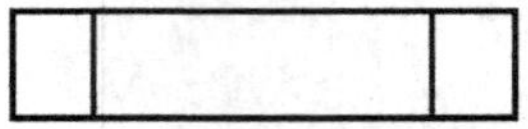	—
煤台	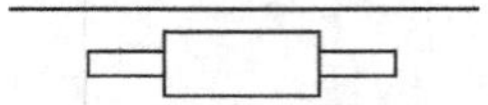	粗线表示铁路
灰坑或检查坑	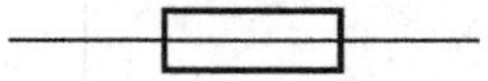	粗线表示铁路
转盘		粗线表示铁路
高柱色灯信号机	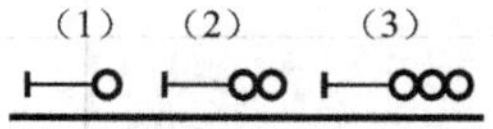 (1) (2) (3)	(1) 表示出站、预告； (2) 表示进站； (3) 表示驼峰及复式信号
矮柱色灯信号机	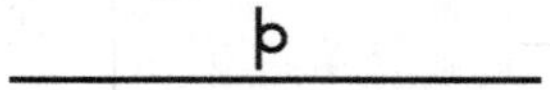	—
灯塔		左图为钢筋混凝土灯塔； 中图为木灯塔； 右图为铁灯塔
灯桥	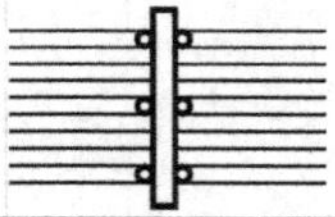	—
铁路隧道	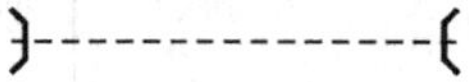	—
涵洞、涵管	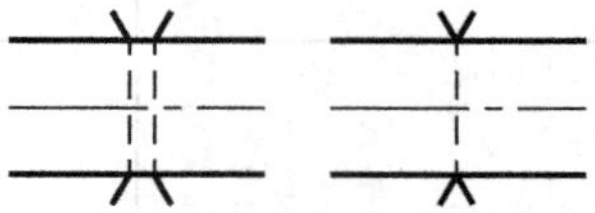 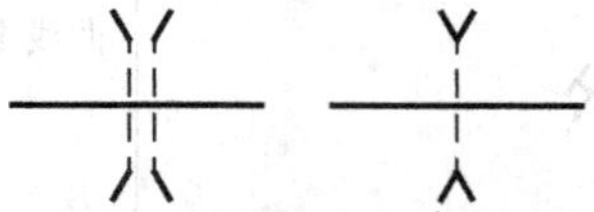	上图为道路涵洞、涵管，下图为铁路涵洞、涵管； 左图用于比例较大的图面，右图用于比例较小的图面

续表

名称	图例	备注
桥梁	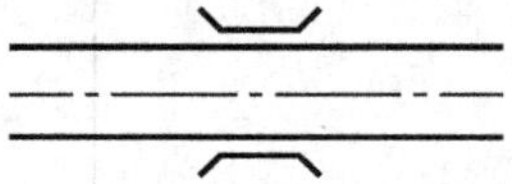	用于旱桥时应注明。 上图为公路桥，下图为铁路桥
跨线桥	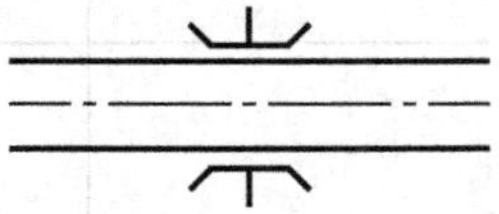	道路跨铁路
	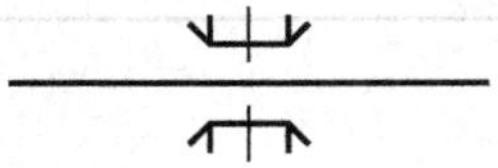	铁路跨道路
	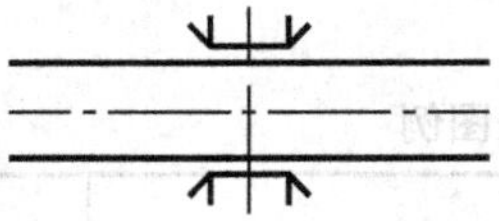	道路跨道路
	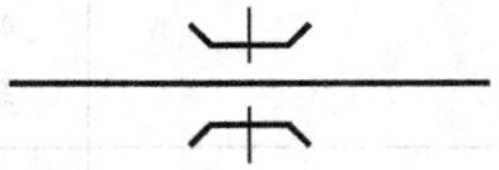	铁路跨铁路
码头	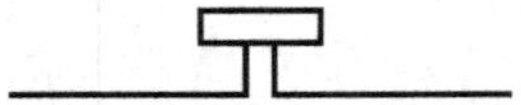	上图为固定码头；下图为浮动码头
运行的发电站		—

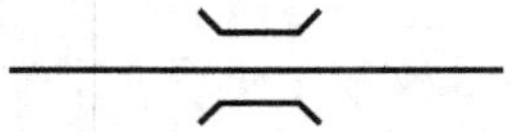

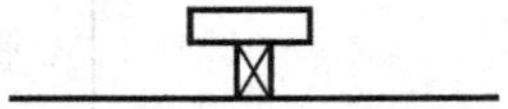

续表

名称	图例	备注
规划的发电站	□	—
规划的变电站、配电所	○	—
运行的变电站、配电所	(斜线填充圆)	—

（2）管线图例

管线图例见表 1-7。

管线图例 **表 1-7**

名称	图例	备注
管线	——代号——	管线代号按国家现行有关标准的规定标注。 线型宜选用中粗线
地沟管线	代号 代号	—
管桥管线	—+—代号—+—	管线代号按国家现行有关标准的规定标注
架空电力、电信线	—○—代号—○—	“○”代表电杆。 管线代号按国家现行有关标准的规定标注

1.3　投影基础

1. 点、直线及平面的投影

(1) 点的投影

如图 1-24 (a) 所示，将空间点 A 置于三面投影体系中，采用正投影的方法，自 A 点分别向三个投影面作投影线（作垂线），分别与投影面相交得 a、a'、a''，即为空间点 A 的 H 面投影、V 面投影和 W 面投影，则：

A 点在 H 面上的投影 a——称为空间点 A 的水平投影；

A 点在 V 面上的投影 a'——称为空间点 A 的正面投影；

A 点在 W 面上的投影 a''——称为空间点 A 的侧面投影。

为了便于进行投影分析，用细实线将两点投影连接起来，分别与轴相交，得 a_X、a_Y、a_Z、$a_{Y'}$，展开后如图 1-25 (b) 所示。

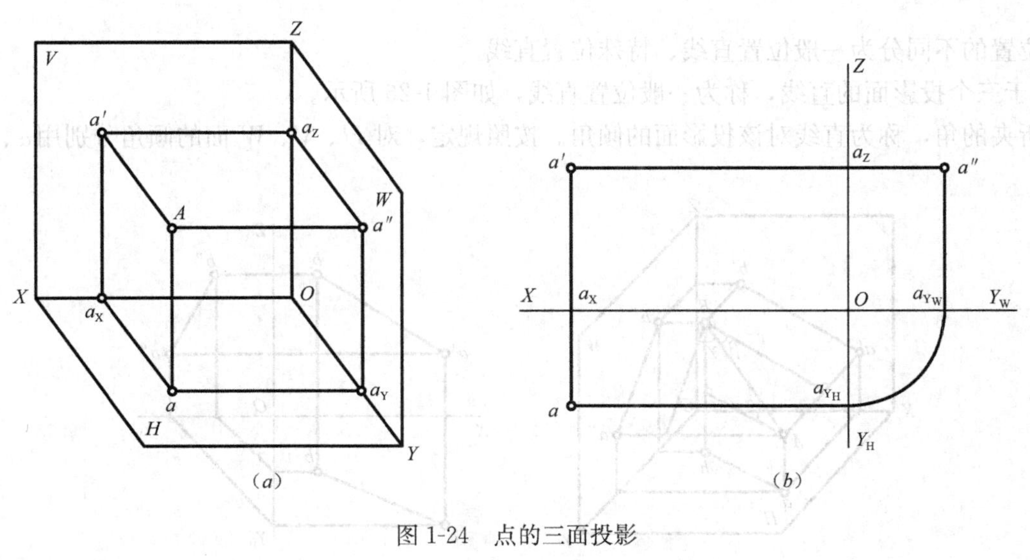

图 1-24　点的三面投影

图 1-24 中对应点的坐标如图 1-25 所示。

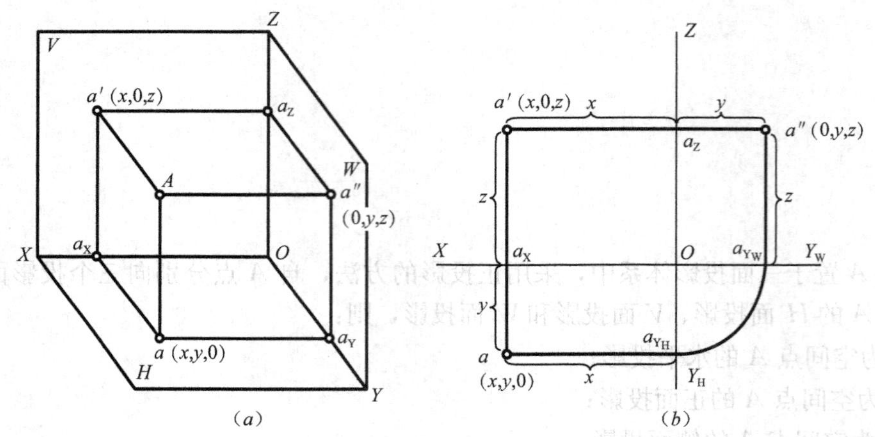

图 1-25　点的坐标

(2) 直线的投影

按照直线与投影面相对位置的不同分为一般位置直线、特殊位置直线。

1) 一般位置直线。倾斜于三个投影面的直线，称为一般位置直线，如图 1-26 所示。

直线与投影面上的投影所夹的角，称为直线对该投影面的倾角。按照规定，对 H、V、W 面的倾角分别用 α、β、γ 表示。

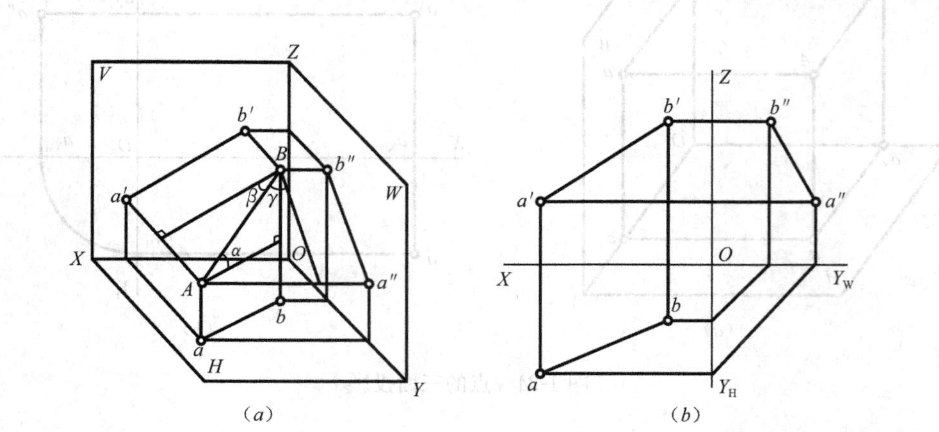

图 1-26　一般位置直线的投影

一般位置直线的投影特性包括以下两点。

① 直线的三个投影仍为直线，均小于实长。

② 直线的三个投影倾斜于投影轴，三个投影与投影轴的夹角不反映直线与投影面的真实倾角 α、β、γ。

2）特殊位置直线分为下面两种情况。

① 平行一个投影面，与另外两个投影面倾斜的直线，称为投影面的平行线。

投影面的平行线有以下三种情况。

a. 与 H 面平行的直线，称为水平线。

b. 与 V 面平行的直线，称为正平线。

c. 与 W 面平行的直线，称为侧平线。

三种投影面平行线的投影特性见表 1-8。

三种投影面平行线的投影特性 **表 1-8**

名称	水平线	正平线	侧平线
轴测图			
投影图			

续表

名称	水平线	正平线	侧平线
投影特性	(1) 水平投影 $ab=AB$； (2) 正面投影 $a'b'$ // OX，侧面投影 $a''b''$ // OY_W，都不反映实长； (3) ab 与 OX 和 OY_H 的夹角 β、γ 等于 AB 对 V、W 面的倾角	(1) 正面投影 $c'd'=CD$； (2) 水平投影 cd // OX，侧面投影 $c''d''$ // OZ，都不反映实长； (3) $c'd'$ 与 OX 和 OZ 的夹角 α、γ 等于 CD 对 H、W 的夹角	(1) 侧面投影 $e''f''=EF$； (2) 水平投影 ef // OY_H，正面投影 $e'f'$ // OZ，都不反映实长； (3) $e''f''$ 与 OY_W 和 OZ 的夹角 α、β 等于 EF 对 H、V 面的倾角

投影面平行线的投影特性包括以下两点。

a. 与哪一个投影面平行，在该投影面上的投影反映实长，反映直线对其他两个投影面的真实倾角。

b. 另外两个投影分别平行相对应的投影轴。

② 垂直一个投影面，与另外两个投影面平行的直线，称为投影面的垂直线。

投影面的垂直线有以下三种情况。

a. 与 H 面垂直的直线，称为铅垂线。

b. 与 V 面垂直的直线，称为正垂线。

c. 与 W 面垂直的直线，称为侧垂线。

三种投影面垂直线的投影特性见表 1-9。

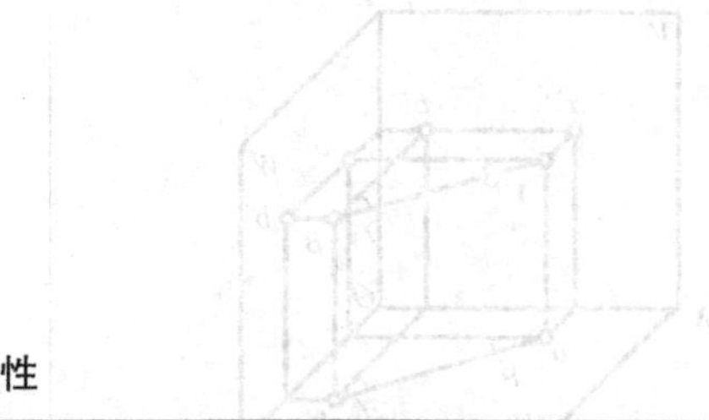

三种投影面垂直线的投影特性 **表 1-9**

名称	铅垂线	正垂线	侧垂线
轴测图	V, Z, a′, A, a″, W, b′, B, b″, X, O, a (b), H, Y	V, Z, c′ (d′), d″, W, D, C, c″, d, O, X, c, H, Y	V, Z, e′, f′, W, E, F, e″(f″), X, O, e, f, H, Y

续表

名称	铅垂线	正垂线	侧垂线
投影图			
投影特性	(1) 水平投影 a (b) 积聚成一点，有积聚性； (2) $a'b'=a''b''=AB$，且 $a'b' \perp OX$，$a''b'' \perp OY_W$	(1) 正面投影 c' (d') 积聚成一点，有积聚性； (2) $cd=c''d''=CD$，且 $cd \perp OX$，$c''d'' \perp OZ$	(1) 侧面投影 e'' (f'') 积聚成一点，有积聚性； (2) $ef=e'f'=EF$，且 $ef \perp OY_W$，$e'f' \perp OZ$

投影面垂直线的投影特性包括以下两点。

a. 与哪一个投影面垂直，在该投影面上的投影有积聚性。

b. 另外两个投影分别垂直相对应的轴，反映实长。

(3) 平面的投影

不在一条直线上的三个点，即可确定一个平面。

1) 用几何元素表示平面，如图 1-27 所示。

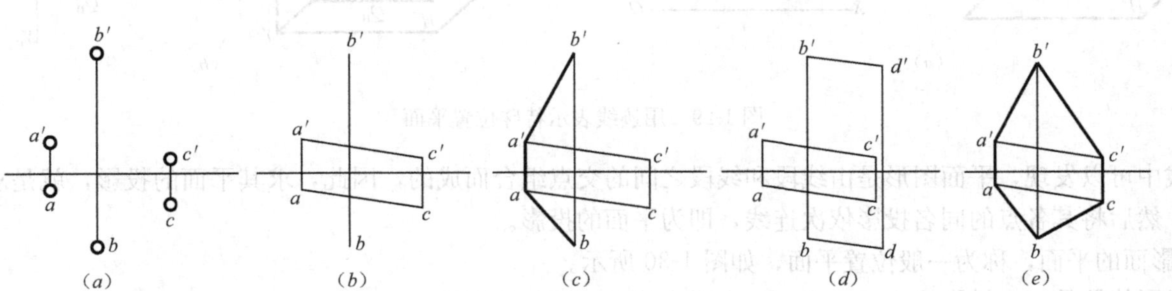

图 1-27 用几何元素表示平面

(a) 不在同一直线上的三个点；(b) 一直线和直线外一点；(c) 相交两直线；(d) 平行两直线；(e) 任意平面图形

2）平面与投影面的交线，称为迹线。用迹线来确定其位置的平面，称为迹线平面，如图 1-28 所示。与 H 面的交线称为水平迹线，用 P_H 表示；与 V 面的交线称为正面迹线，用 P_V 表示；与 W 面的交线称为侧面迹线，用 P_W 表示。

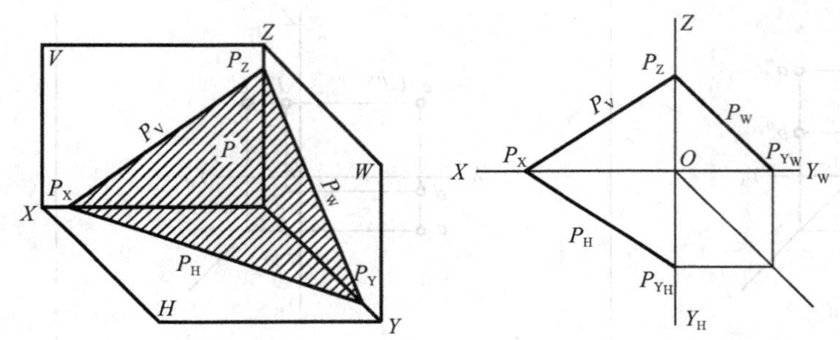

图 1-28　用迹线表示平面

用迹线表示特殊位置平面，在作图中经常用到。如图 1-29（a）所示，正垂面 P 的正面迹线 P 一定与 OX 轴倾斜（P_H 上 OX、P_W 上 OZ、P_H 和 P_W 均可不用画出）；如图 1-29（b）所示，正平面 Q 的水平迹线 Q_H 和侧面迹线 Q_W 一定分别与 OX 轴和 OZ 轴平行。

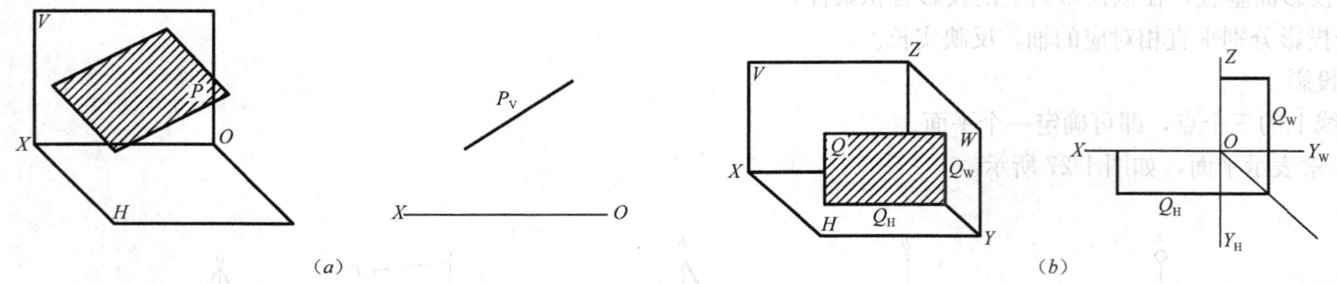

图 1-29　用迹线表示特殊位置平面

从平面的表示形式中可以发现，平面图形是由线段和线段之间的交点组合而成的，因此，求其平面的投影，就是求平面的这些线段和线段之间的交点的投影，然后将其各点的同名投影依次连线，即为平面的投影。

3）倾斜于三个投影面的平面，称为一般位置平面，如图 1-30 所示。

一般位置平面的投影特性是三个投影均成平面形，比实际形状小，不反映实形。

4）特殊位置平面。

① 平行于一个投影面，与另外两个投影面垂直的平面，称为投影面的平行面。

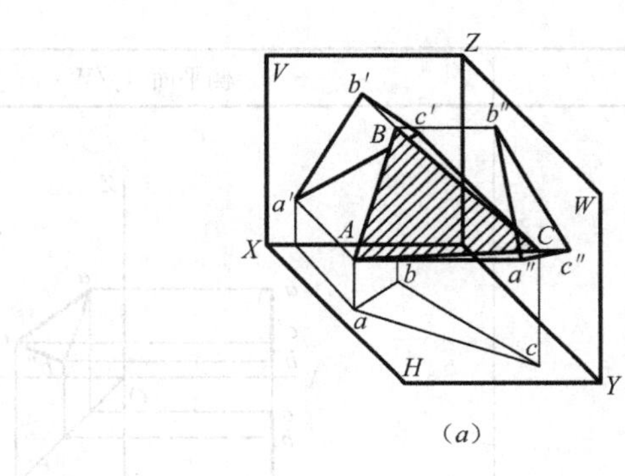

（*a*）

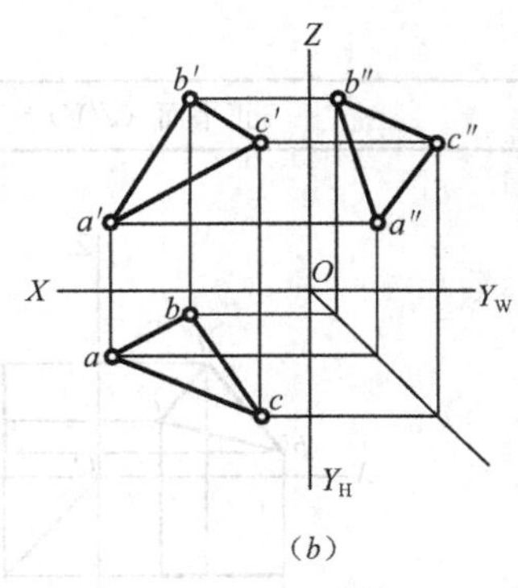

（*b*）

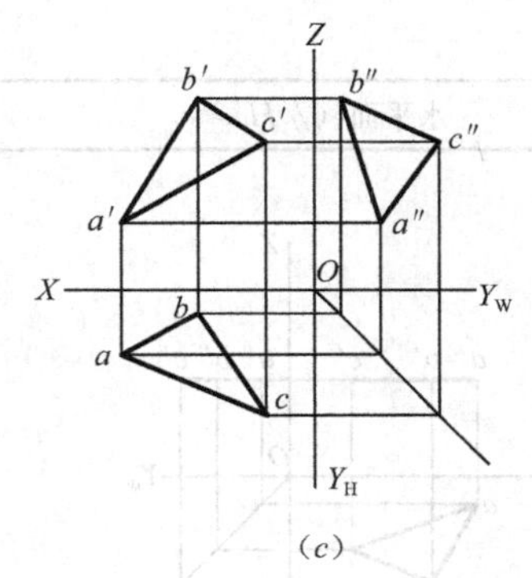

（*c*）

图 1-30 一般位置平面

投影面的平行面有以下三种情况：

a. 与 *V* 面平行的平面，称为正平面。

b. 与 *H* 面平行的平面，称为水平面。

c. 与 *W* 面平行的平面，称为侧平面。

三种投影面平行面的投影特性见表 1-10。

三种投影面平行面的投影特性 **表 1-10**

名称	水平面（//*H*）	正平面（//*V*）	侧平面（//*W*）
轴测图	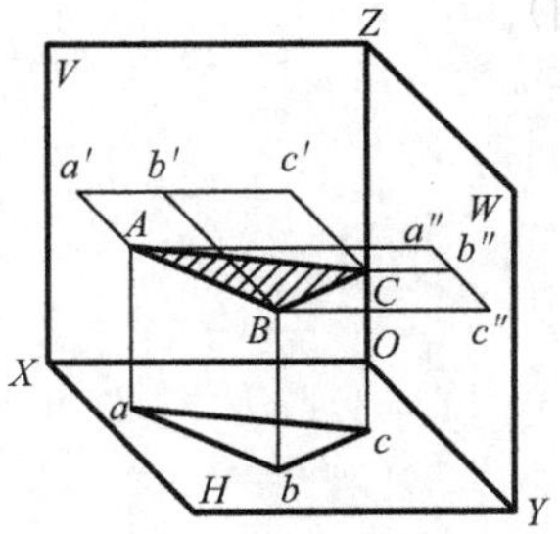	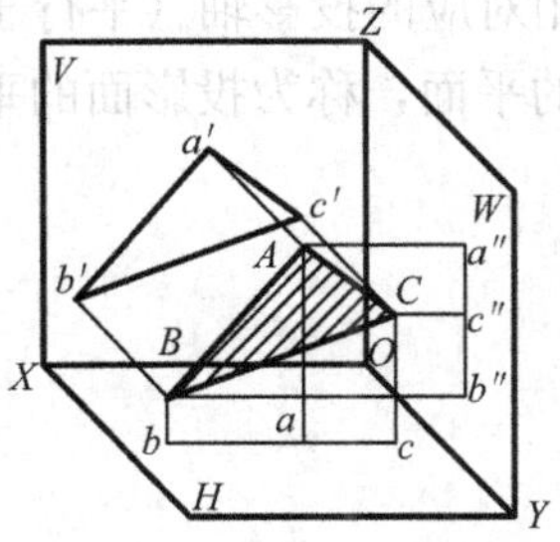	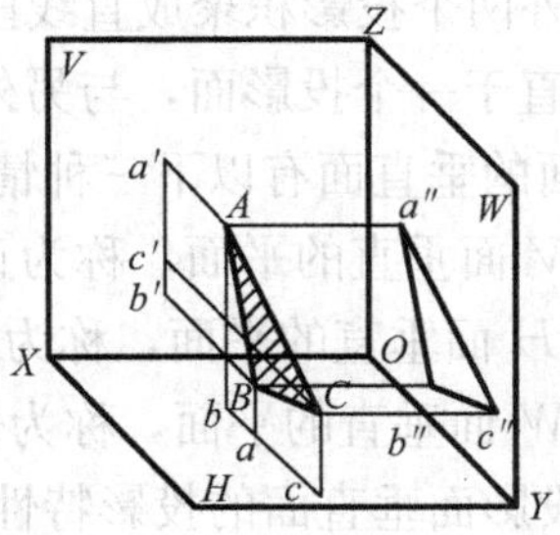

续表

名称	水平面（//H）	正平面（//V）	侧平面（//W）
投影图			
投影特性	（1）水平投影反映实形； （2）正面投影为有积聚性的直线段，且平行于 OX 轴； （3）侧面投影为有积聚性的直线段，且平行于 OY_W 轴	（1）正面投影反映实形； （2）水平投影为有积聚性的直线段，且平行于 OX 轴； （3）侧面投影为有积聚性的直线段，且平行于 OZ 轴	（1）侧平投影反映实形； （2）水平投影为有积聚性的直线段，且平行于 OY_H 轴； （3）正面投影为有积聚性的直线段，且平行于 OZ 轴

投影面平行面的投影特性包括以下两点。

a. 与哪一个投影面平行，在该投影面上的投影反映实形。

b. 另外两个投影积聚成直线段，且共同垂直于相对应的投影轴（平行于相对应的投影轴）。

② 垂直于一个投影面，与另外两个投影面倾斜的平面，称为投影面的垂直面。

投影面的垂直面有以下三种情况。

a. 与 V 面垂直的平面，称为正垂面。

b. 与 H 面垂直的平面，称为铅垂面。

c. 与 W 面垂直的平面，称为侧垂面。

三种投影面垂直面的投影特性见表 1-11。

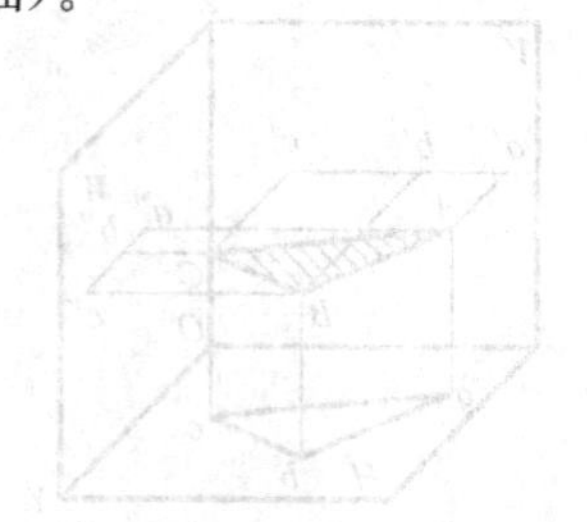

三种投影面垂直面的投影特性 表 1-11

名称	铅垂面（⊥H）	正垂面（⊥V）	侧垂面（⊥W）
轴测图	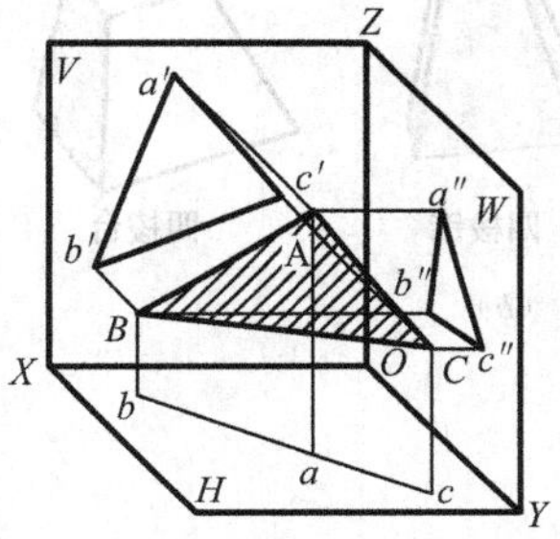	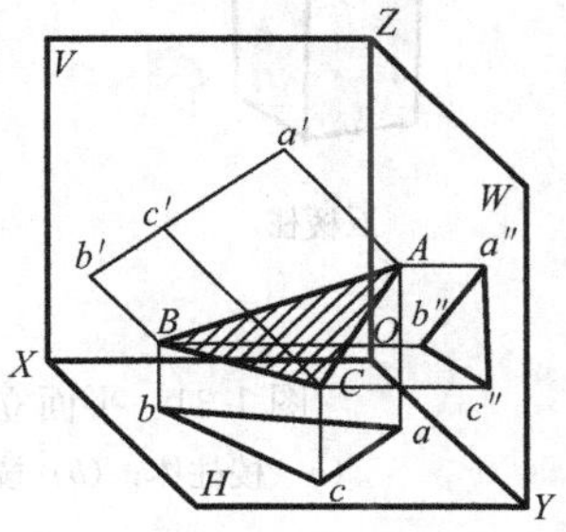	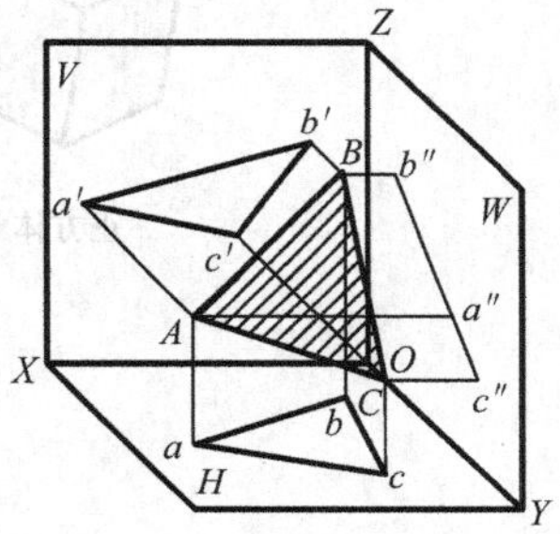
投影图	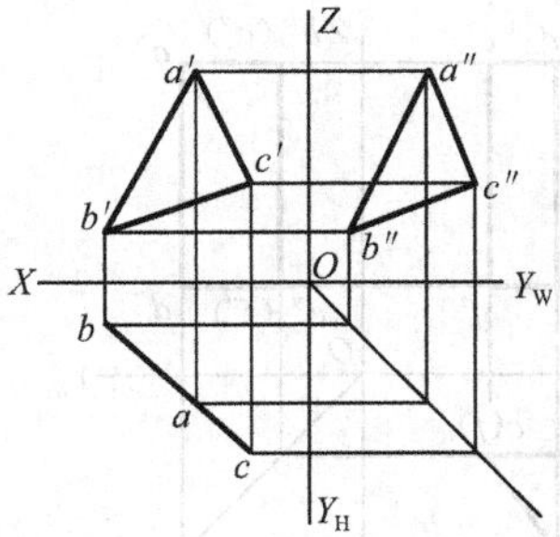	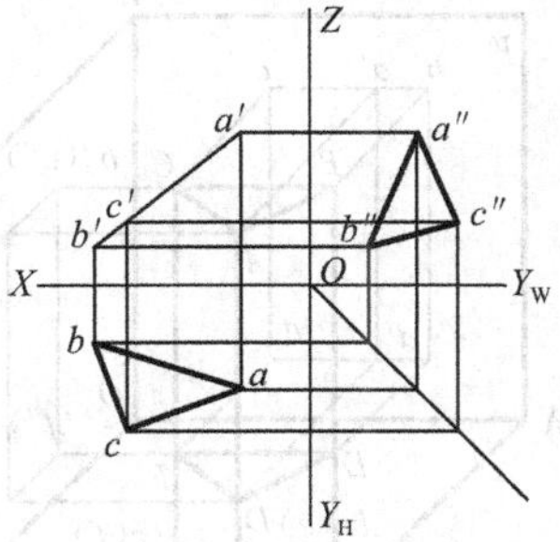	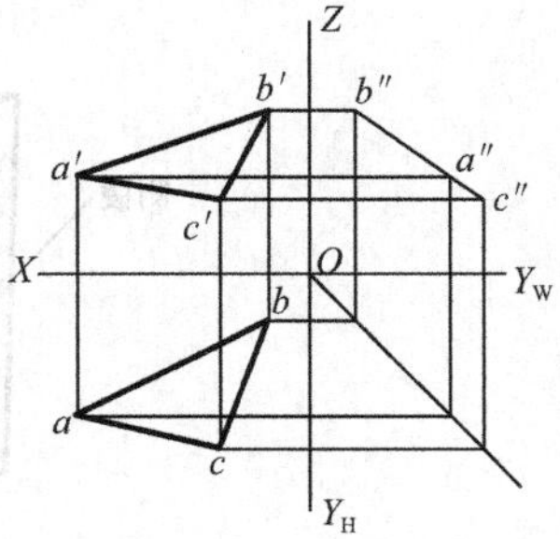
投影特性	（1）水平投影成为有积聚性的直线段； （2）正面投影和侧面投影均与原形类似	（1）正面投影成为有积聚性的直线段； （2）水平投影和侧面投影均与原形类似	（1）侧面投影成为有积聚性的直线段； （2）正面投影和侧面投影均与原形类似

投影面垂直面的投影特性包括以下两点：

a. 与哪一个投影面垂直，在该投影面上的投影积聚成一条直线，且反映对其他两个投影面的真实倾角。

b. 另外两个投影均成平面形，但比实际形状小。

2. 立体投影

（1）平面立体的投影

由平面围合而成的立体，称为平面立体。根据平面立体的形状，可分为棱柱体和棱锥体，如图 1-31 所示。根据规定，在绘制立体的三面投影图中，有些表面的交线（棱线）处于不可见位置，在图中须用虚线画出，具体内容如下。

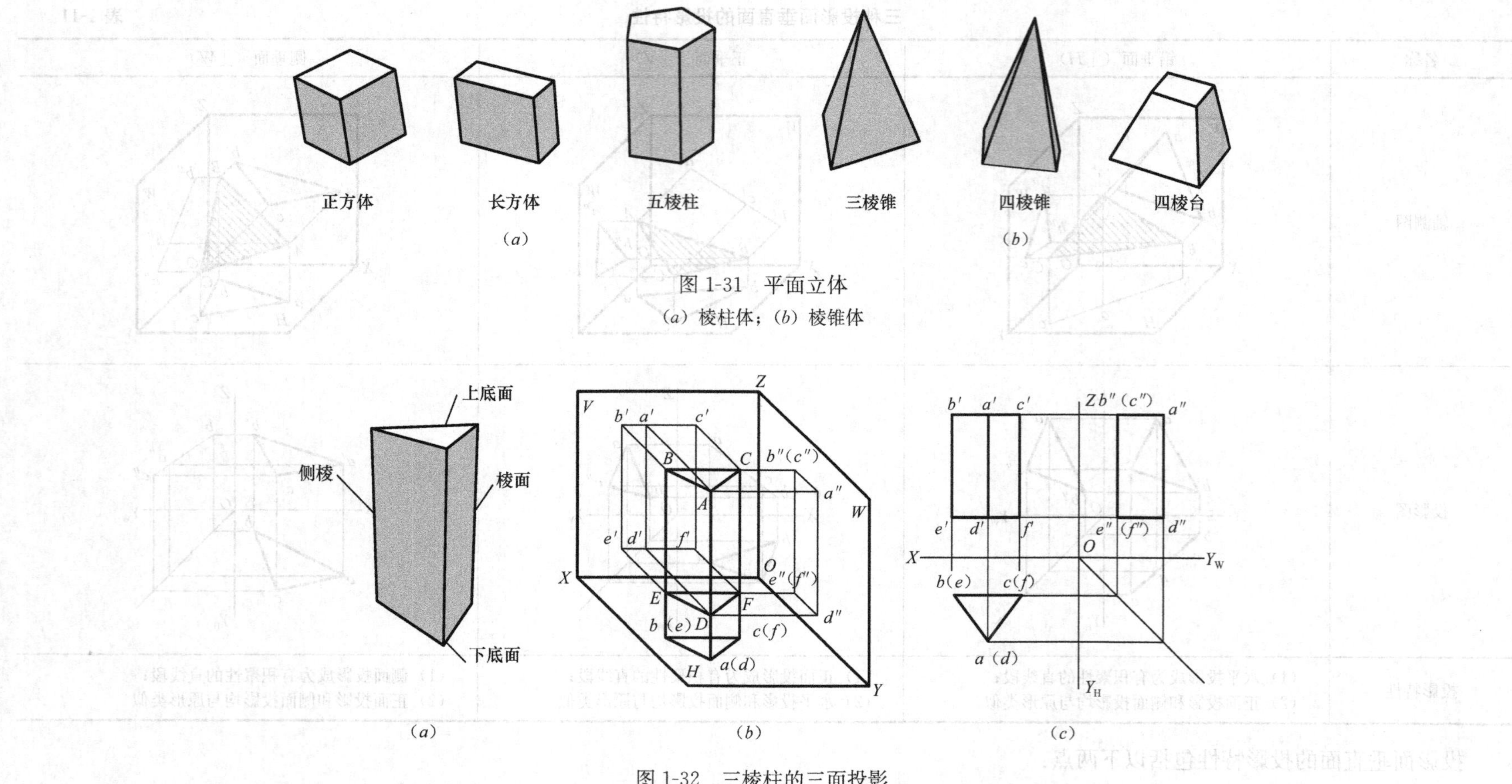

图 1-31　平面立体
(*a*) 棱柱体；(*b*) 棱锥体

图 1-32　三棱柱的三面投影
(*a*) 三棱柱体；(*b*) 直观图；(*c*) 投影图

1）棱柱体

棱线互相平行的立体，称为棱柱体，如三棱柱、四棱柱、六棱柱等。棱柱体是由棱面（棱柱体的表面）、棱线（棱面与棱面的交线）、棱柱体的上下底面共同组成的。

如图 1-32（*a*）所示，三棱柱体的三角形上底面和下底面是水平面，左、右两个棱面是铅垂面，后面的棱面是正平面。

水平投影是一个三角形，是上下底面的重合投影，与 *H* 面平行，反映实形。三角形的三条边，是垂直于 *H* 面的三个棱柱面的积聚投影。

三个顶点是垂直于 H 面的三条棱线的积聚投影。

正面投影是左、右两个棱面与后面棱面的重合投影。左、右两个棱面是铅垂面。后面的棱面是正平面，反映实形。三条棱线互相平行，是铅垂线且反映实长。两条水平线是上、下底面的积聚投影。

侧面投影是左、右两个棱面的重合投影。左边一条铅垂线是后面棱面的积聚投影，右边的一条铅垂线是三棱柱最前一条棱线的投影（左、右两个棱面的交线)。两条水平线是上、下底面的积聚投影。

2）棱锥体

棱线交于一点的立体，称为棱锥体，如三棱锥、四棱锥、六棱锥等。棱锥体是由锥面（棱锥体的表面)、棱线（锥面与锥面的交线)、棱锥体的底面共同组成。

如图 1-33 所示，前边左、右两个锥面是一般位置平面，后面的锥面是侧平面。左、右两条锥线是一般位置直线，前边的锥线是侧平线。三棱锥的底面是水平面。

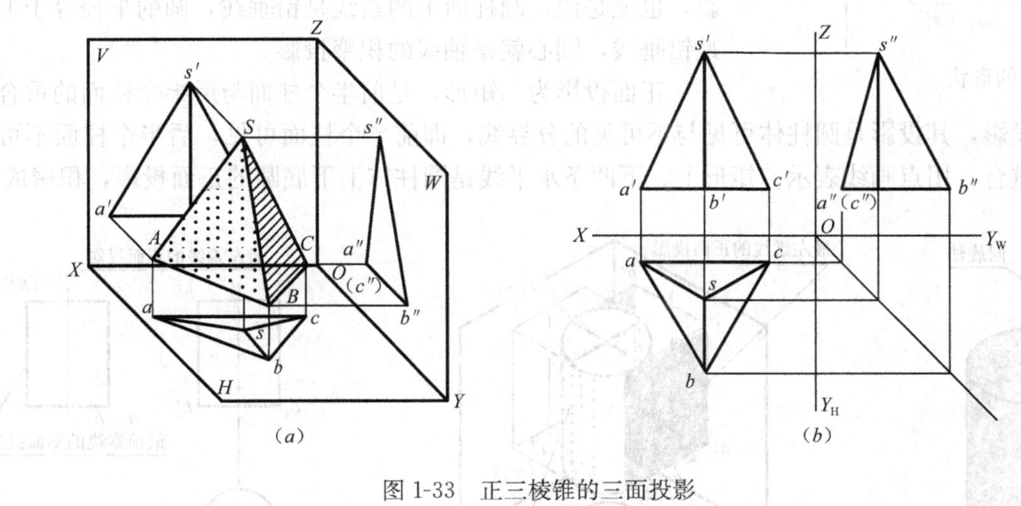

图 1-33 正三棱锥的三面投影

水平投影是整个锥面与底面的重合投影。底面平行于 H 面，水平投影反映实形。锥顶的水平投影 s 与三角形的三个角点的连线是三条锥线的水平投影。连线构成的小三角形为三个锥面的水平投影。

正面投影是左、右两个锥面与后面锥面的重合投影。两个小三角形线框是左、右两个锥面的正面投影。大三角形线框是后面锥面的正面投影。水平线是三棱锥底面的积聚投影。

侧面投影是左、右两个锥面的重合投影。左边的棱线是三棱锥后面棱面的积聚投影。右边的棱线是三棱锥最前面的棱线投影。水平线是三棱锥底面的积聚投影。

（2）曲面立体的投影

由平面和曲面或完全由曲面围合而成的立体，称为曲面立体。它们是由母线（直线或曲线）绕轴旋转形成的。根据曲面立体的形状，可分为圆柱体、圆锥体和球体，如图 1-34 所示。曲面立体的三面投影具体内容如下。

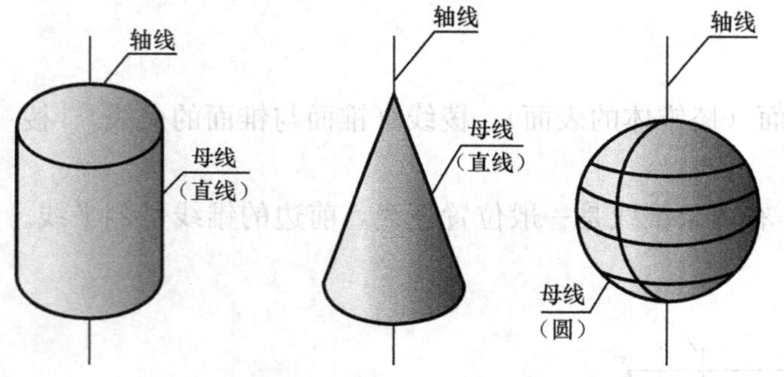

图 1-34　曲面立体的形状

1）圆柱体

圆柱体是由圆柱面、上下底面共同围合而成曲面体。圆柱面是母线与轴线平行，绕轴旋转而成的。处于回转运动中的直线或曲线称为母线。母线在曲面上转至某一位置时称为素线。因此，圆柱面上是由许多素线所围成的。

如图 1-35 所示，圆柱体的水平投影是一个圆，是上下底面圆的重合投影，反映实形。圆周是圆柱面的积聚投影，圆周上的任何一点，都对应某一位置素线的水平投影，也就是说，圆柱面上的素线是铅垂线，圆的半径等于上下底圆的半径。圆柱轴线是铅垂线，圆心就是轴线的积聚投影。

正面投影为一矩形，是前半个柱面与后半个柱面的重合投影。两条垂线是圆柱面上最左和最右两条轮廓素线的投影，其投影是圆柱体可见与不可见的分界线，即前半个柱面可见，后半个柱面不可见。最前和最后的轮廓素线（不需画出其投影）与轴线重合，用点画线表示。矩形上、下两条水平线是圆柱体上下底圆的正面投影，积聚成两条直线。

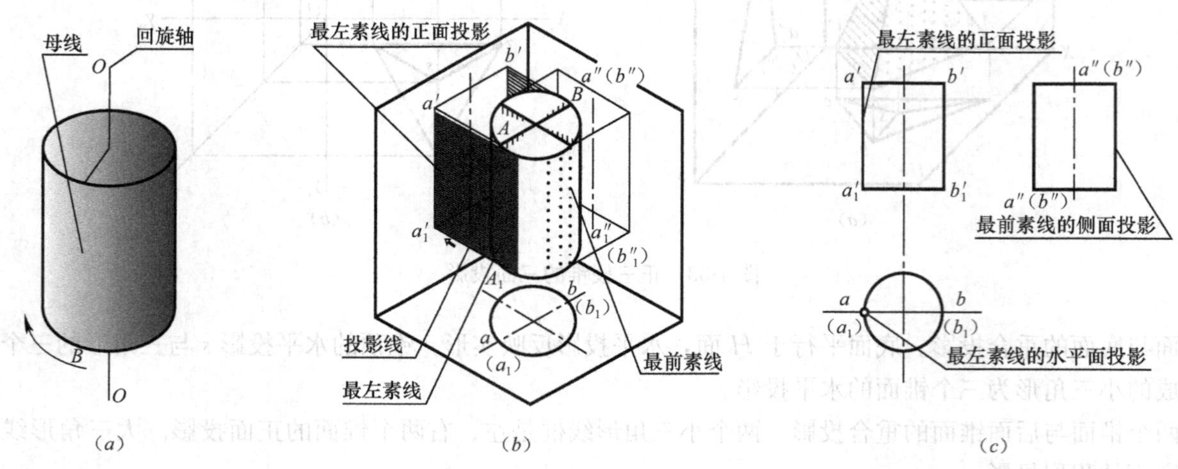

图 1-35　正圆柱体的三面投影

侧面投影为一矩形，是左半个柱面与右半个柱面的重合投影。两条垂线是圆柱面上最前和最后两条轮廓素线的投影，其投影是圆柱体可见与不可见的分界线，即左半个柱面可见，右半个柱面不可见。最左和最右的轮廓素线（不需画出其投影）与轴线重合，用点画线表示。矩形上、下两条水平线是圆柱体上、下底圆的侧面投影，积聚成两条直线。

2）圆锥体

圆锥体是由圆锥面和下底面圆共同围合而成的曲面体。圆锥面是母线 SA 围绕和它相交的轴线旋转而成的，因此圆锥上的素线必过锥顶。

如图 1-36 所示，圆锥体的水平投影是整个锥面和圆锥体下底面圆的重合投影。圆锥体下底面圆的水平投影反映实形。圆心为锥顶 S 的投影。

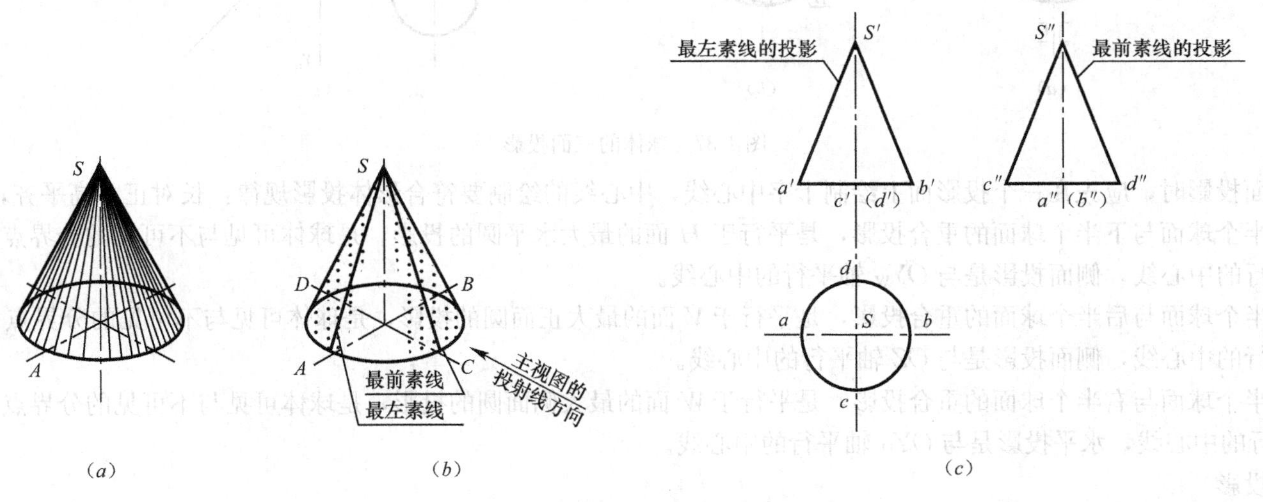

图 1-36　正圆锥体的三面投影

正面投影为一个三角形，是前半个锥面与后半个锥面的重合投影。水平线是下底面圆的积聚投影，与锥顶相交的两条直线是圆锥面最左和最右的两条素线的投影，反映实长。

侧面投影为一个三角形，是左半个锥面与右半个锥面的重合投影。水平线是下底面圆的积聚投影，与锥顶相交的两条直线是圆锥面最前和最后的两条素线的投影，反映实长。

3）球体

以圆周为母线，绕着它本身的一条直径为轴旋转一周所形成的曲面，称为球面。球面所围成的立体，称为球体。

如图 1-37 所示，球体的三面投影是球的三个与投影面平行的最大平面圆的投影。三个最大平面圆的直径相等并与球径相等。

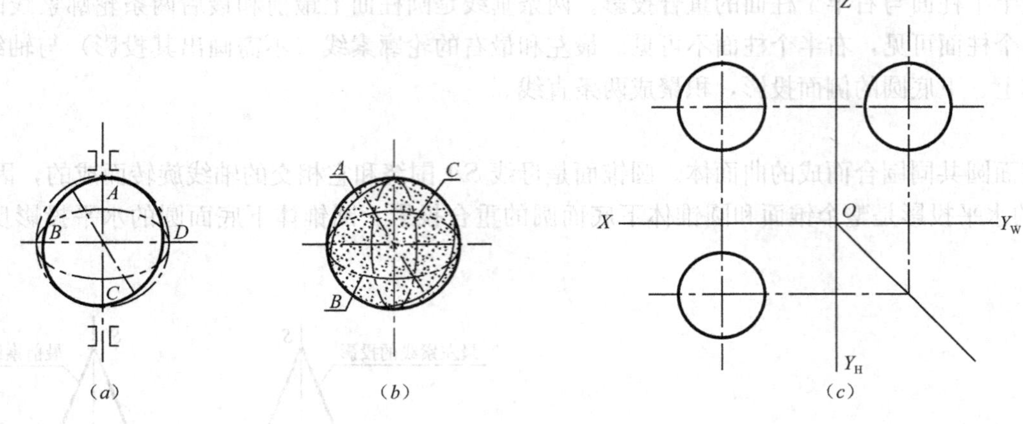

图 1-37 球体的三面投影

绘制球体的三面投影时，应先在三个投影面上绘制十字中心线，中心线的绘制要符合形体投影规律：长对正，高平齐，宽相等。

水平投影是上半个球面与下半个球面的重合投影，是平行于 H 面的最大水平圆的投影，是球体可见与不可见的分界点。与其对应的正面投影是与 OX 轴平行的中心线，侧面投影是与 OY_W 轴平行的中心线。

正面投影是前半个球面与后半个球面的重合投影，是平行于 V 面的最大正面圆的投影，是球体可见与不可见的分界点。与其对应的水平投影是与 OX 轴平行的中心线，侧面投影是与 OZ 轴平行的中心线。

侧面投影是左半个球面与右半个球面的重合投影，是平行于 W 面的最大侧面圆的投影，是球体可见与不可见的分界点。与其对应的正面投影是与 OZ 轴平行的中心线，水平投影是与 OY_H 轴平行的中心线。

(3) 组合体的投影

识读组合体投影图，就是运用正投影的原理和特性，对投影图进行分析，说明组合体各部分的形状和组成关系，想象出组合体的空间形状。

识读组合体投影图的常用方法有两种：一种是形体分析法，另一种是线面分析法，这里不做具体介绍了。

1.4 剖面图和断面图

1. 剖面图

(1) 全剖面图

用剖切面完全剖开形体的剖面图称为全剖面图，简称全剖面，见图 1-38。

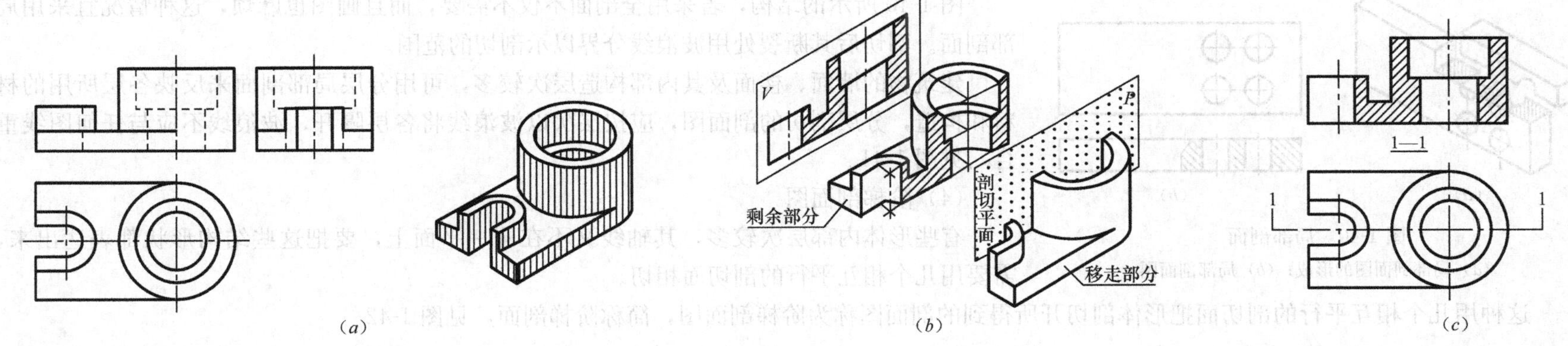

(a) (b) (c)

图 1-38 全剖面

(a) 形体三视图及立体图；(b) 全剖面图的形成；(c) 画全剖面图

(2) 半剖面图

当形体具有对称平面时，向垂直于对称平面的投影面上投影所得的图形，可以以对称中心线为界，一半画成剖面图，一半画成视图，这种剖面图称为半剖面图，简称半剖面。见图 1-39。

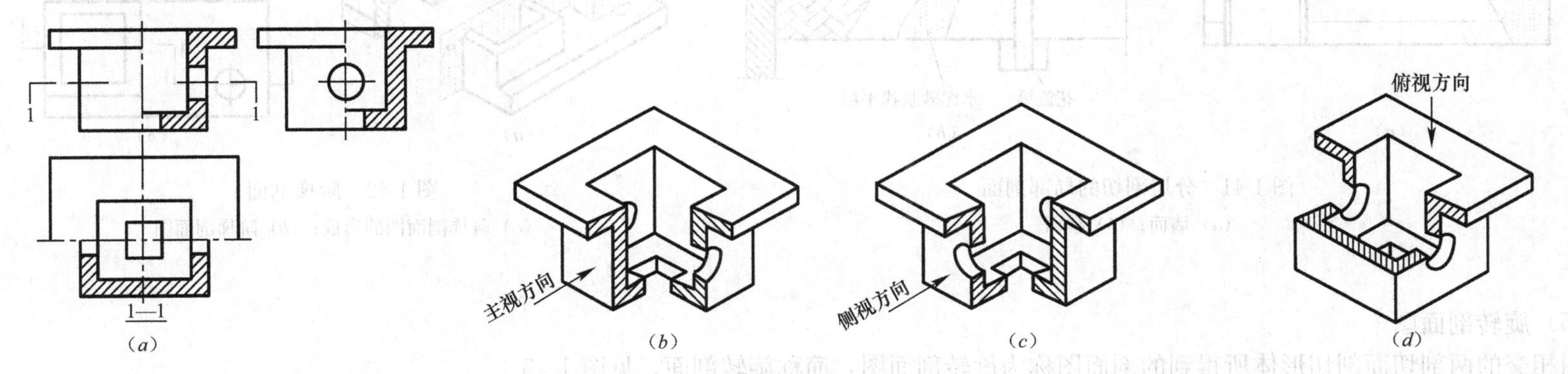

(a) (b) (c) (d)

图 1-39 半剖面

(a) 半剖面图；(b) 主视图半剖；(c) 左视图半剖；(d) 俯视图半剖

(3) 局部剖面图

用剖切面局部剖开形体所得的剖面图称为局部剖面图，简称局部剖面。

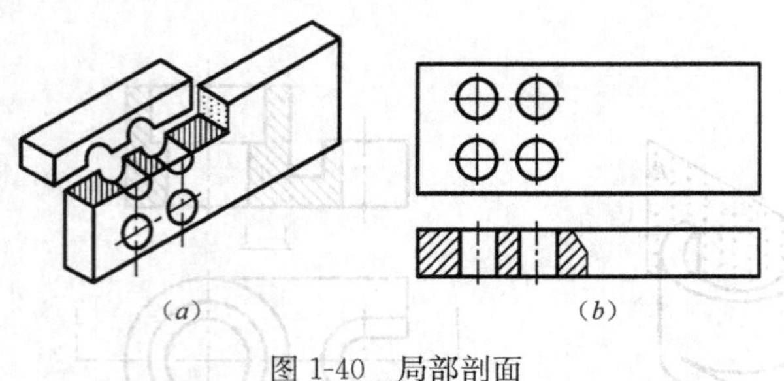

图 1-40　局部剖面

(a) 局部剖面图的形成；(b) 局部剖面图

图 1-40 所示的结构，若采用全剖面不仅不需要，而且画图也麻烦，这种情况宜采用局部剖面。剖切后其断裂处用波浪线分界以示剖切的范围。

建筑物的墙面、楼面及其内部构造层次较多，可用分层局部剖面来反映各层所用的材料和构造，分层剖切的剖面图，应按层次以波浪线将各层隔开，波浪线不应与任何图线重合，见图 1-41。

(4) 阶梯剖面图

有些形体内部层次较多，其轴线又不在同一平面上，要把这些结构形状都表达出来，需要用几个相互平行的剖切面相切。这种用几个相互平行的剖切面把形体剖切开所得到的剖面图称为阶梯剖面图，简称阶梯剖面，见图 1-42。

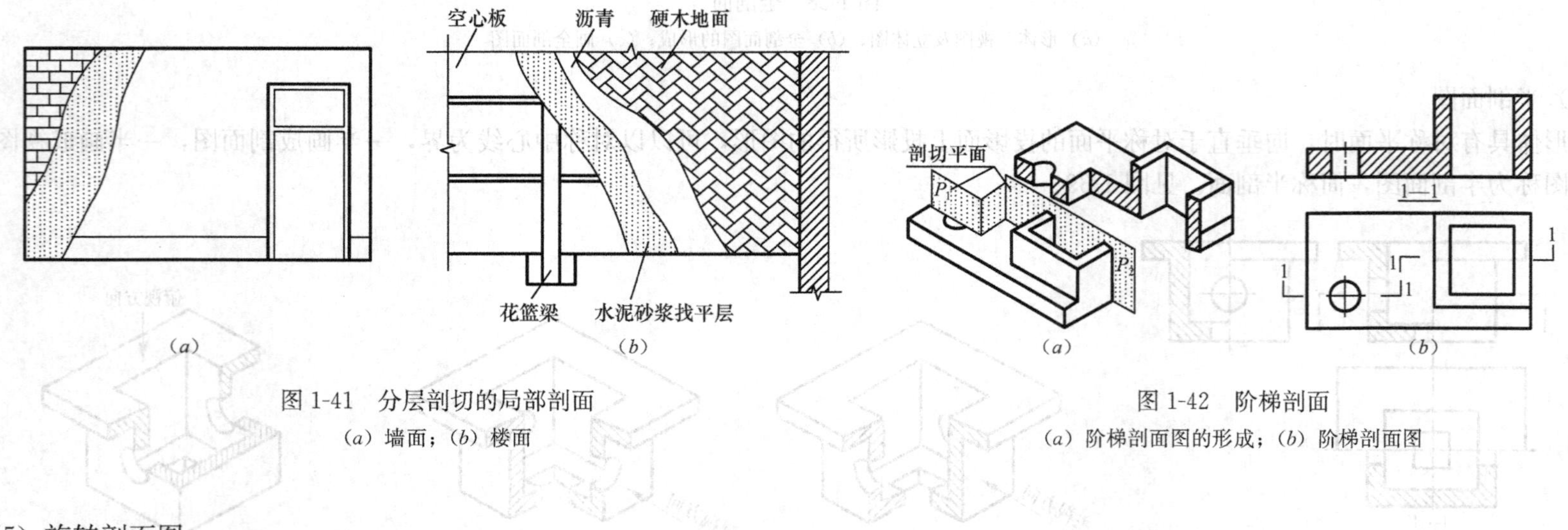

图 1-41　分层剖切的局部剖面

(a) 墙面；(b) 楼面

图 1-42　阶梯剖面

(a) 阶梯剖面图的形成；(b) 阶梯剖面图

(5) 旋转剖面图

用相交的两剖切面剖切形体所得到的剖面图称为旋转剖面图，简称旋转剖面，见图 1-43。

(6) 复合剖面图

当形体内部结构比较复杂，不能单一用上述剖切方法表示形体时，需要将几种剖切方法结合起来使用。一般情况是把某一种剖视与旋转剖视结合，这种剖面图称为复合剖面图，简称复合剖面，见图 1-44。

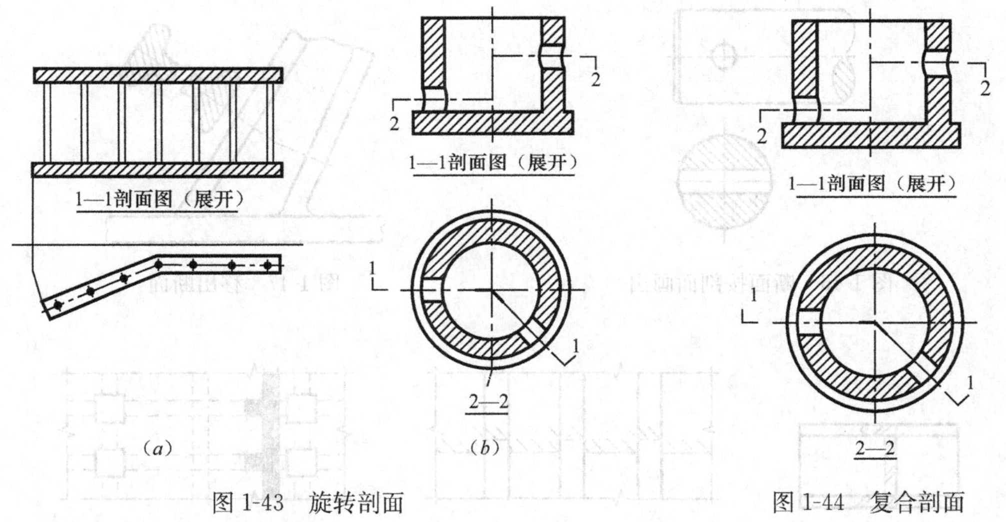

图 1-43 旋转剖面 图 1-44 复合剖面

2. 断面图

根据断面在绘制时所配置的位置不同，断面分为以下两种。

(1) 移出断面图

画在视图外的断面图形称为移出断面图，移出断面的轮廓线用粗实线绘制，配置在剖切线的延长线或其他适当位置，见图 1-45。

断面图只画出剖切后的断面形状，但当剖面通过轴上的圆孔或圆坑的轴线时，为了清楚完整地表示这些结构，仍按剖面图绘制，见图 1-46。

由两个或多个相交剖切面剖切得出的移出断面图，中间一般断开，见图 1-47。

(2) 重合断面图

画在视图内的断面图形称为重合断面图，轮廓线用细实线绘制。当视图中轮廓线与重合断面的图形重叠时，视图中的轮廓线仍应连续画出，不可中断，见图 1-48。

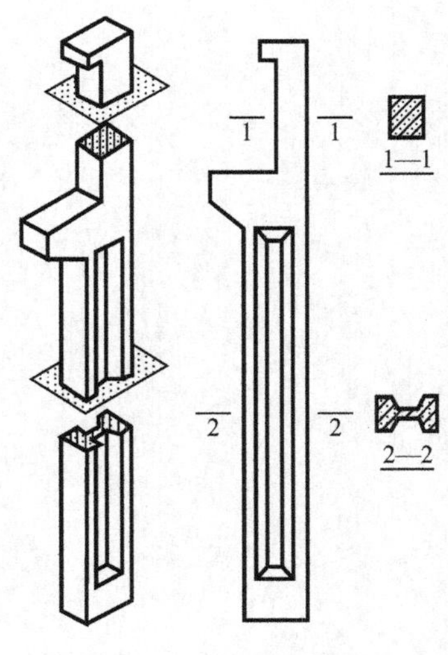

图 1-45 移出断面

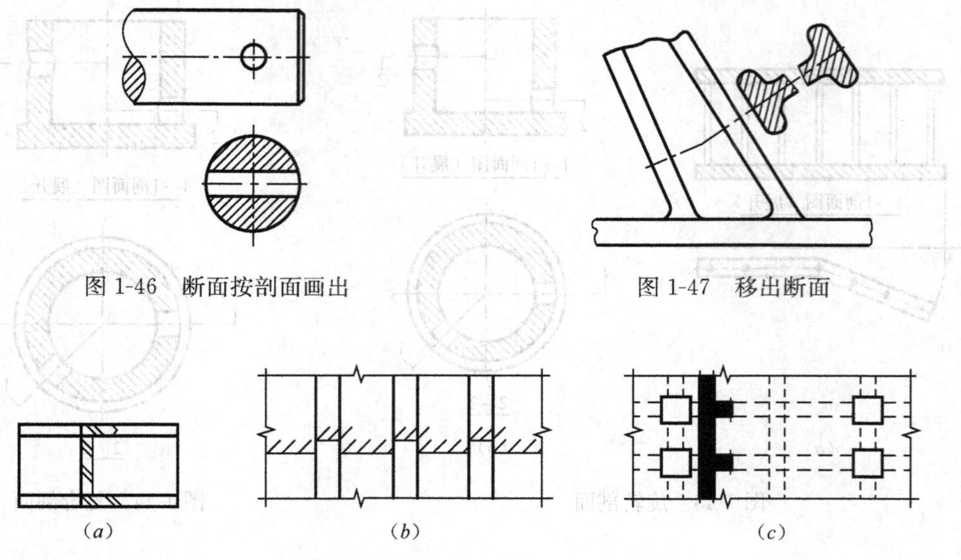

图 1-46　断面按剖面画出

图 1-47　移出断面

（a）　（b）　（c）

图 1-48　重合断面

（a）槽钢；（b）墙上装饰线重合断面图；（c）楼板层重合断面图

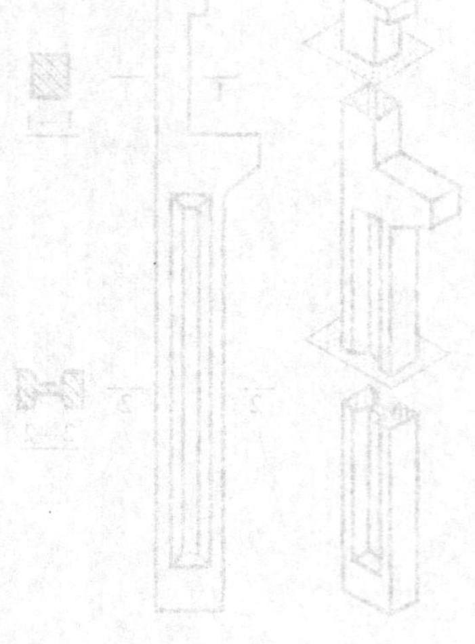

2 识读市政道路工程施工图

一套市政工程施工图通常由图纸目录、施工图设计说明、平面图、纵断面图、立面图、横断面图、构造图、结构图、配筋图等图纸组成。图纸在设计工作中担负着非常重要的职责，设计人员通过绘制施工图，来表达设计构思和设计意图，而施工人员通过正确地识读施工图，理解设计意图，并按图施工，使工程图变成工程实物。

道路工程图的识读要求如下：

(1) 看目录表，了解图纸的组成。

(2) 看设计说明，了解道路施工图的主要文字部分。设计说明主要是对市政施工图上未能详细表达或不易用图纸表示的内容用文字或图表加以描述。

(3) 识读平面图，了解平面图上新建工程的位置、平面形状，能进行主点坐标计算、桩号推算，平曲线计算，是施工过程中定位放线的主要依据。

(4) 识读纵断面图，了解构筑物的外形和外观、横纵坐标的关系，识读构筑物的标高，能进行竖曲线要素计算。

(5) 识读横断面图，能进行土石方量的计算。

(6) 识读沥青路面结构图，了解结构的组合、组成的材料，能进行工程量的计算。

(7) 识读水泥路面的结构图，了解水泥混凝土路面接缝分类名称、对接缝的基本要求，常用钢筋级别与作用，能进行工程量的计算。

2.1 识读图纸目录和施工设计说明

1. 道路工程施工图图纸目录

右栏表 2-1 为某市政道路（沥青路面）的图纸目录。图纸目录主要说明该套图纸包括几类，各类图纸分别有多少张，每张图纸的图号、图名、图幅大小；若在图纸中采用标准图，应当写明所使用的标准图的名称、所在的标准图集及图号或页次。图纸目录的主要目的是方便使用者查找图纸。

某市政道路（沥青路面）图纸目录 **表 2-1**

工程名称：某市政道路（沥青路面） 工程号：____ 专业：市政

序号	图名	备注
01	图纸目录	
02	施工图设计说明	
03	道路平面图	
04	道路纵断面图	
05	道路标准横断面图	
06	路面结构图	

某市政道路（沥青路面）施工图设计总说明

（1）设计依据

1）甲方委托我院的工程设计合同；

2）《××县××区润长路北延、十四号路道路工程方案设计》；

3）《城市道路工程设计规范》CJJ 37—2012；

4）《公路路基设计规范》JTG D30—2015；

5）《公路沥青路面设计规范》JTG D50—2006；

6）《公路工程技术标准》JTG B01—2014；

7）《城市道路照明设计标准》CJJ 45—2006；

8）《城市道路平面交叉口规划与设计章程》（上海）；

9）《道路交通标志和标线第1部分：总则》GB 5768.1—2009，《道路交通标志和标线　第2部分：道路交通标志》GB 5768.2—2009，《道路交通标志和标线　第3部分：道路交通标线》GB 5768.3—2009；

10）《无障碍设计规范》GB 50763—2012。

（2）主要设计资料

1）甲方提供工程范围内1/500地形图；

2）甲方提供的相交道路资料；

3）《××县××区二期河道水系、竖向排水规划》。

（3）道路设计标准

1）道路设计等级：十四号路为Ⅰ级次干道，设计车速：40km/h；

2）沥青路面设计年限15年；路面结构设计标准轴载100kN，交通等级：中型。

（4）路面结构

机动车道：4cm细粒式沥青混凝土（AC－13C）＋8cm粗粒式沥青混凝土（AC－25C）＋乳化沥青封层（1kg/m²）＋30cm 5％水泥稳定碎石＋30cm塘渣＝72cm。

非机动车道：4cm细粒式沥青混凝土（AC－13C）＋6m粗粒式沥青混凝土（AC－25C）＋乳化沥青封层（1kg/m²）＋25cm 5％水泥稳定碎石＋30cm塘渣＝65cm。

人行道：6cm透水砖＋2cm M10砂浆卧底＋20cm C20水泥混凝土＋25cm塘渣＝53cm。

土基顶面设计回弹模量不小于20MPa，若不满足要求应进行换填处理。水泥稳定碎石7d无侧限抗压强度大

2. 道路工程施工图设计说明

左栏为市政道路（沥青路面）施工图设计总说明。设计说明是通过文字对设计思想和艺术效果进行进一步的表达，或起到对图纸内容补充说明的作用，另外对于图纸中需要强调的部分以及未尽事宜也可以用文字进行说明。例如：影响到道路设计而图纸中却没有反映出来的因素，地下水位、当地土壤状况、地理、人文等情况。包括施工图设计依据、主要设计资料、道路设计标准、路面结构、注意事项、特殊说明及验收标准等。

于等于 2.5MPa。

(5) 施工注意事项

1) 道路路基采用塘渣分层回填，每层厚度不大于 30cm，路基填筑应采用 20t 以上重型压路机振动分层碾压，当压路机从结构物顶上通过时，若结构物顶面填土高度小于 50cm 时，应禁止采用振动碾压。对于不同性质的填料，其压实厚度和遍数根据现场压实试验确定。对于同一填筑路段，要求一层的路基填料强度和粒径均匀。

2) 为保护填方段道路边侧人行道结构免受破坏，设计道路红线外侧各设置 0.5m 土路肩。填方边坡坡比为 1∶1.5。

3) 对于淤泥质土和池塘等不良地质的路段，应先抽干水，清除淤泥，然后进行塘渣回填，分层回填至现状地面。注意需要软地基处理的路段，现状标高以下范围采用素土回填。

4) 填方高度小于 1.0m 低填的路段，要求换填 0.5m 清塘渣。路基位于现状农田上时，须清除表面 30cm 耕植土。路基要求分层回填，每层厚度不大于 30cm。

5) 道路软基处理时，若管线施工与水泥搅拌桩有冲突时，先进行搅拌桩施工后，方可开挖进行管线施工。

6) 道路范围内均有老路基、房基拆除段，施工时注意路基衔接。对于房基拆除段，可利用质好的建筑垃圾，严禁用生活垃圾回填。新老路基须采用 1∶1 横坡衔接，碾压密实，以防不均匀沉降。

7) 施工前应进行各项室内试验（侧石抗压强度等）各项指标，满足要求后才能进行施工。

8) 路基填方及路面结构施工时应严格按有关规范及验收指标执行，合格后可进行下一道工序施工。

9) 道路边坡 50cm 范围采用黏土回填，并尽早铺草皮绿化，边坡坡脚用块石加固。

10) 兴国路为现状道路，十四号路道路实施时平面和标高接顺现状兴国路。施工前应实测兴国路衔接处现状标高。

(6) 软土地基处理特殊说明

1) 由于目前本项目的地质勘察报告尚未提供，参考周边画溪大道、明珠北路地质勘察报告，对路基填方高度大于 2m 路段及河塘段进行水泥搅拌桩处理。水泥搅拌桩桩径 0.5m，间距 1.3m 梅花形布置，桩长暂按 8m，待地质报告出来后进行核算调整。

2) 设计标准：路基稳定系数一般要求 $F_s>1.25$，工后沉降要求：路基与桥头衔接沉降差异 $S<10$cm，一般路基 $S<30$cm，纵向坡率<0.4%。

3) 作业程序及材料要求：水泥搅拌桩处理路段，先去除表层耕植土，整平场地，再打水泥搅拌桩，桩顶与现状地坪平，梅花形布置。水泥搅拌桩施工完成后至路基开始填筑期间的间歇期不得小于 1 个月。桩头处理后铺 30cm 砂砾垫层，铺土工格栅，上填 20cm 砂砾。

(7) 工程质量验收标准

道路工程质量验收和评定按《城镇道路工程施工与质量验收规范》CJJ 1—2008 执行。

2.2　识读道路平面图

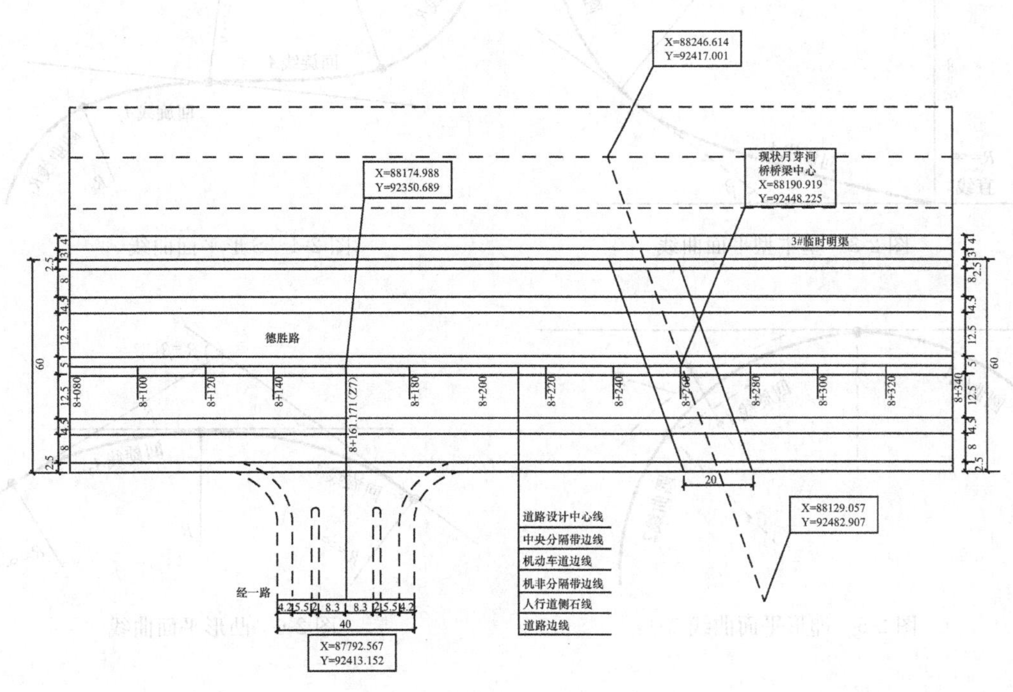

图 2-1　道路平面图

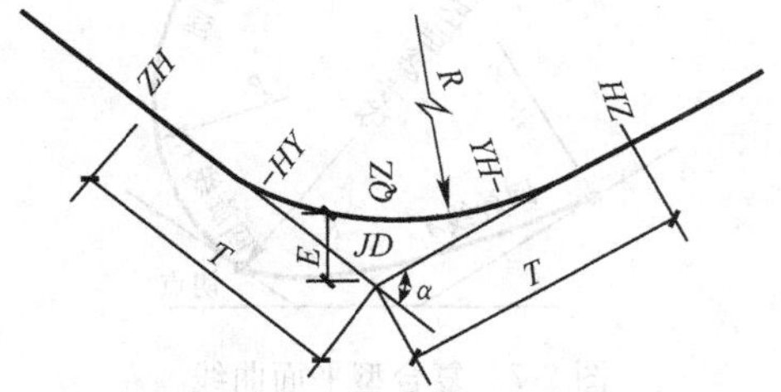

图 2-2　道路平曲线要素示意图

1. 道路工程平面图的内容

道路平面图表示道路的走向、平面线型、两侧地形地物情况、路幅布置、路线定位等内容，如图 2-1 所示。

道路平曲线的几何要素的表示及控制点位置的图示，如图 2-2 所示，*JD* 点表示路线转点。*α* 角为路线转向的折角，它是沿路线前进方向向左或向右偏转的角度。*R* 为圆曲线半径，*T* 为切线长，*E* 为外矢距。图中曲线控制点：*ZH*“直缓”为曲线起点，*HY* 为缓圆交点，*QZ* 表示曲线中点，*YH* 为圆缓交点，*HZ* 为缓直交点。当只设圆曲线不设缓和曲线时，控制点为：*ZY*“直圆点”，*QZ*“曲中点”，*YZ*“圆直点”。

2. 道路工程平面图的识读实例

【例 2-1】 识读不同道路平面曲线。

由图 2-3 可见，道路平面曲线组合的基本型是指按直线—回旋线—圆曲线—回旋线—直线的顺序组合的形式。

图 2-4 中，两个反向圆曲线用回旋曲线连接的组合形式，即为 S 形。

用一个回旋线连接两个同向圆曲线的组合形式，即为卵形，如图 2-5 所示。

在图 2-6 中，在两个同向回旋线间不插入圆曲线而相衔接的形式即为凸形。

在图 2-7 中，两个以上同向回旋线间在曲率相等处相互连接的形式即为复合型。

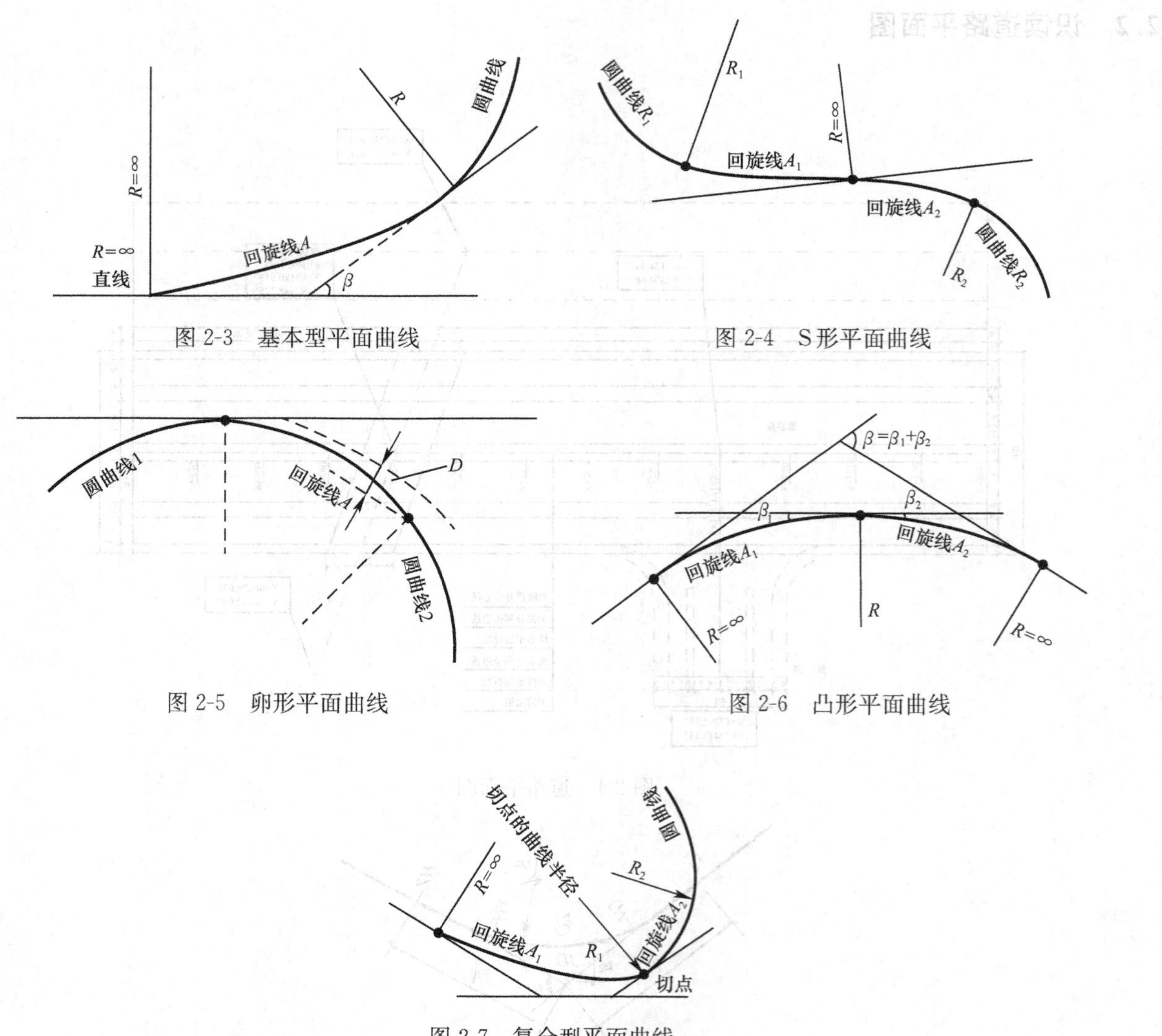

图 2-3 基本型平面曲线

图 2-4 S形平面曲线

图 2-5 卵形平面曲线

图 2-6 凸形平面曲线

图 2-7 复合型平面曲线

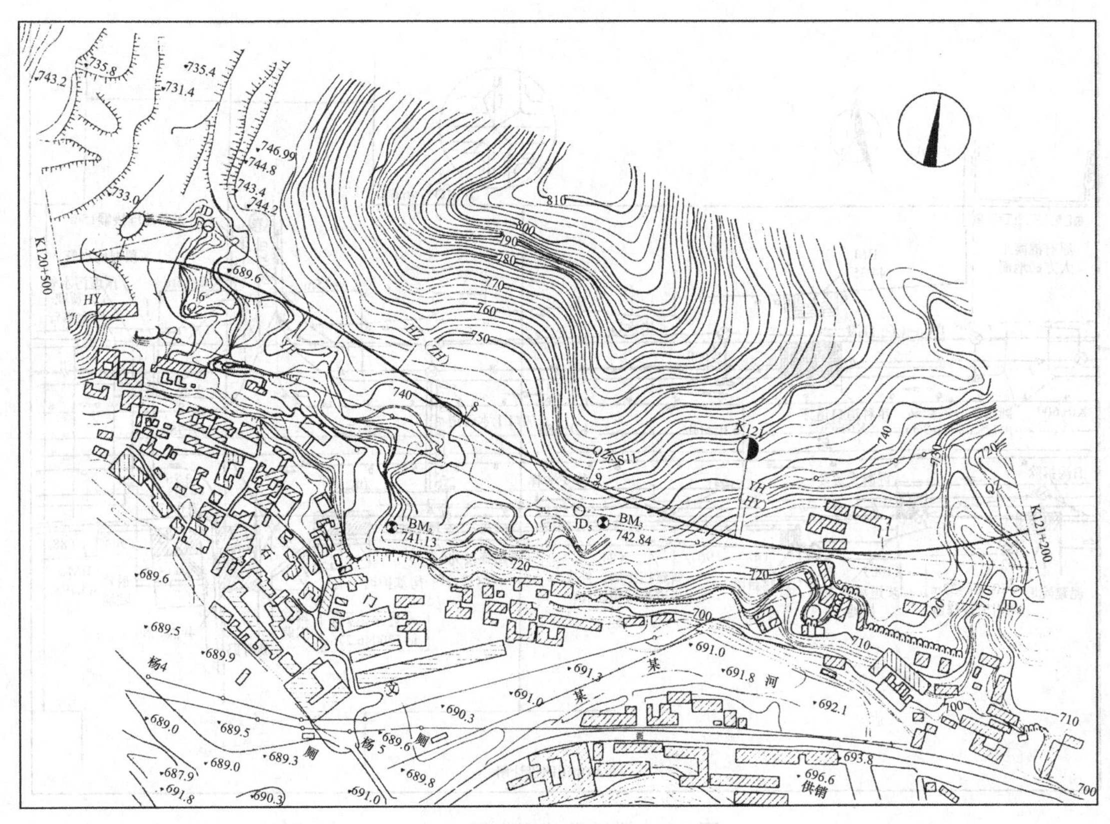

图 2-8　道路路线平面图（一）

【例 2-2】 识读某道路路线平面图。

（1）地形部分的图示内容（图 2-8）

1）图样比例的选择：根据地形地物情况的不同，地形图可采用不同的比例。一般常用的比例为 1∶1000 的比例。比例选择应以能清晰表达图样为准。由于城市规划图比例一般为 1∶500，则道路平面图的比例多采用 1∶5000，本图比例为 1∶2000。

2）方位确定：为了表明该地形区域的方位及道路路线的走向，地形图样中需要箭头表示其方位。方位确定的方法有坐标网或指北针两种，如采用坐标网来定位，则应在图样中绘出坐标网并注明坐标，例如其 X 轴向为南北方向（上为北），Y 轴向为东西方向；如若采用指北针，应在图样适当位置按标准画出指北针。

3）地形地物情况：地形情况一般采用等高线或地形点表示。由于城市道路一般比较平坦，因此多采用大量的地形点来表示地形高程，从图 2-8 所示看出，两等高线的高差为 2m，图中用小“▼”表示测点，其标高数值注在其右侧。图中正前方有一座山丘，山脚下河套地带有名为石门的村落，村落南面有一条河，河的南岸是一条沥青路面的旧路。本图是待建的公路在山腰下方依山势以“S”形通过该村落。地物情况一般采用图例表示，通常使用标准规定的图例，如采用非标准图例时，需要在图样中注明。

4）水准点位置及编号应在图中注明，以便路线的高程控制。

（2）道路路线部分图示内容（图 2-9）

1）道路规划红线是道路的用地界限，常用双点画线表示。道路规划红线范围内为道路用地，一切不符合设计要求的建设物、构筑物、各种管线等需拆除。

2）城市道路中心线一般采用细点画线表示。因为城市区域地形图比例一般为 1∶500，所以城市道路的平面图也采用 1∶500 的比例。这样城市道路中机动车道、非机动车道、人行道、分隔带等均可按比例绘制在图样中。城市道路中的机动车道宽度为 15m，非机动车道宽度为 6m，分隔带宽度为 1.5m，人行道宽度为 5m，均以粗实线表示。

3）图线桩号：里程桩号反映了道路各段长度及总长，一般在道路中心线上。从起点到终点，沿前进方向注写里程桩号；也可向垂直道路中心线方向引一细直线，再在图样边上注写里程桩号。如 120＋500，即距路线起点为 120500m。如里程桩号直接注写在道路中心线上，则“＋”号位置即为桩的位置。

4）道路中曲线的几何要素的表示及控制点位置的图示见图 2-2。

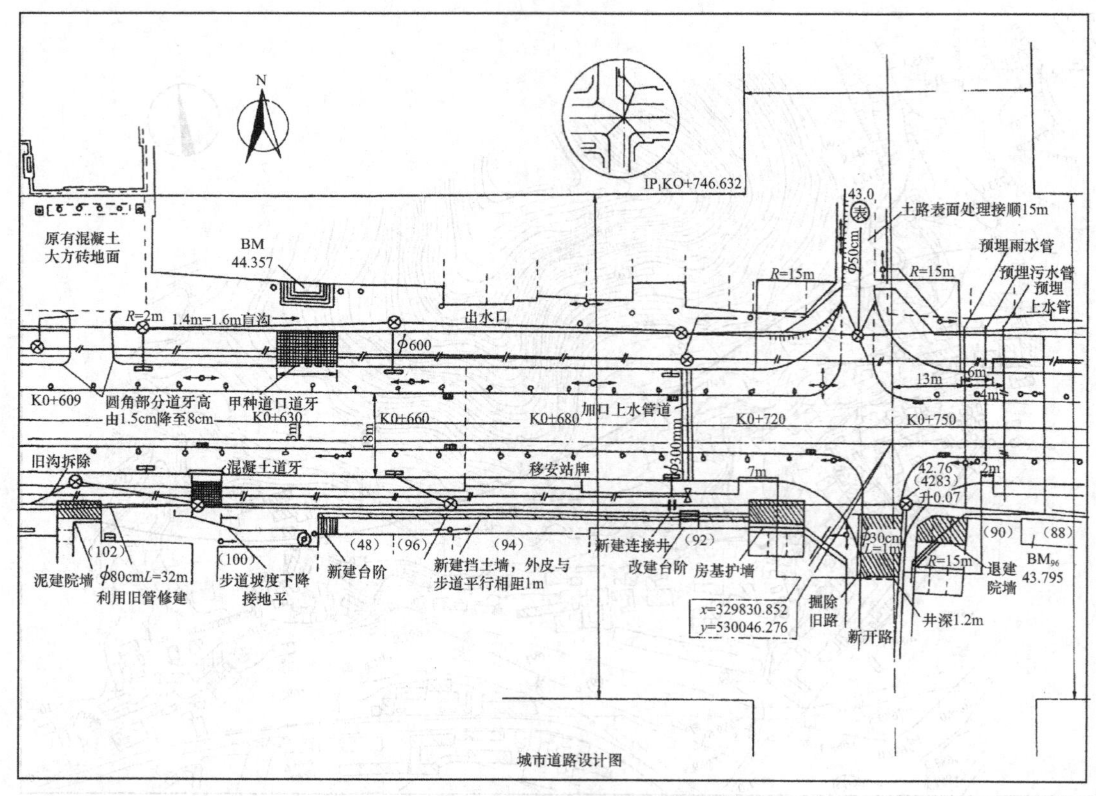

图 2-9　道路路线平面图（二）

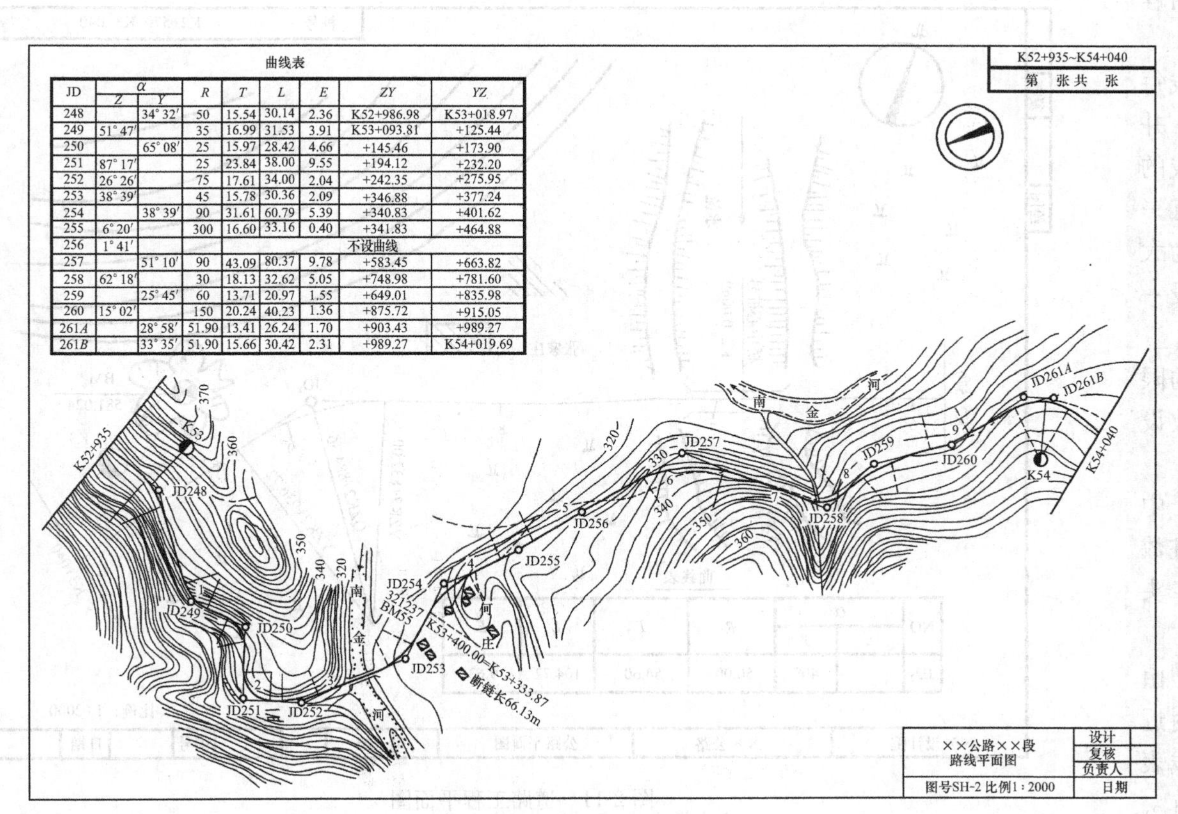

曲线表

JD	α		R	T	L	E	ZY	YZ
	Z	Y						
248		34°32′	50	15.54	30.14	2.36	K52+986.98	K53+018.97
249	51°47′		35	16.99	31.53	3.91	K53+093.81	+125.44
250		65°08′	25	15.97	28.42	4.66	+145.46	+173.90
251	87°17′		25	23.84	38.00	9.55	+194.12	+232.20
252	26°26′		75	17.61	34.00	2.04	+242.35	+275.95
253	38°39′		45	15.78	30.36	2.09	+346.88	+377.24
254		38°39′	90	31.61	60.79	5.39	+340.83	+401.62
255	6°20′		300	16.60	33.16	0.40	+341.83	+464.88
256	1°41′			不设曲线				
257		51°10′	90	43.09	80.37	9.78	+583.45	+663.82
258	62°18′		30	18.13	32.62	5.05	+748.98	+781.60
259		25°45′	60	13.71	20.97	1.55	+649.01	+835.98
260	15°02′		150	20.24	40.23	1.36	+875.72	+915.05
261*A*		28°58′	51.90	13.41	26.24	1.70	+903.43	+989.27
261*B*		33°35′	51.90	15.66	30.42	2.31	+989.27	K54+019.69

图 2-10 路线平面图

【例 2-3】 识读某路线平面图。

图 2-10 所示为路线平面图。它综合反映了路线的平面设置、线形和尺寸以及公路与周围环境、地形、地物等的关系，是公路设计文件的重要组成之一，也是公路施工平面图的基本资料。

路线平面图中应绘出：沿线的地形、地物，示出里程桩号、断链、平曲线的要素及主要桩位水准点、大中桥、路线交叉、隧道、主要沿线设施（高等级公路绘在平面设计图内）的位置及县以上境界等。

【例 2-4】 识读某道路工程平面图。

根据对图 2-11 的识读可以得出：

（1）图形概况。从右上角角标可知，绘制桩号范围为 K2＋570～K3＋040，其内容包括地形部分和路线部分。

（2）地形部分。在地形图上，等高线每隔 4 根加粗一根，如 585、590 等高线，并注明标高，称为计曲线；图示中两等高线的高差为 1m，沿线地形平坦。东北地域有一小山毗邻，路北有两幢房屋建筑，路南为大片的农田。路线跨越一条小河，其上架设一桥梁，小河两岸设有堤坝。

（3）路线部分。由于受到图中比例的限制，路线的宽度无法按实际尺寸画出，故设计路线采用加粗的实线表示。

图中◐表示 3 公里桩的位置。垂直于中心线的短线表示了百米桩的位置，百米桩数字如 6、7、8、9 注在短线的端部，字头向上。

（4）平面线型。该段路线的平面线型由直线段和曲线段组成，在桩号 K2＋900 附近有一第 2 号交角点（JD_2）。由图中的曲线表可知，该圆曲线沿路线前进方向的右偏角 α_y 为 40°。曲线半径 R 为 50、切线长 T 为 54.60、曲线长 L 为 104.72、外矢距 E 为 9.63 等数值。2 号水准点（BM_2）标高为 581.024。

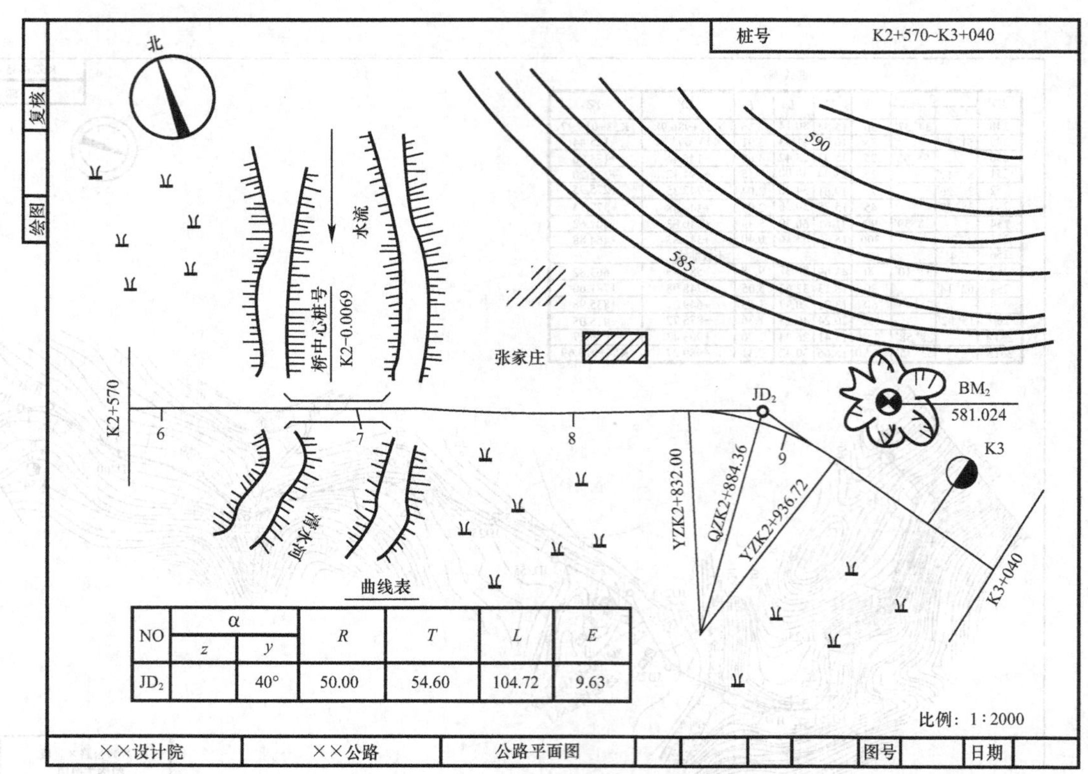

NO	α		R	T	L	E
	z	y				
JD_2		40°	50.00	54.60	104.72	9.63

图 2-11 道路工程平面图

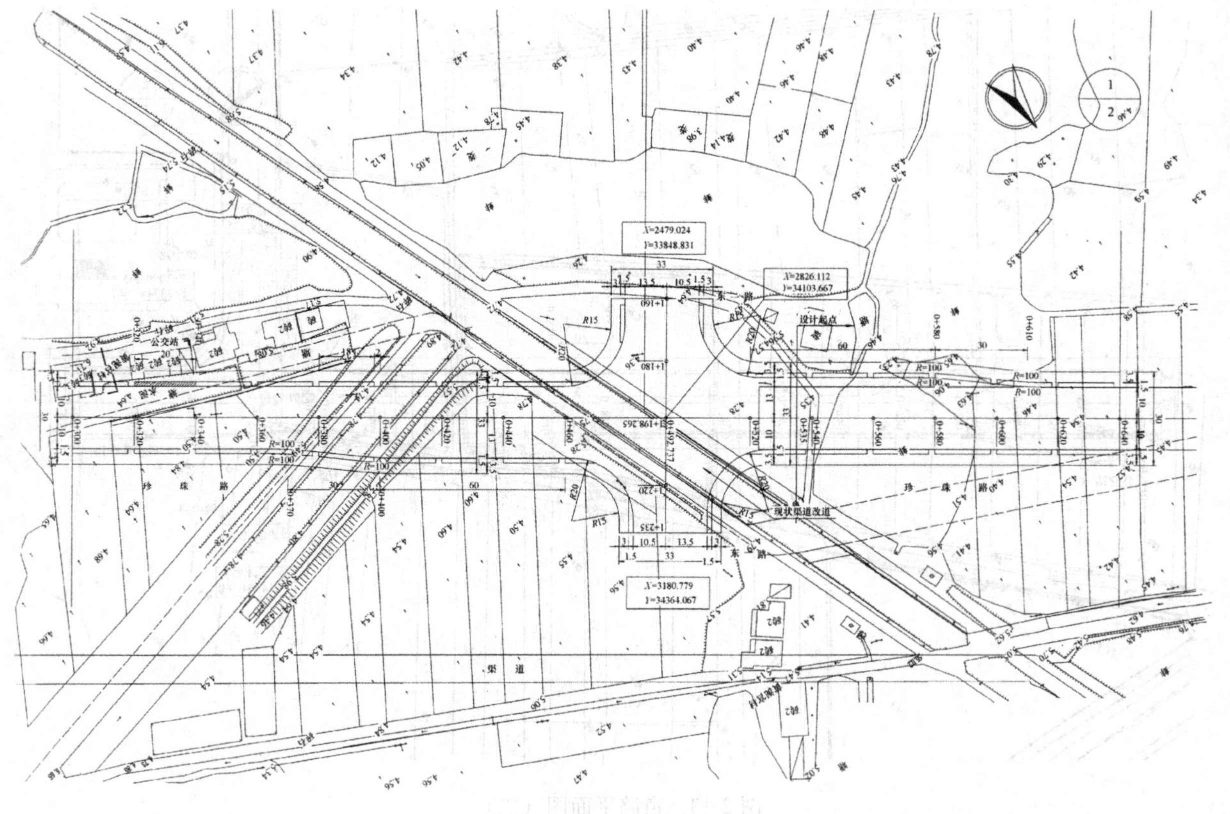

图 2-12 道路平面图（一）

【例 2-5】 识读某工程道路平面图。

在图 2-12 中：

（1）该图单位以米计，比例为 1∶1000。

（2）珍珠路本次道路设计起点桩号 0＋535。

（3）公交车站阴影处为人行道硬化，结构同人行道。

（4）绿化带每节段长 18m，间距 2m。

在图 2-13 中：

（1）该图单位以米计，比例为 1∶1000。

（2）珍珠路本次道路设计终点接顺现状道路。

（3）公交车站阴影处为人行道硬化，结构同人行道。

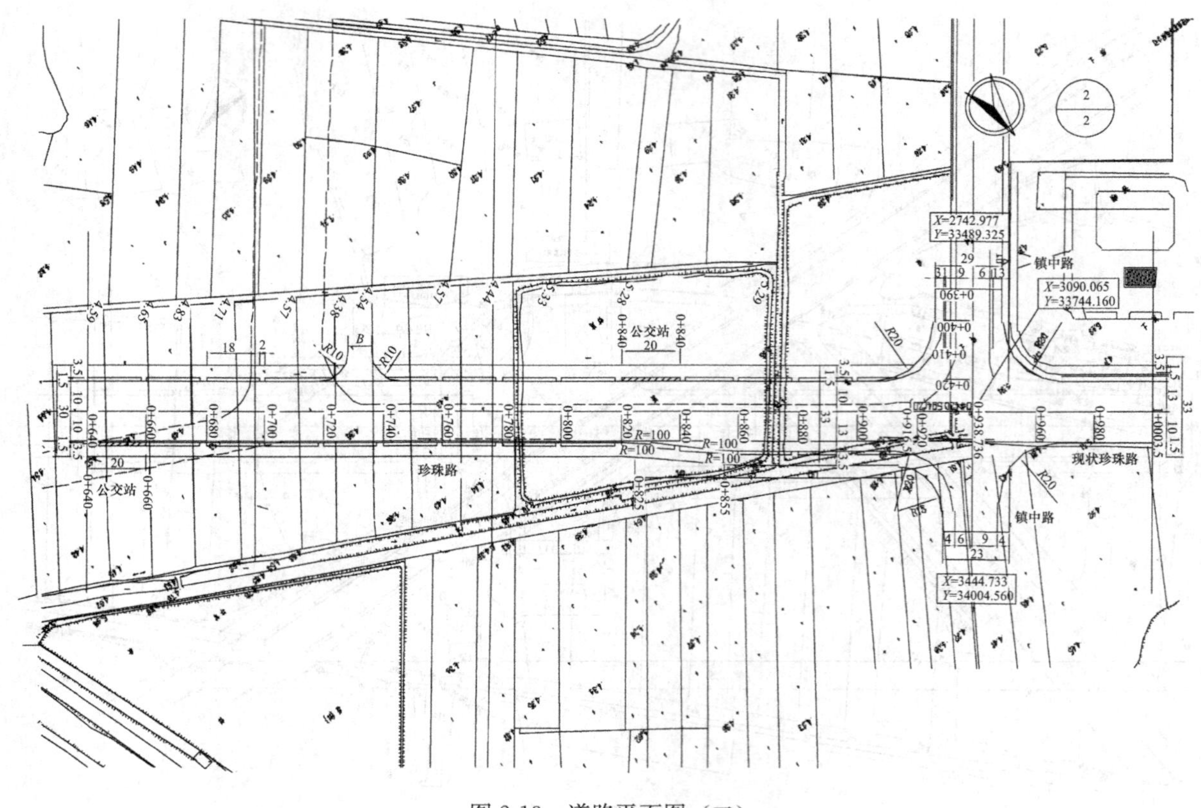

图 2-13　道路平面图（二）

2.3 识读道路纵断面图

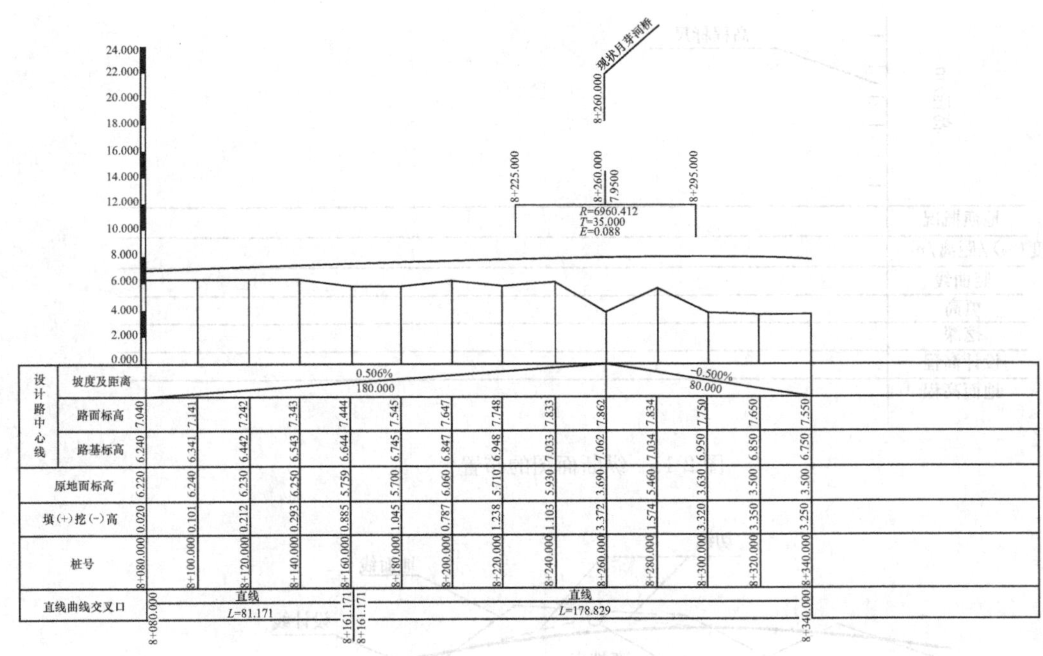

图 2-14 道路纵断面图

说明：1. 本图单位以米计。

2. 本图比例横向为 1∶2000，纵向为 1∶200。

1. 道路工程纵断面图的内容

道路纵断面图主要反映道路沿纵向（即道路中心线前进方向）的设计高程变化、道路设计坡长和坡度、原地面标高、地质情况、填挖方情况、平曲线要素、竖曲线等。如图 2-14 所示，纵断图主要表示内容如下：

（1）坡度及距离：是指设计高程线的纵向坡度和其水平距离。表中对角线表示坡度方向，由下至上表示上坡，由上至下表示下坡，坡度表示在对角线上方，距离在对角线下方，使用单位为“米”。

（2）路面标高：注明各里程桩号的路面中心设计高程，单位为“米”。

（3）路基标高：为路面设计标高减去路面结构层厚度。

（4）原地面标高：根据测量结果填写各里程桩号处路面中心的原地面高程，单位为“米”。

（5）填挖情况：反映设计路面标高与原地面标高的高差。

（6）里程桩号：按比例标注里程桩号，一般设 km 桩号、100m 桩号（或 50m 桩号）、构筑物位置桩号及路线控制点桩号等。

（7）直线与曲线：表示该路段的平面线型，通常画出道路中心线示意图，如“——”表示直线段，平曲线的起止点用直角折线表示，“⅃‾⅂”表示右偏转的平曲线，“‾⅂_⅃‾”表示左偏转的平曲线，并注明平曲线几何要素。

2. 道路工程纵断面图的识读实例

【例 2-6】 路线纵断面图的绘制训练。

(1) 纵断面图的图样应布置在图幅上部。测设数据应采用表格形式布置在图幅下部。高程标尺应布置在测设数据表的上方左侧（图 2-15）。

测设数据表宜按图 2-15 的顺序排列，表格可根据不同设计阶段和不同道路等级的要求而增减，纵断面图中的距离与高程宜按不同比例绘制。

(2) 道路设计线应采用粗实线表示；原地面线应采用细实线表示；地下水位线应采用细双点画线及水位符号表示；地下水位测点可仅用水位符号表示（图 2-16）。

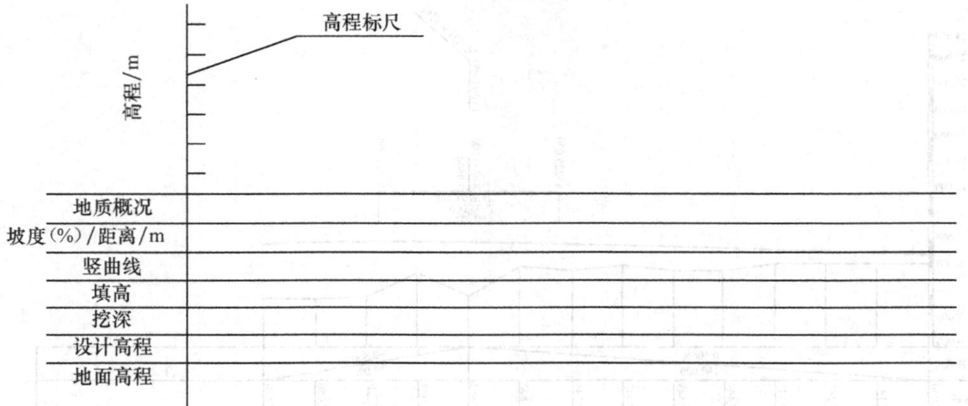

图 2-15 纵断面图的布置

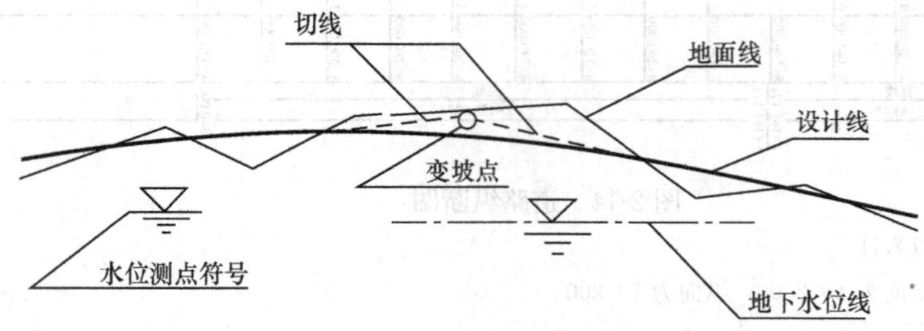

图 2-16 道路设计线、原地面线、地下水位线的标注

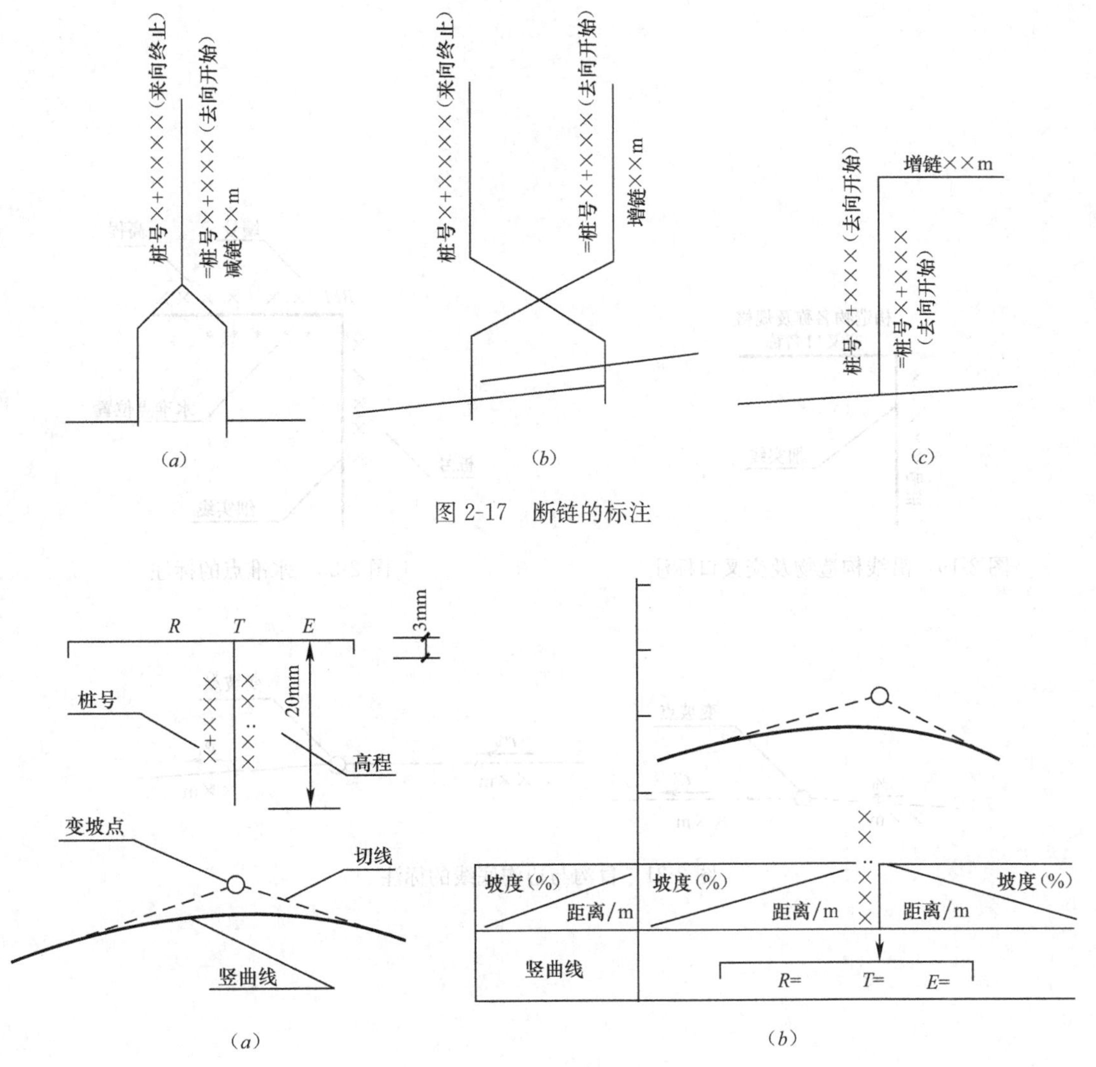

图 2-17 断链的标注

图 2-18 竖曲线的标注

(3) 当路线短链时，道路设计线应在相应桩号处断开，并按图 2-17（*a*）标注。路线局部改线而发生长链时，为利用已绘制的纵断面图，当高差较大时，宜按图 2-17（*b*）标注；当高差较小时，宜按图 2-17（*c*）标注。长链较长而不能利用原纵断面图时，应另绘制长链部分的纵断面图。

(4) 当路线坡度发生变化时，变坡点应用直径为 2mm 中粗线圆圈表示；切线应采用细虚线表示；竖曲线应采用粗实线表示。标注竖曲线的竖直细实线应对准变坡点所在桩号，线左侧标注桩号；线右侧标注变坡点高程。水平细实线两端应对准竖曲线的始、终点。两端的短竖直细实线在水平线之上为凹曲线；反之为凸曲线。竖曲线要素（半径 *R*、切线长 *T*、外矩 *E*）的数值均应标注在水平细实线上方，如图 2-18（*a*）所示。竖曲线标注也可布置在测设数据表内，此时，变坡点的位置应在坡度、距离栏内示出，如图 2-18（*b*）所示。

（5）道路沿线的构筑物、交叉口，可在道路设计线的上方，用竖直引出线标注。竖直引出线应对准构筑物或交叉口中心位置。线左侧标注桩号，水平线上方标注构筑物名称、规格、交叉口名称（图 2-19）。

（6）水准点宜按图 2-20 标注。竖直引出线应对准水准点桩号，线左侧标注桩号，水平线上方标注编号及高程；线下方标注水准点的位置。

（7）盲沟和边沟底线应分别采用中粗虚线和中粗长虚线表示。变坡点、距离、坡度宜按图 2-21 标注，变坡点用直径 1～2mm 的圆圈表示。

（8）在纵断面图中可根据需要绘制地质柱状图，并表示出岩土图例或代号。各地层高程应与高程标尺对应。

探坑应按宽 0.5cm、深为 1：100 的比例绘制，在图样上标注高程及土壤类别图例。

钻孔可按宽 0.2cm 绘制，仅标注编号及深度，深度过长时可采用折断线示出。

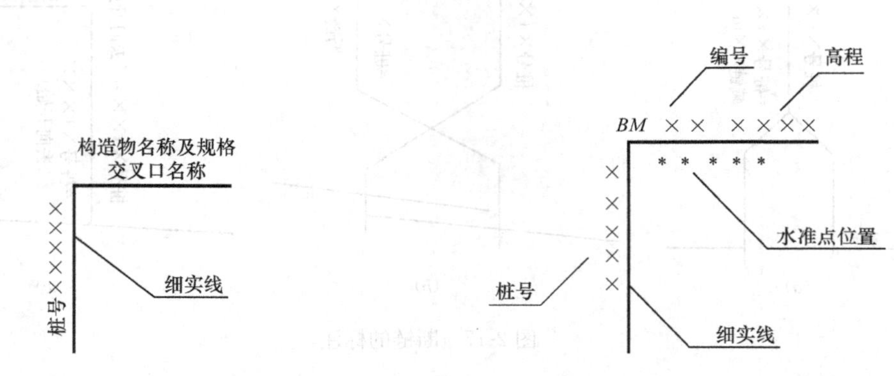

图 2-19　沿线构造物及交叉口标注

图 2-20　水准点的标注

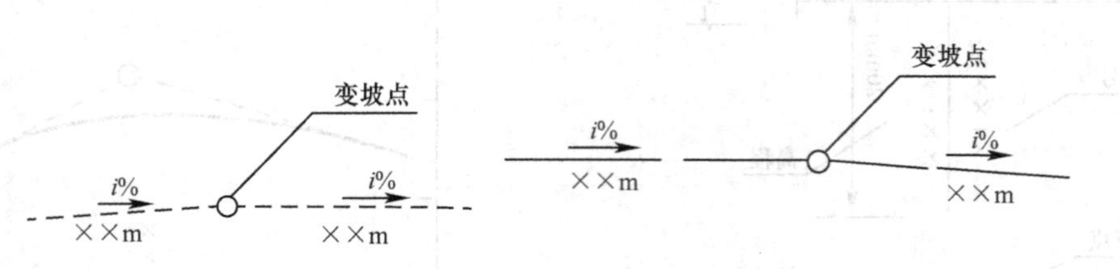

图 2-21　盲沟与边沟底线的标注

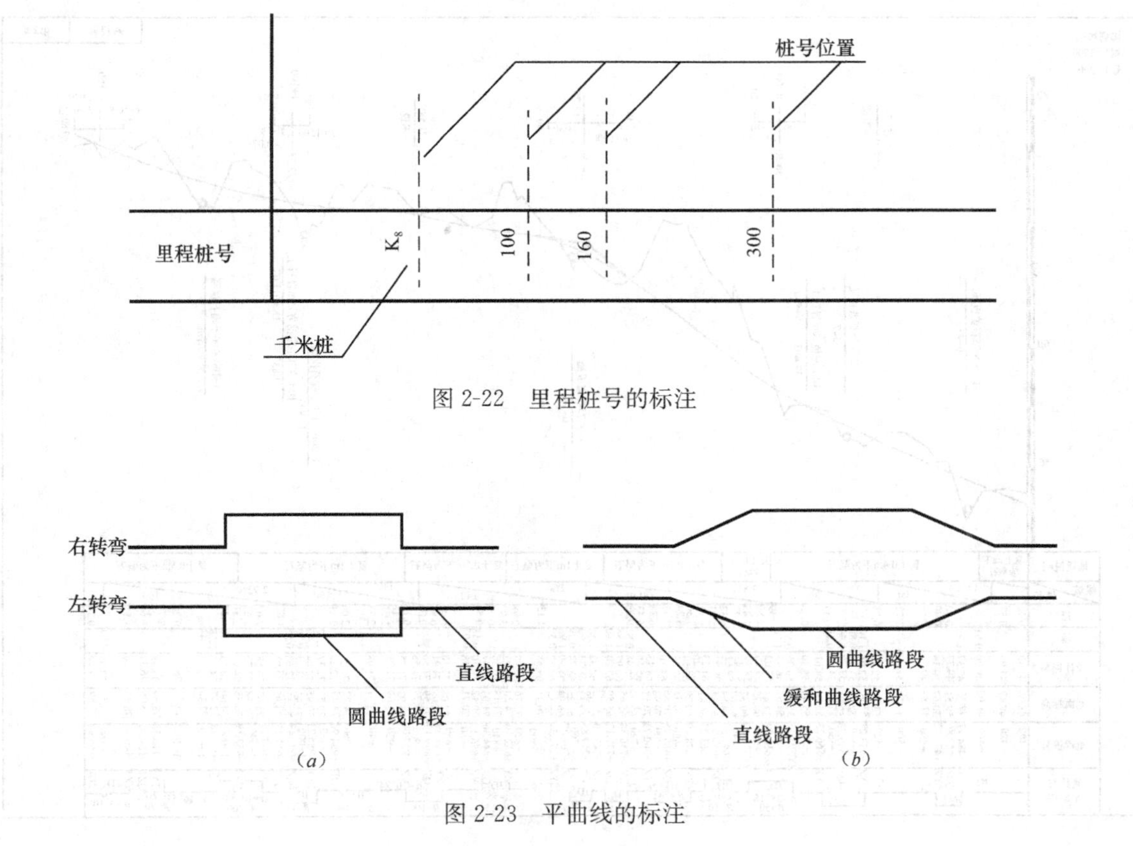

图 2-22 里程桩号的标注

图 2-23 平曲线的标注

(9) 纵断面图中，给水排水管涵应标注规格及管内底的高程。地下管线横断面应采用相应图例。无图例时可自拟图例，并应在图纸中说明。

(10) 在测设数据表中，设计高程、地面高程、填高、挖深的数值应对准其桩号，单位以米计。

(11) 里程桩号应由左向右排列。应将所有固定桩及加桩桩号示出。桩号数值的字底应与所表示桩号位置对齐。整千米桩应标注“K”，其余桩号的千米数可省略（图 2-22）。

(12) 在测设数据表中的平曲线栏中，道路左、右转弯应分别用凹、凸折线表示。当不设缓和曲线段时，按图 2-23（*a*）标注；当设缓和曲线段时，按图 2-23（*b*）标注。在曲线的一侧标注交点编号、桩号、偏角、半径、曲线长。

【例 2-7】 识读某工程路线纵断面图。

路线纵断面图包括图样和资料表两部分，图样画在图纸的上方，资料表列在图纸的下方。如图 2-24 所示。

（1）比例：图样中水平方向表示路线长度，垂直方向表示高程。

（2）地面线：图样中不规则的细折线表示沿道路中心线处的地面线。

（3）路面设计高程线：图上比较规则的直线与曲线相间的粗实线称为设计坡度，简称设计线，表示路基边缘的设计高程。

（4）竖曲线：在设计路面纵向坡度变更处，两相邻坡度之差的绝对值超过一定数值时，为有利于车辆行驶，应在坡度变更处设置圆形竖曲线。竖曲线分为凸形和凹形两种，分别用“⌒”和“⌣”表示，并在其上标注竖曲线的半径 R、切线长 T 和外距 E。

（5）桥梁构造物：当路线上有桥涵时，应在设计线上方（或下方）桥涵的中心位置处标出桥涵名称、种类、大小及中心里程桩号，并用“○”表示。

（6）水准点：沿线设置的水准点，都应按所在里程注在设计线的上方（或下方），并标出其编号、高程和路线的相对位置。

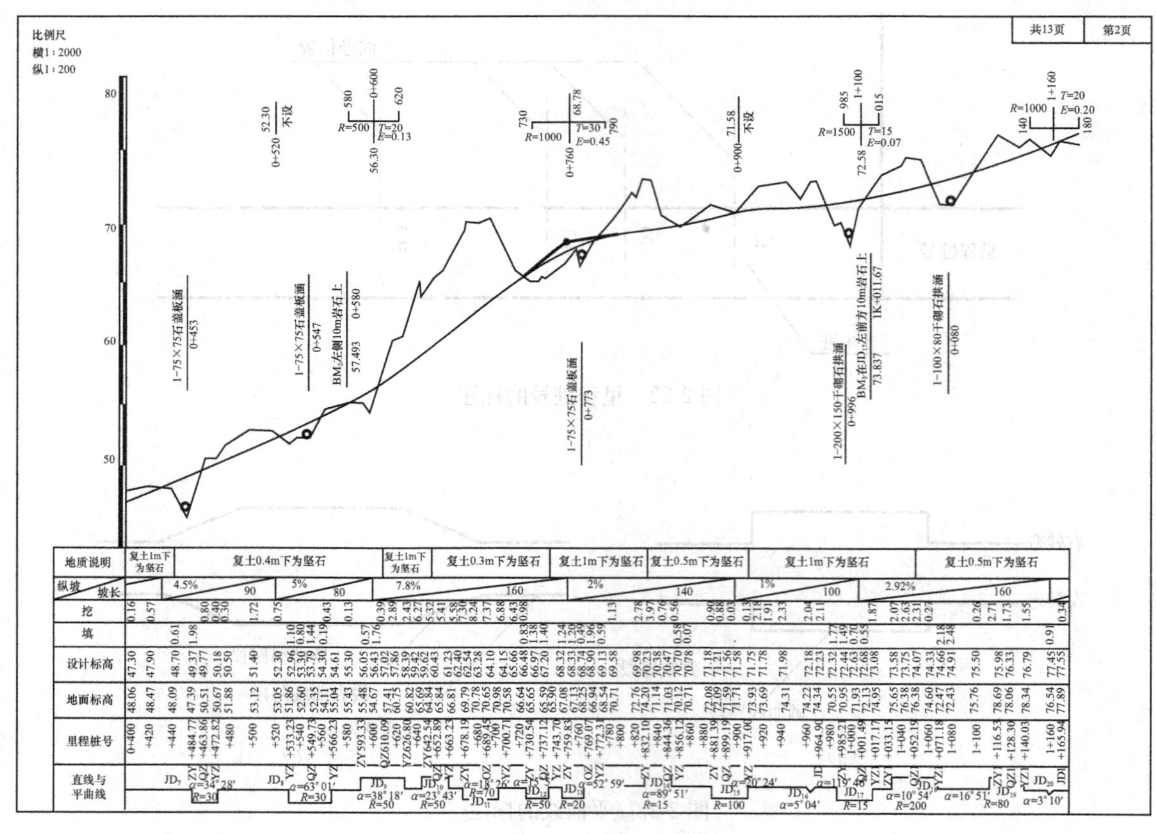

图 2-24 路线纵断面图

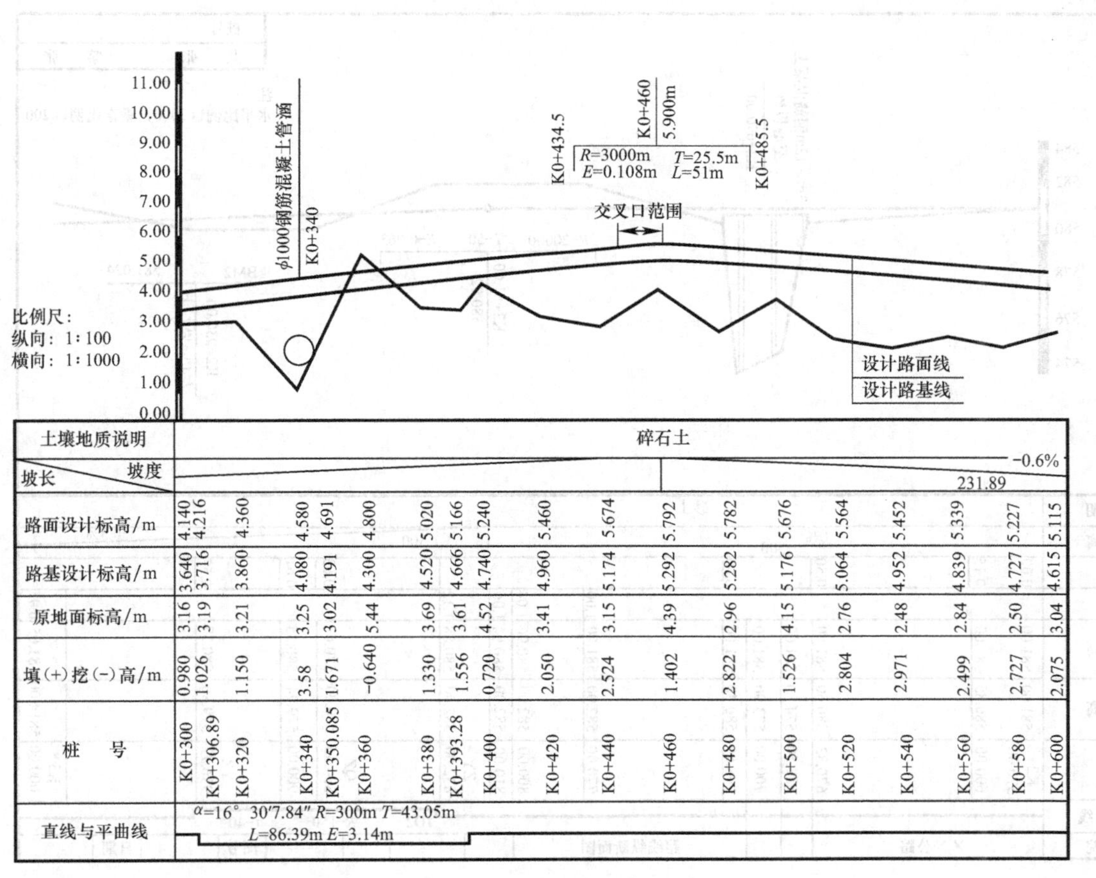

土壤地质说明	碎石土																		
坡长 \ 坡度																		-0.6% 231.89	
路面设计标高/m	4.140	4.216	4.360	4.580	4.691	4.800	5.020	5.166	5.240	5.460	5.674	5.792	5.782	5.676	5.564	5.452	5.339	5.227	5.115
路基设计标高/m	3.640	3.716	3.860	4.080	4.191	4.300	4.520	4.666	4.740	4.960	5.174	5.292	5.282	5.176	5.064	4.952	4.839	4.727	4.615
原地面标高/m	3.16	3.19	3.21	3.25	3.02	5.44	3.69	3.61	4.52	3.41	3.15	4.39	2.96	4.15	2.76	2.48	2.84	2.50	3.04
填(+)挖(-)高/m	0.980	1.026	1.150	3.58	1.671	-0.640	1.330	1.556	0.720	2.050	2.524	1.402	2.822	1.526	2.804	2.971	2.499	2.727	2.075
桩号	K0+300	K0+306.89	K0+320	K0+340	K0+350.085	K0+360	K0+380	K0+393.28	K0+400	K0+420	K0+440	K0+460	K0+480	K0+500	K0+520	K0+540	K0+560	K0+580	K0+600
直线与平曲线	α=16° 30′7.84″ R=300m T=43.05m L=86.39m E=3.14m																		

图 2-25　某城市道路纵断面图

【例 2-8】　识读某城市道路纵断面图。

某城市道路纵断面图如图 2-25 所示，识读方法如下：

城市道路纵剖面图的识读，应结合图样、高程标尺、测设数据表综合识读，并与平面图相对照，得出图样所要表达的确切内容。

(1) 根据图样的纵、横比例和高程标尺确定道路沿线的高程变化，并与测设数据表中注明的高程对比，如误差较大，应与设计人员商讨共同确定。

(2) 读懂竖曲线及其几何要素的含义。图样中竖曲线的起止点均与里程桩号相对应，竖曲线的符号大小与实际大小均一致，且要理解所注明的各项曲线几何要素的意义，以便正确理解路线的竖向变化情况。

(3) 根据路线中所标注的构筑物的图例、编号、位置桩号，正确理解构筑物的实际情况。

(4) 找出沿线设置的已知水准点，并根据编号、位置查出已知高程，为施工奠定基础。

(5) 根据里程桩号、原地面高程、设计地面高程，搞清楚道路沿线的挖填情况。

(6) 根据测设数据表中的坡度、坡长、平曲线示意符号、几何要素等资料，搞清路线的空间变化情况，形成一个整体概念。

【例 2-9】 识读某工程道路纵断面图。

由图 2-26 可知，城市道路的纵断面是指沿车行道的中心线的竖向剖面。在纵断面图上有两条主要的线：一条是地面线，它反映了沿中线地面的起伏变化情况；另一条是设计线，它反映了道路路线的起伏变化情况。图表分开绘制。

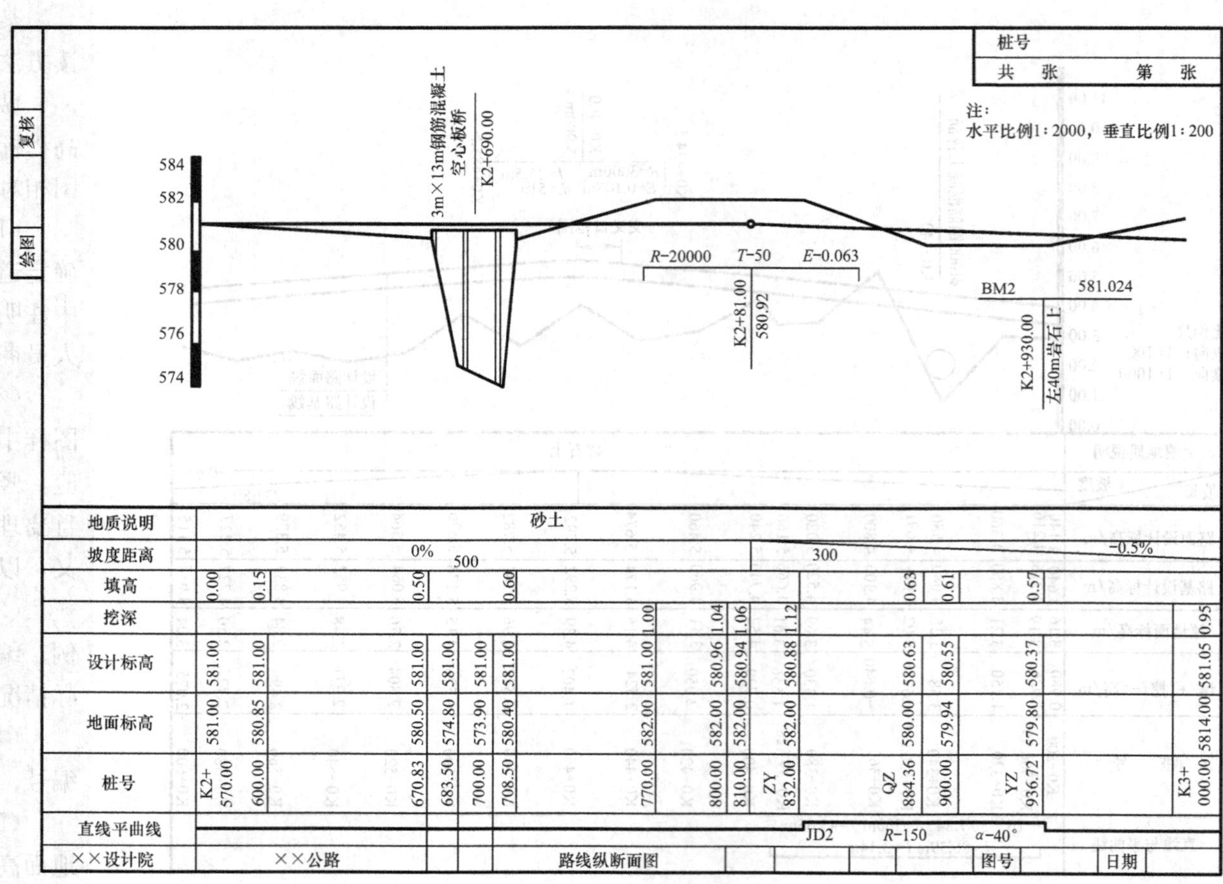

图 2-26 道路纵断面图

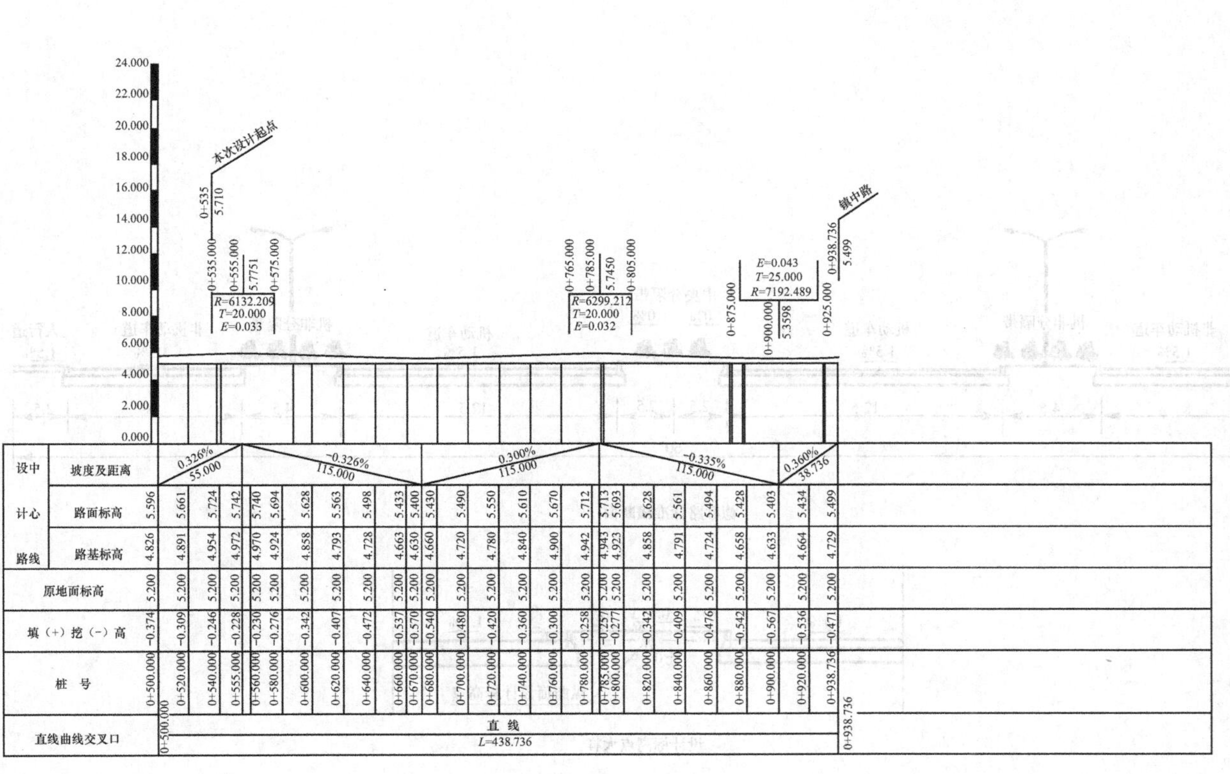

设计中心路线 坡度及距离		0.326% 55.000				−0.326% 115.000						0.300% 115.000							−0.335% 115.000					0.360% 38.736	
设计中心路线 路面标高	5.596	5.661	5.724	5.742	5.740	5.694	5.628	5.563	5.498	5.433	5.400	5.430	5.490	5.550	5.610	5.670	5.712	5.713	5.693	5.628	5.561	5.494	5.428	5.403	5.434	5.499
设计中心路线 路基标高	4.826	4.891	4.954	4.972	4.970	4.924	4.858	4.793	4.728	4.663	4.630	4.660	4.720	4.780	4.840	4.900	4.942	4.943	4.923	4.858	4.791	4.724	4.658	4.633	4.664	4.729
原地面标高	5.200	5.200	5.200	5.200	5.200	5.200	5.200	5.200	5.200	5.200	5.200	5.200	5.200	5.200	5.200	5.200	5.200	5.200	5.200	5.200	5.200	5.200	5.200	5.200	5.200	5.200
填（+）挖（−）高	−0.374	−0.309	−0.246	−0.228	−0.230	−0.276	−0.342	−0.407	−0.472	−0.537	−0.570	−0.540	−0.480	−0.420	−0.360	−0.300	−0.258	−0.257	−0.277	−0.342	−0.409	−0.476	−0.542	−0.567	−0.536	−0.471
桩号	0+500.000	0+520.000	0+540.000	0+555.000	0+560.000	0+580.000	0+600.000	0+620.000	0+640.000	0+660.000	0+670.000	0+680.000	0+700.000	0+720.000	0+740.000	0+760.000	0+780.000	0+785.000	0+800.000	0+820.000	0+840.000	0+860.000	0+880.000	0+900.000	0+920.000	0+938.736
直线曲线交叉口	0+500.000	直线 L=438.736																								0+938.736

图 2-27 道路纵断面图

【例 2-10】 识读某工程道路纵断面图。

在图 2-27 中：

（1）该图单位以米计。

（2）本图比例横向为 1∶2000，纵向为 1∶200。

（3）珍珠路本次道路设计起点桩号为 0＋535，终点接顺现状道路。

城市道路路线纵断面图应根据图样部分、测设部分结合识读，并与城市道路平面图对照，得出图样所表示的确切内容。

1. 道路工程横断面图的内容

道路横断面图是指沿道路中心线垂直方向的断面图，一般采用1：100或1：200的比例，表示各组成部分的位置、宽度、横坡及照明等情况，反映机动车道、非机动车道、人行道、分隔带、绿化带等部分的横向布置及路面横向坡度情况。根据机动车道和非机动车道的布置形式不同，道路横断面布置形式有：单幅路（一块板）、双幅路（二块板）、三幅路（三块板）、四幅路（四块板）。图2-28中所示断面为四幅路（四块板）布置形式。用机非分隔带分离机动车道和非机动车道，再用中央分隔带分隔机动车道，机非分离、分向行驶。

2.4 识读道路横断面图

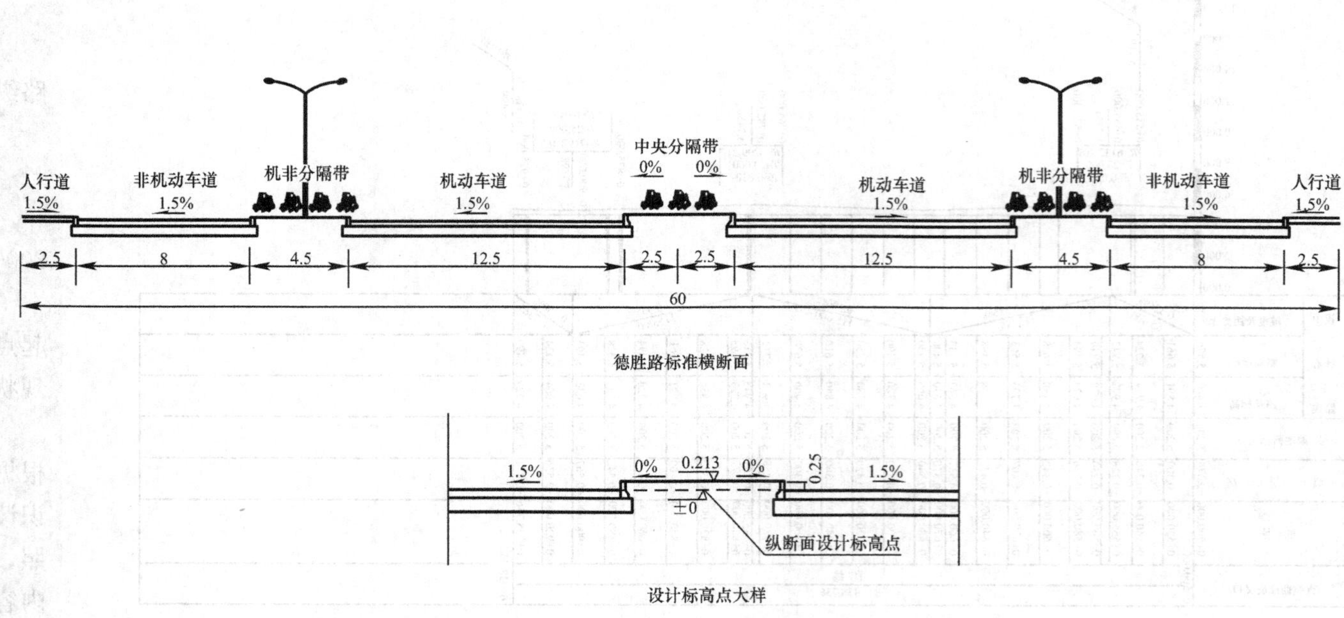

图2-28 道路标准横断面

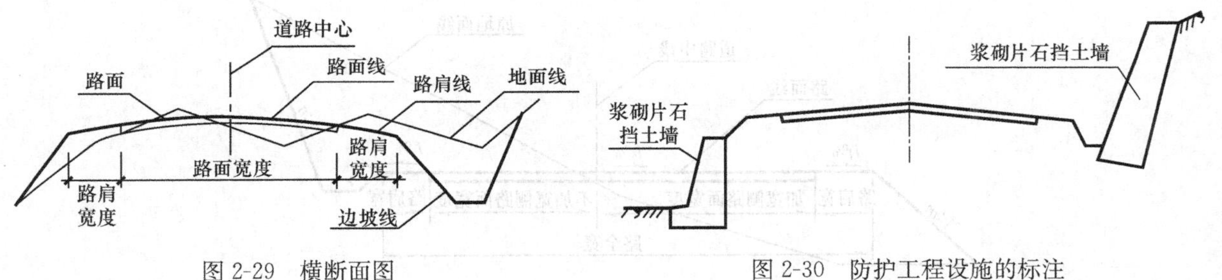

图 2-29 横断面图

图 2-30 防护工程设施的标注

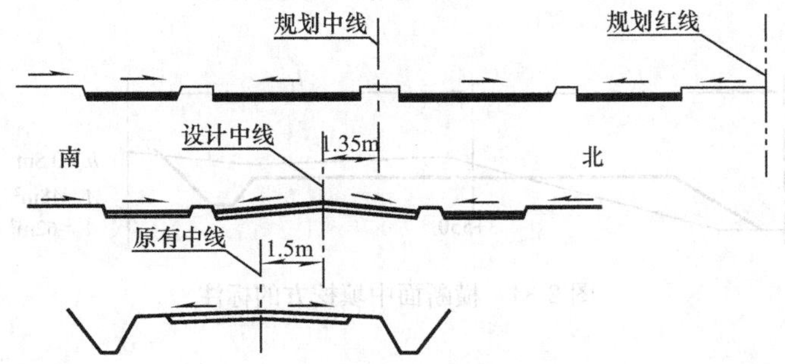

图 2-31 不同设计阶段横断面

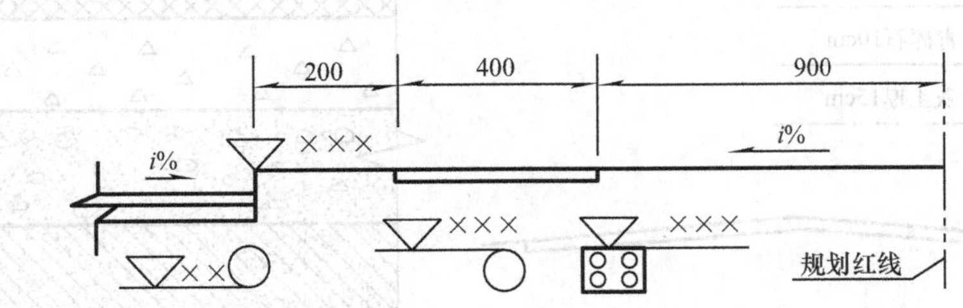

图 2-32 横断面图中管涵、管线的标注

2. 道路工程横断面图的识读实例

【例 2-11】 道路横断面图的绘制练习。

（1）路面线、路肩线、边坡线、护坡线均应用粗实线表示；路面厚度应用中粗实线表示；原有地面线应用细实线表示，设计或原有道路中线应用细点画线表示，见图 2-29。

（2）当防护工程设施标注材料名称时，可不画材料图例，其断面阴影线可省略（图 2-30）。

（3）当道路分期修建、改建时，应在同一张图纸中示出规划、设计、原有道路横断面，并注明各道路中线之间的位置关系。规划道路中线应采用细双点画线表示。规划红线应采用粗双点画线表示。在设计横断面图上，应注明路侧方向（图 2-31）。

（4）横断面图中，管涵、管线的高程应根据设计要求标注。管涵、管线横断面应采用相应图例（图 2-32）。

（5）道路的超高、加宽应在横断面图中示出（图 2-33）。

（6）用于施工放样及土方计算的横断面图应在图样下方标注桩号。图样右侧应标注填高、挖深，填方、挖方的面积，并采用中粗点画线示出征地界线（图 2-34）。

（7）路面结构图应符合下列规定：

1）当路面结构类型单一时，可在横断面图上，用竖直引出线标注材料层次及厚度，如图 2-35（*a*）所示。

2）当路面结构类型较多时，可按各路段不同的结构类型分别绘制，并标注材料图例（或名称）及厚度，如图 2-35（*b*）所示。

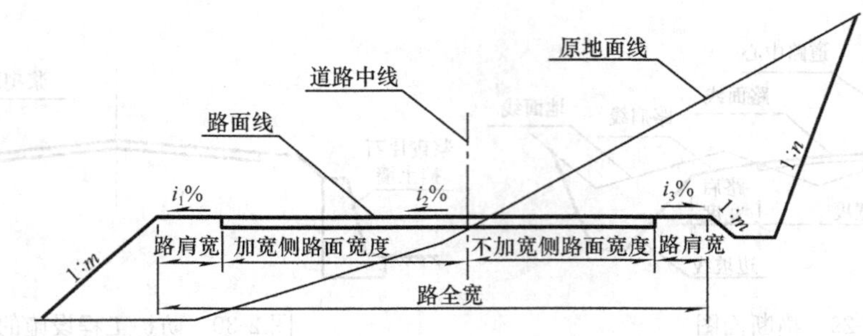

图 2-33　道路超高、加宽的标注

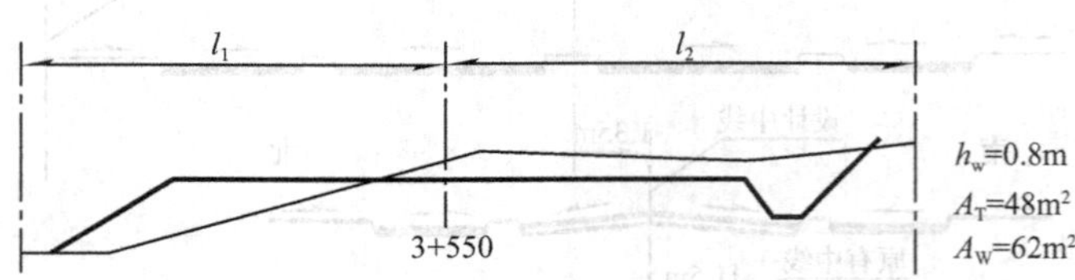

图 2-34　横断面中填挖方的标注

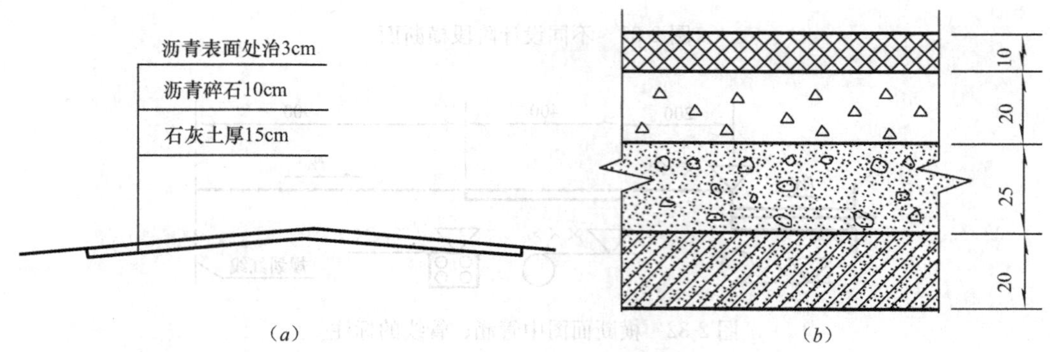

图 2-35　路面结构的标注

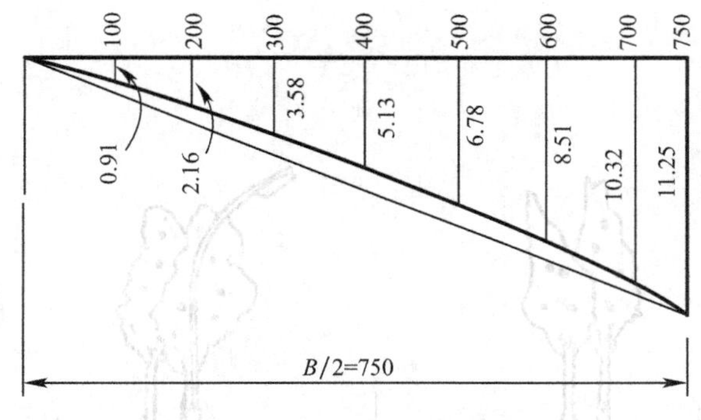

图 2-36 路拱曲线大样

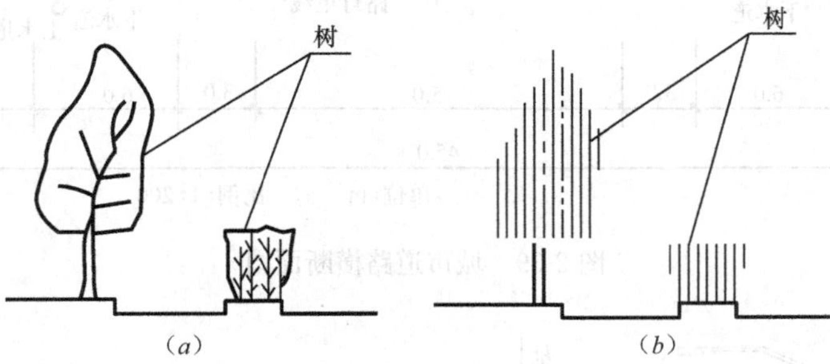

图 2-37 实物外形的绘制

(a) 徒手绘制；(b) 计算机绘制

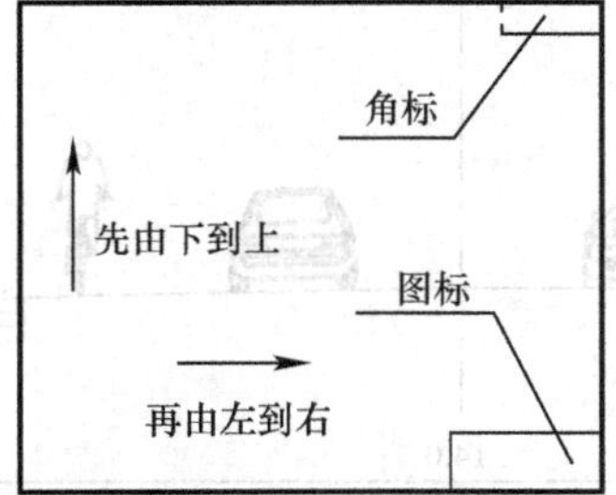

图 2-38 横断面的排列顺序

(8) 在路拱曲线大样图的垂直和水平方向上，应按不同比例绘制(图 2-36)。

(9) 当采用徒手绘制实物外形时，其轮廓应与实物外形相近。当采用计算机绘制此类实物时，可用数条间距相等的细实线组成与实物外形相近的图样（图 2-37）。

(10) 在同一张图纸上的路基横断面，应按桩号的顺序排列，并从图纸的左下方开始，先由下向上，再由左向右排列（图 2-38）。

【例 2-12】 识读某城市道路横断面图。

由图 2-39 可知，道路横断面图是沿道路中心线垂直方向的断面图。图栏中表示了机动车道、人行道、非机动车道、分隔带等部分的横向构造组成。

【例 2-13】 识读单幅路横断面图。

图 2-40 所示为单幅路断面图。车行道上不设分车带，以路面画线标志组织交通，或虽不作画线标志，但机动车在中间行驶，非机动车在两侧靠右行驶。

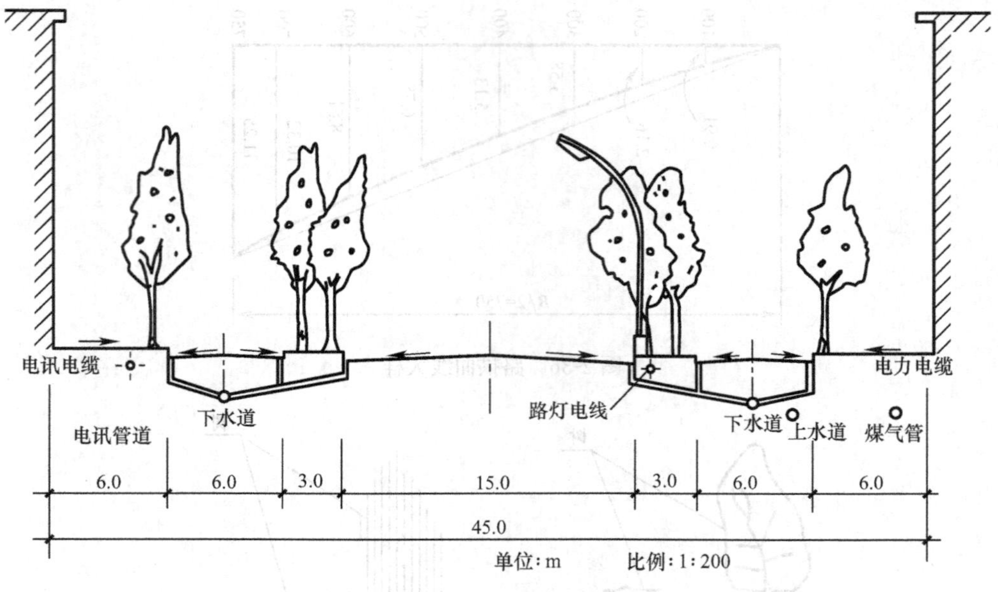

图 2-39　城市道路横断面图

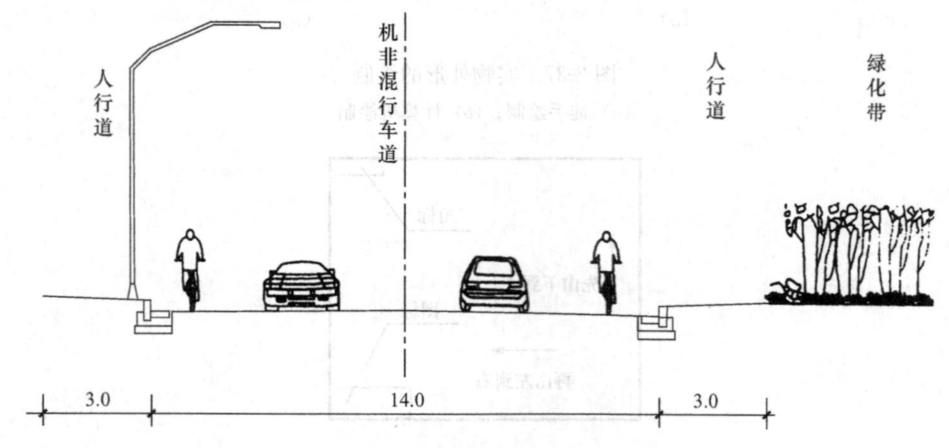

图 2-40　单幅路横断面形式（单位：m）

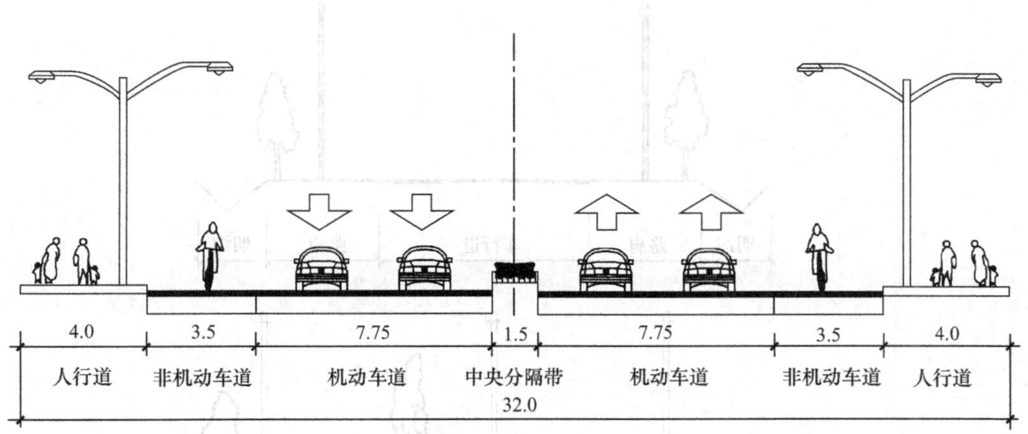

图 2-41 机非混行双幅路横断面形式（单位：m）

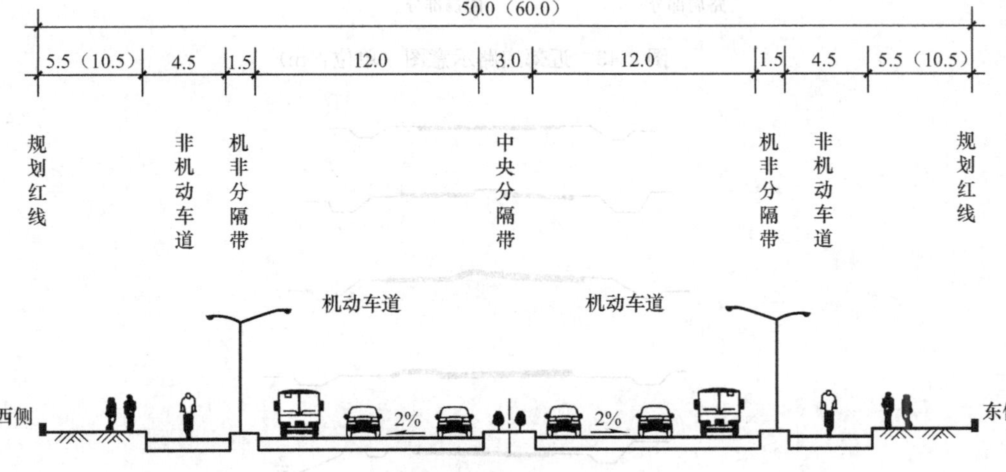

图 2-42 四幅路横断面形式（单位：m）

【例 2-14】 识读双幅路横断面图。

图 2-41 中所示为双幅路横断面图。它是用中间分隔带分隔对向机动车车流，将车行道一分为二的。双幅路，适用于单向两条机动车车道以上，非机动车较少的道路。有平行道路可借非机动车通行的快速路和横向高差大或地形特殊的路段，可采用双幅路。

【例 2-15】 识读四幅路横断面图。

由图 2-42 可知，四幅路是用三条分车带使机动车对向分流、机非分隔的道路。

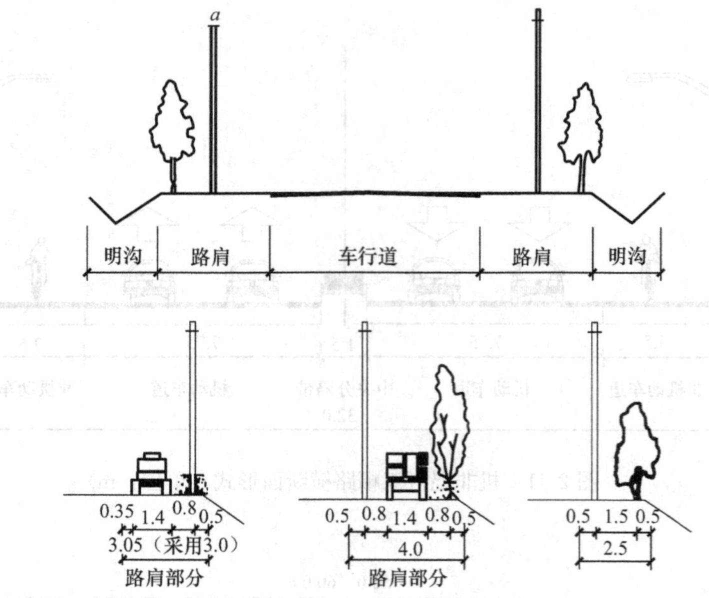

图 2-43　近郊道路示意图（单位：m）

【例 2-16】 识读郊区道路横断面图。

郊区道路主要是市区通往近郊工业区、文教区、风景区、机场、铁路站场和卫星城镇等的道路。道路两侧多是菜地、仓库、工厂、住宅等，以货运交通为主，行人与非机动车很少。其断面特点是：明沟排水，车行道为 2～4 条，路面边缘不设边石，路基基本处于低填方或不填不挖状态，无专门人行道，路面两侧设一定宽度的路肩，用以保护和支撑路面铺砌层或临时停车或步行交通用。其组成如图 2-43 所示。郊区道路的横断面形式如图 2-44 所示。

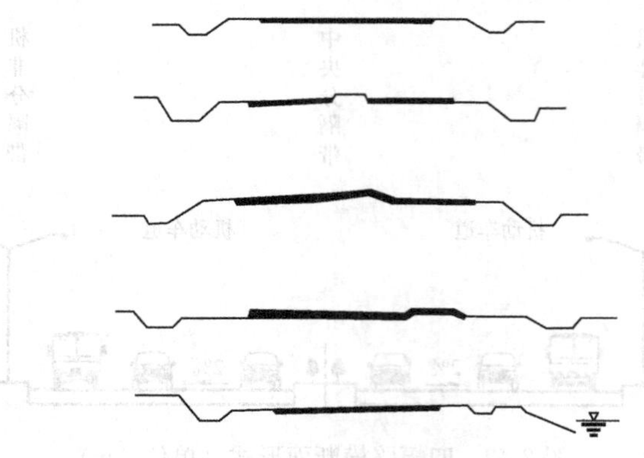

图 2-44　郊区道路横断面的基本形式

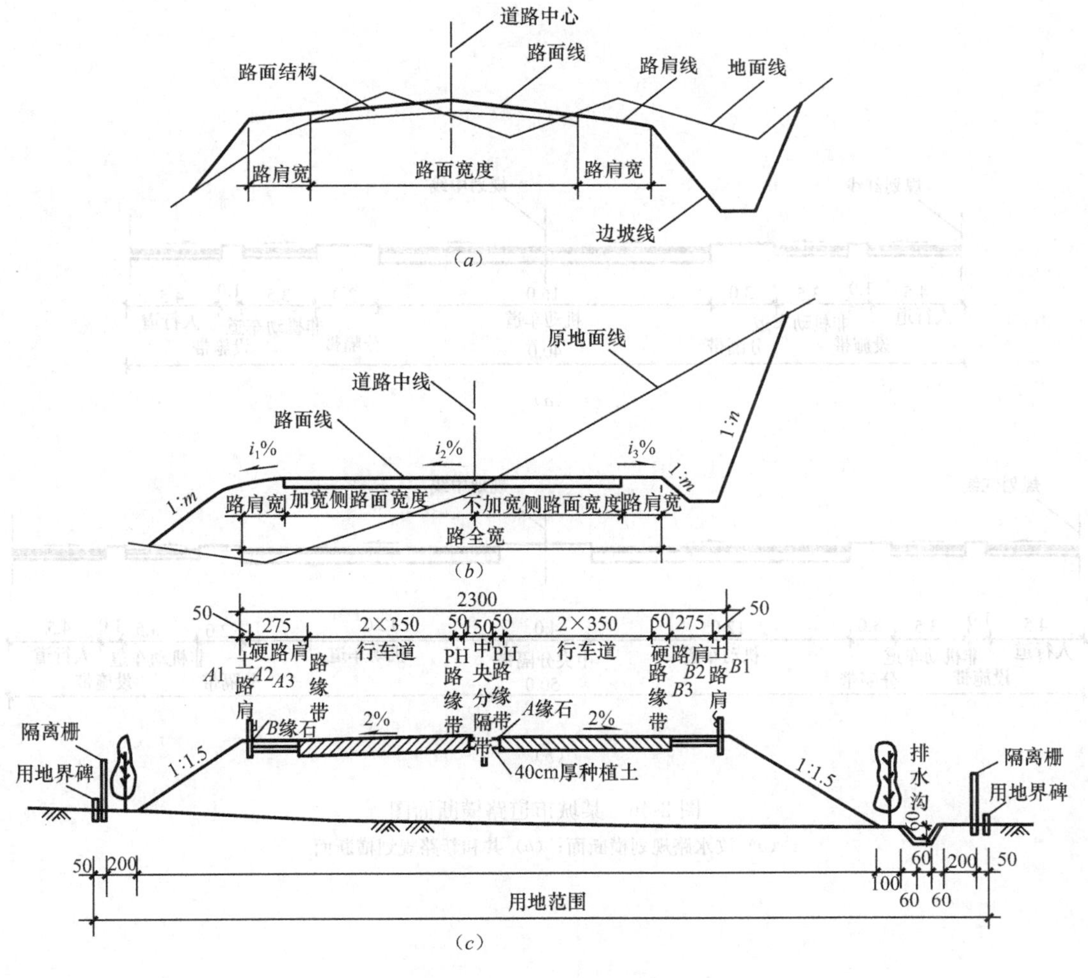

图 2-45　道路横断面图

(a) 图线；(b) 图形布置；(c) 实例

【例 2-17】 某道路横断面图的绘制实例练习。

(1) 图线：在横断面图中，路面线、路肩线、边坡线、护坡线均应采用粗实线表示；路面厚度应采用中粗实线表示；原有地面线应采用细实线表示，设计或原有道路中线应采用细点画线表示，如图 2-45 (a) 所示。

(2) 图形布置：在横断面图中，管涵、管线的高程应根据设计要求标注。管涵管线横断面直采用相应图例。道路的超高、加宽应在横断面图中示出，如图 2-45 (b) 所示。

(3) 当防护工程设施标注材料名称时，可不画材料符号，其断面阴影线可以省略。

注：(1) 图 2-45 中尺寸均以"cm"为单位。

(2) 本设计文件中，PH 为设计标高，距测量中线 75cm；A1、B1 为土路肩边缘，距中线 1150cm；A2、B2 为硬路肩外边缘，距中线 1100cm；A3、B3 为包括路缘带的行车道外边缘，距中线 875cm。

【例 2-18】 识读某城市道路横断面图。

城市道路横断面图是沿与道路中心线垂直方向的断面图，它主要表明机动车道、非机动车道、人行道、分隔带等的横向布置情况，如图 2-46 所示。

城市道路横断面图的图示内容如下：

（1）横断面图的比例。应根据道路等级确定，一般采用1∶100、1∶200 的比例。

（2）机动车道、非机动车道、人行道、绿化带、分隔带的位置及尺寸。一般用细点划线表示道路中心线，车行道、人行道用粗实线表示。同时还要注明构造分层情况、排水横坡度和红线位置。

（3）用图例示意出绿地、房屋、树木、灯杆等。

（4）用中实线图示出分隔带设置情况，并注明相应的尺寸。

（5）必要时也可图示出地下设施的种类及大小。

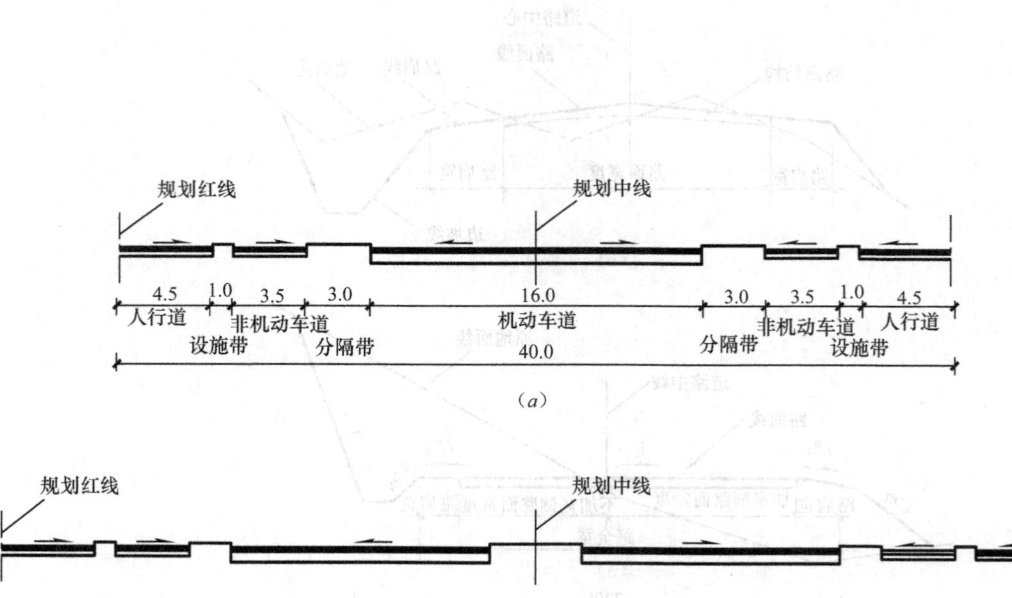

(*a*)

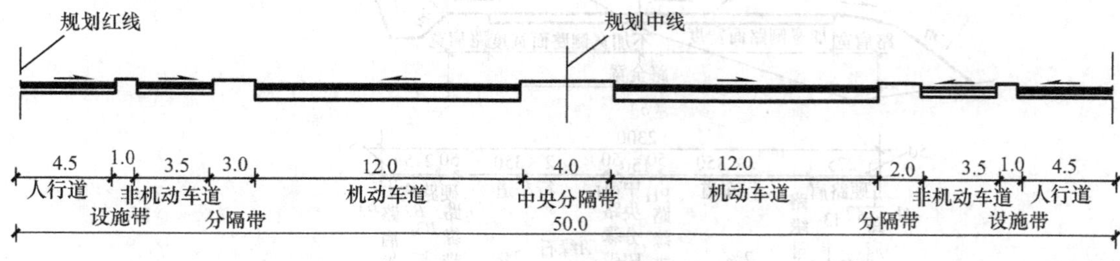

(*b*)

图 2-46　某城市道路横断面图

(*a*) 汶水路规划横断面；(*b*) 共和新路规划横断面

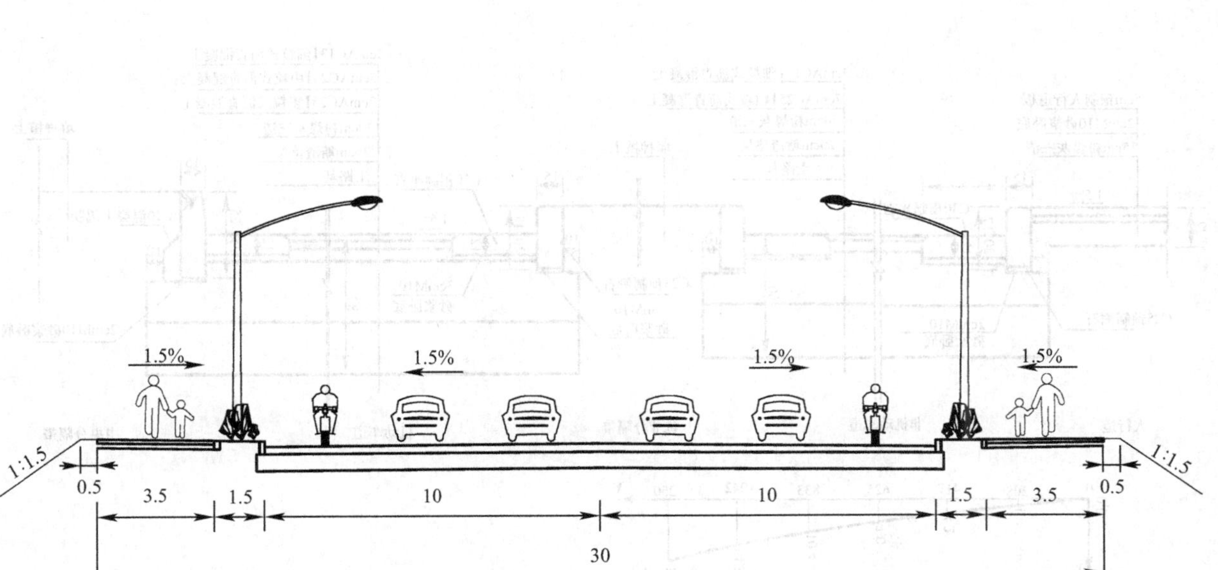

图 2-47 珍珠路道路标准横断面

【例 2-19】 识读某工程道路标准横断面图。

在图 2-47 中：

（1）该图单位以米计，比例为 1∶200。

（2）人行道两侧各加 0.5m 土路肩护坡，坡面植草皮。

2.5 识读路面结构图及路拱详图

1. 路面结构图及路拱详图的内容

路面是用各种筑路材料铺筑在路基上直接承受车辆荷载作用的层状构筑物。道路路面结构按路面的力学特性及工作状态，分为柔性路面（沥青混凝土路面等）和刚性路面（水泥混凝土路面等）。路面结构分为面层、基层、底基层、垫层等。结构图中需注明每层结构的厚度、性质、标准等内容，并标注必要的尺寸（如平侧石尺寸）、坡向等。

（1）沥青混凝土路面结构图

沥青面层可由单层或双层或三层沥青混合料组成。选择沥青面层各层级配时，至少有一层是密级配沥青混凝土，防止雨水下渗。如图 2-48 所示机动车道面层由三层沥青混合料组成，非机动车道由双层沥青混合料组成，其中最上层均为密级配沥青混凝土。

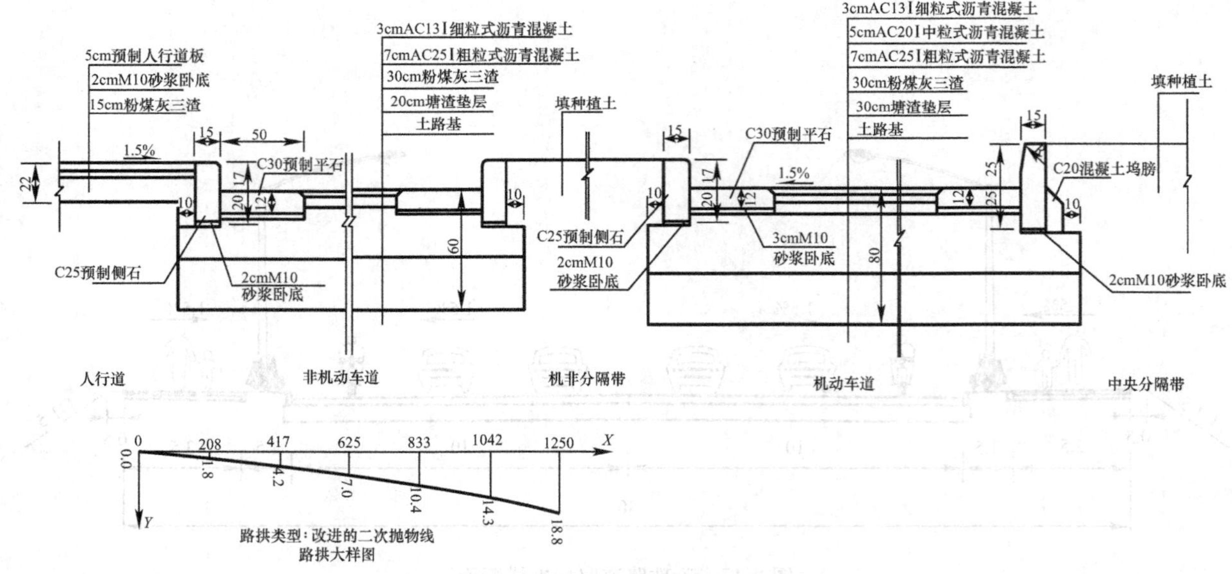

图 2-48 沥青混凝土路面结构图

说明：1. 本图尺寸以厘米计。

2. 机动车道沥青混凝土路面顶面允许弯沉值为 0.048cm，基层顶面允许弯沉为 0.06cm。

3. 非机动车道沥青混凝土路面顶面允许弯沉值为 0.056cm，基层顶面允许弯沉值为 0.07cm。

4. 粉煤灰三渣基层配合比（重量比）为粉煤灰：石灰：碎石＝32：8：60。

5. 土基模量必须≥25MPa，塘渣顶面回弹模量必须≥35MPa，塘渣须有较好级配，最大粒径≤10cm。

6. 中央绿带采用高侧石，机非隔离带采用普通侧石。

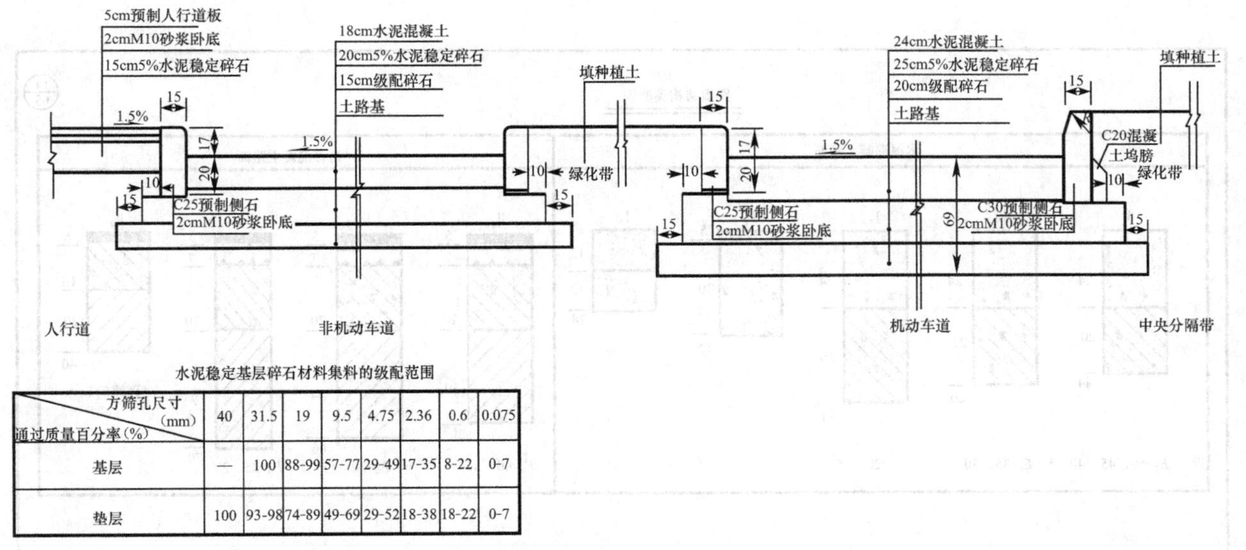

方筛孔尺寸(mm) 通过质量百分率(%)	40	31.5	19	9.5	4.75	2.36	0.6	0.075
基层	—	100	88-99	57-77	29-49	17-35	8-22	0-7
垫层	100	93-98	74-89	49-69	29-52	18-38	18-22	0-7

图 2-49　水泥混凝土路面结构图

说明：1. 本图尺寸以厘米计。
2. 机动车道路面设计抗弯拉强度≥4.5MPa，基层回弹模量≥100MPa。
3. 非机动车道路面设计抗弯拉强度≥4.5MPa，基层回弹模量≥80MPa。
4. 土基模量必须≥25MPa，级配碎石顶面回弹模量必须≥30.MPa。
5. 中央分隔带采用高侧石，侧石每节长 1m。
6. 水泥稳定碎石 7d 抗压强度不小于 3.0MPa。
7. 混凝土路面养护 28d 后方可开放交通。
8. 路基采用塘渣回填，基层下 30cm 范围内，塘渣粒径不大于 10cm，30cm 以下，塘渣粒径不大于 15cm，填方固体率不小于 85%。

（2）水泥混凝土路面结构图

水泥混凝土路面结构图，如图 2-49 所示。水泥混凝土路面面层厚度一般为 18～25cm，为避免温度变化使混凝土产生裂缝和拱起现象，混凝土路面需划分板块。

（3）路拱

路拱根据路面宽度、路面类型、横坡度等，选用不同方次的抛物线形、直线接不同方次的抛物线形与折线形等路拱曲线形式。图 2-48 中所示为改进二次抛物线路拱形式。路拱大样图中应标出纵、横坐标，供施工放样使用。

2. 路面结构图及路拱详图的识读实例

【例 2-20】 熟悉路面结构类型。

参照图 2-50 可对路面结构进行分类。

（1）水泥混凝土路面

可分为 I_1 类型、I_2 类型、I_3 类型、I_4 类型和 I_5 类型。

（2）沥青混凝土路面

可分为 II_1 类型、II_2 类型、II_3 类型和 II_4 类型。

注：E_0 为路基回弹模量。

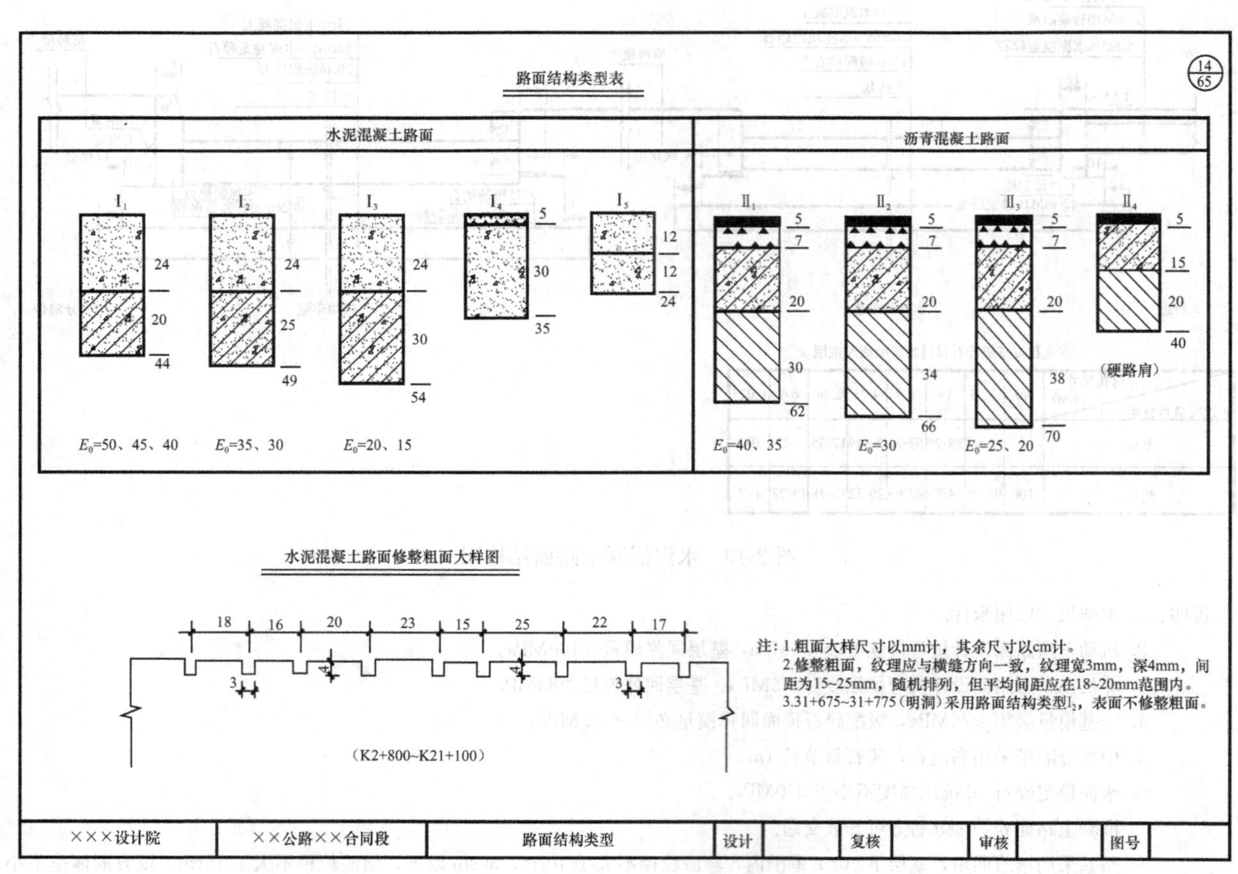

图 2-50 路面结构类型

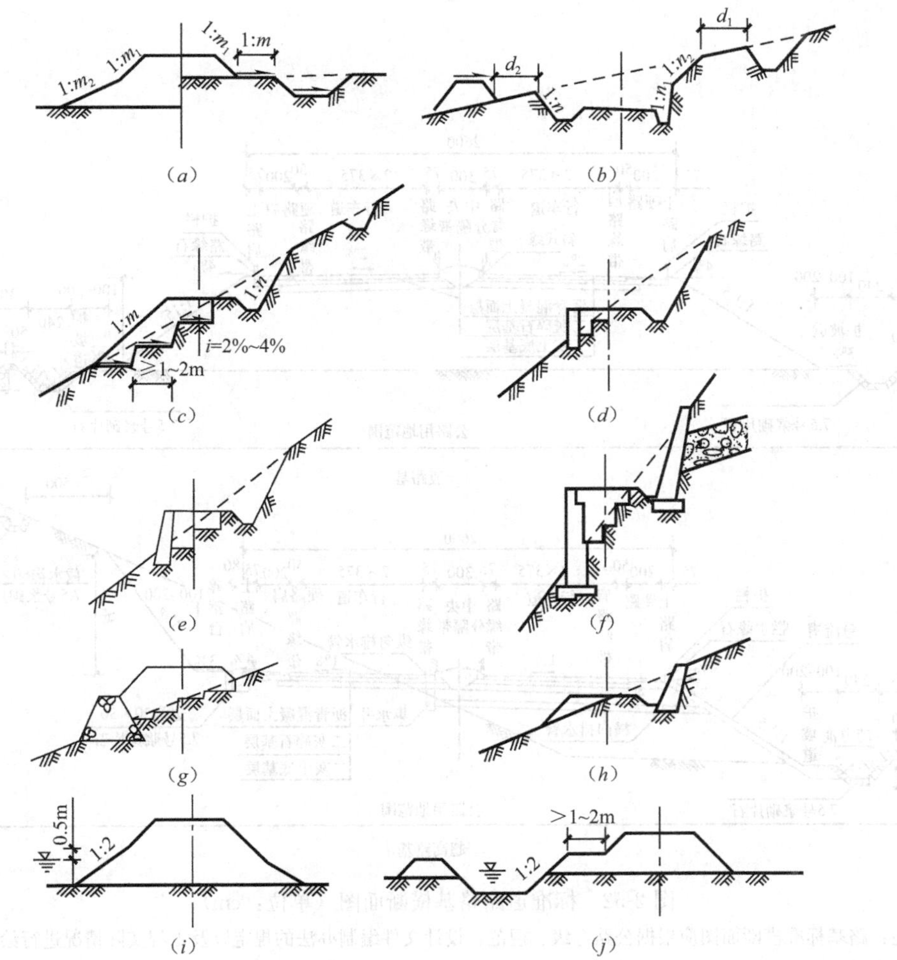

图 2-51 道路路基断面图

(a) 一般路堤；(b) 一般路堑；(c) 半填半挖路基；(d) 护肩路基；(e) 砌石路基；(f) 挡土墙路基；(g) 护脚路基；(h) 矮墙路基；(i) 沿河路基；(j) 利用挖渠土填筑路基

【例 2-21】 熟悉道路路基断面图的基本形式。

道路路基是路面下以土石材料修筑，与路面共同承受行车荷载和自然力作用的条形结构物。路基的基本形式有路堤、路堑和半填半挖路基、护肩路基、砌石路基、挡土路基、护脚路基、矮墙路基、沿河路基和利用挖渠土填筑路基等类型，如图 2-51 所示。路基的基本内容包括路基本体（由地面线、路基顶面和边坡围起的土石方实体）、路基防护和加固工程。

【例 2-22】 识读某标准道路路基横断面图。

路基横断面图的作用是表达各里程桩处道路标准横断面与地形的关系，路基的形式、边坡坡度、路基顶面标高、排水设施的布置情况和防护加固工程的设计。

路基横断面的绘制方法是在对应桩号的地面线上，按标准横断面所确定的路基形式和尺寸、纵断面图上所确定的设计高程，将路基顶面线和边坡线绘制出来，俗称戴帽。

道路路基的结构一般不在路基横断面上表达，而在标准横断面或路基结构图上来表达，或者采用文字说明，图 2-52 所示为标准道路路基横断面图。

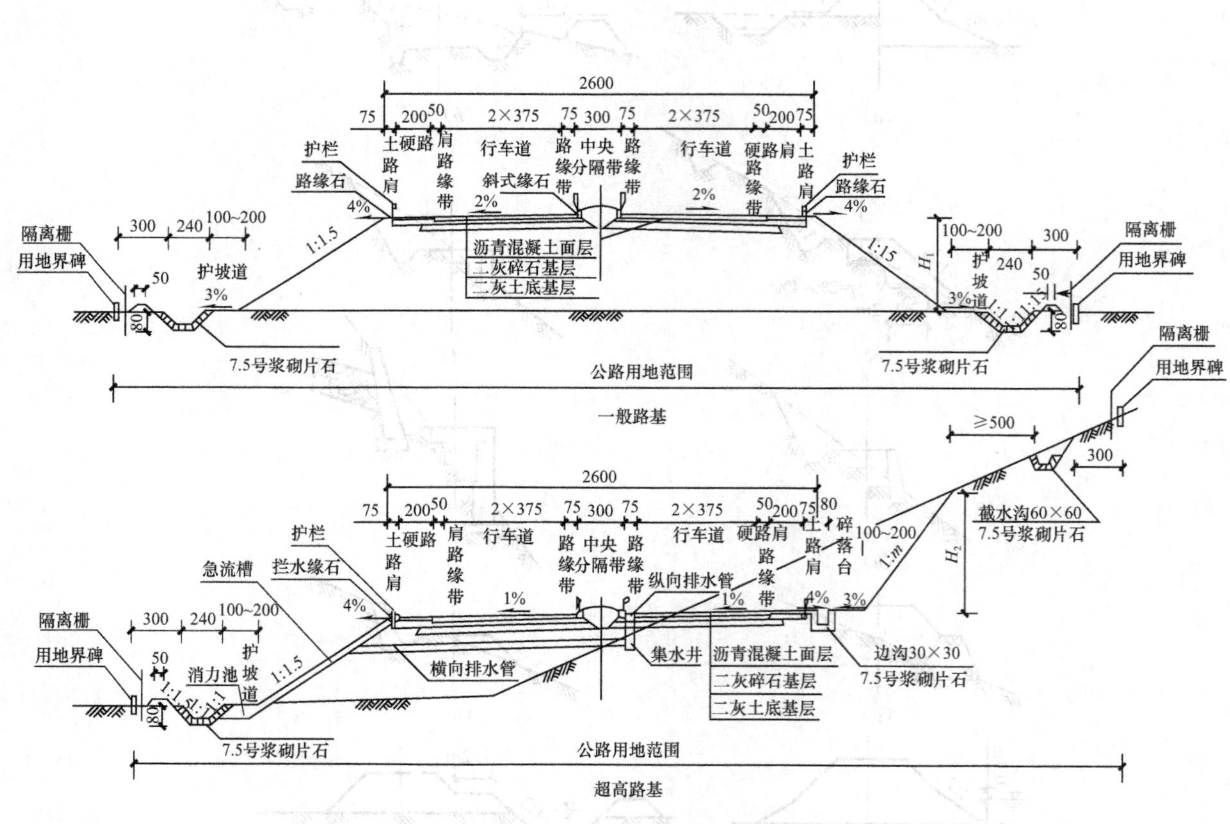

图 2-52 标准道路路基横断面图（单位：cm）

注：路基标准横断面图应根据公路等级、规范、设计文件编制办法的规定以及工程实际情况进行绘制。

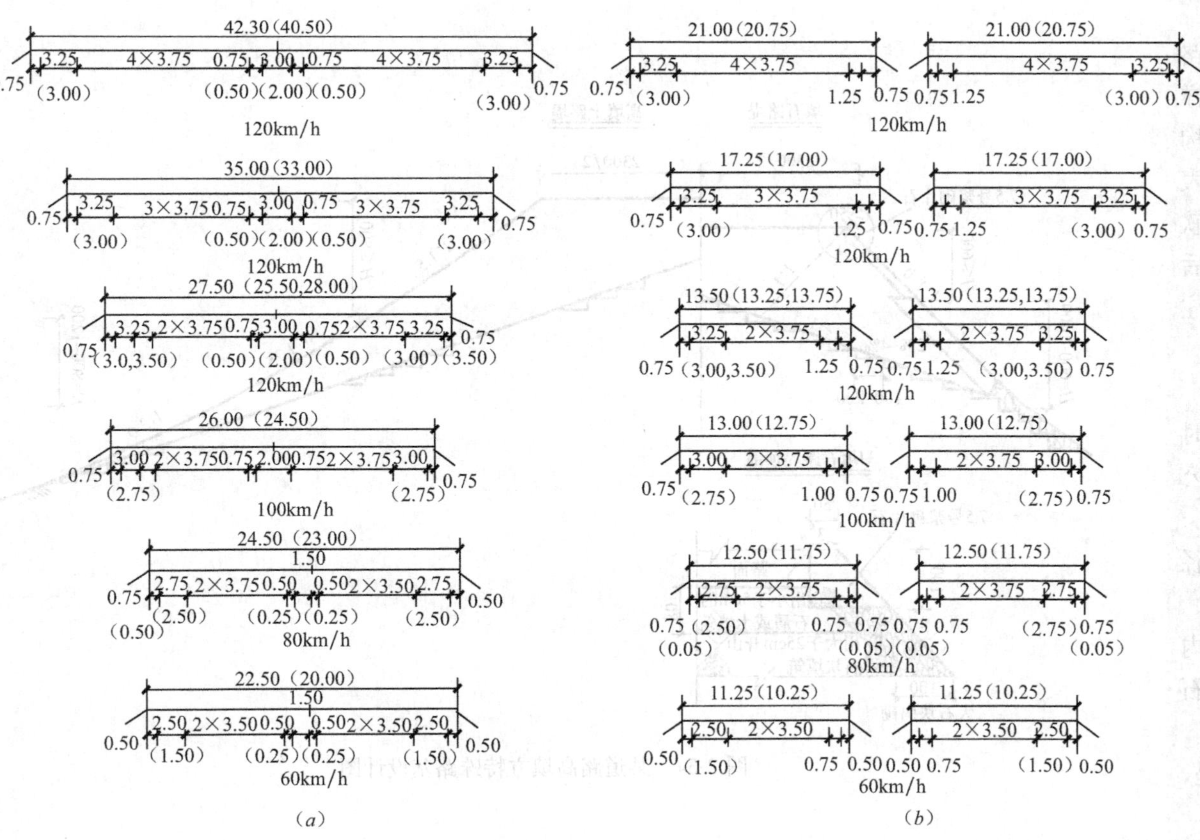

图 2-53 高速公路路基断面示意图（单位：m）

（a）高速公路整体式断面图；（b）高速公路分离式断面图

【例 2-23】 识读某高速公路路基断面图。

高速公路横断面是由中央分隔带、行车道、硬路肩和土路肩组成。图 2-53 所示为高速公路路基断面图，它分为整体式断面和分离式断面。

高速公路设置中央分隔带以分离对向的高速行车车流，并用以设置防护栅、隔离墙、标志和植树。路缘带起视线诱导作用，有利于安全行车。中央分隔带常用的形式有三种，用植树、防眩板、防眩网来防止眩光。

【例 2-24】 识读某道路高填方特殊路基设计图。

图 2-54 所示为某道路高填方特殊路基设计图，图中用横断面图和局部大样图表达了高填量路基段道路路基的结构形式和采用的处理方案，图中用实线表示施工时的路基形状和尺寸。如果在软土地基路段，还用虚线表示沉降稳定后的路基形状和尺寸。技术要求等在附注中给出。

注：(1) 图中尺寸均以“cm”计。

(2) 填石路堤顶部浆砌片石砌筑时应预留标志柱、护栏柱孔详见交通部公路科研所交通工程有关图纸。

(3) 路槽底面 80cm 范围内，石块粒径不得大于 5cm，并应分层填筑，嵌缝压实。

(4) 在石料欠缺的填石路段，路堤内部可以用土或石屑填筑，但必须保证填石顶宽不小于 50cm，内坡不陡于 1∶1.0。

(5) 位于梯田的填石或填土路堤，应清除表土，开挖台阶后方可填筑。

(6) 填石路堤外侧为手摆干砌片石。路堤高度在 6m 以外时，其砌筑宽度为 1.0m；高度大于 6m 时，大于 6m 的部分砌筑宽度为 2.0m。

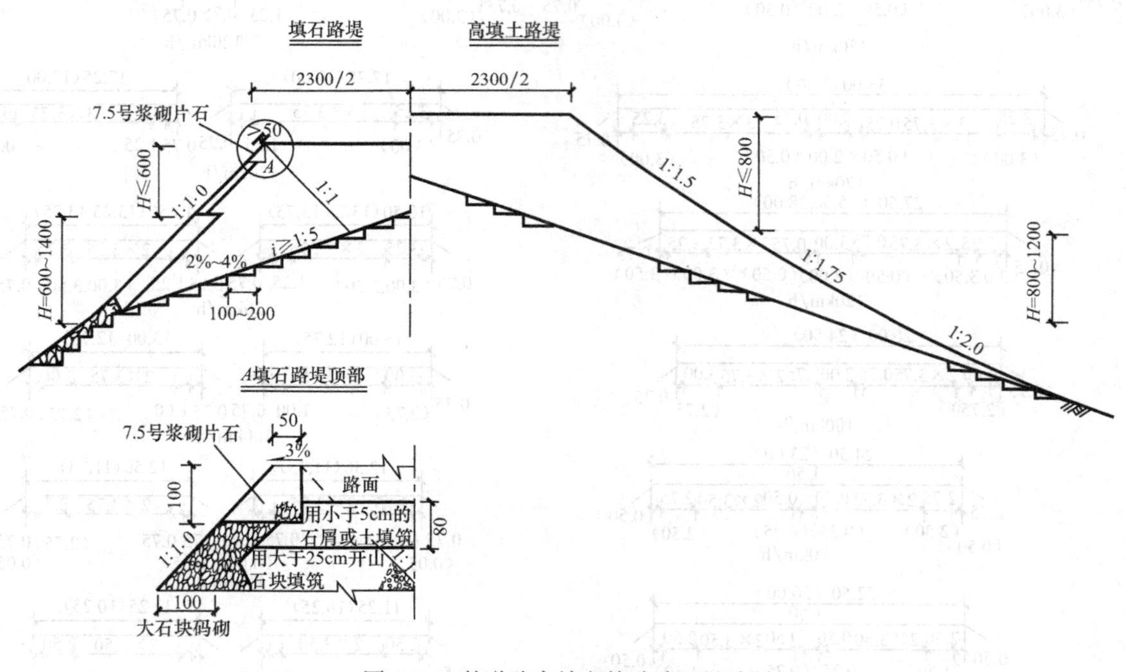

图 2-54 某道路高填方特殊路基设计图

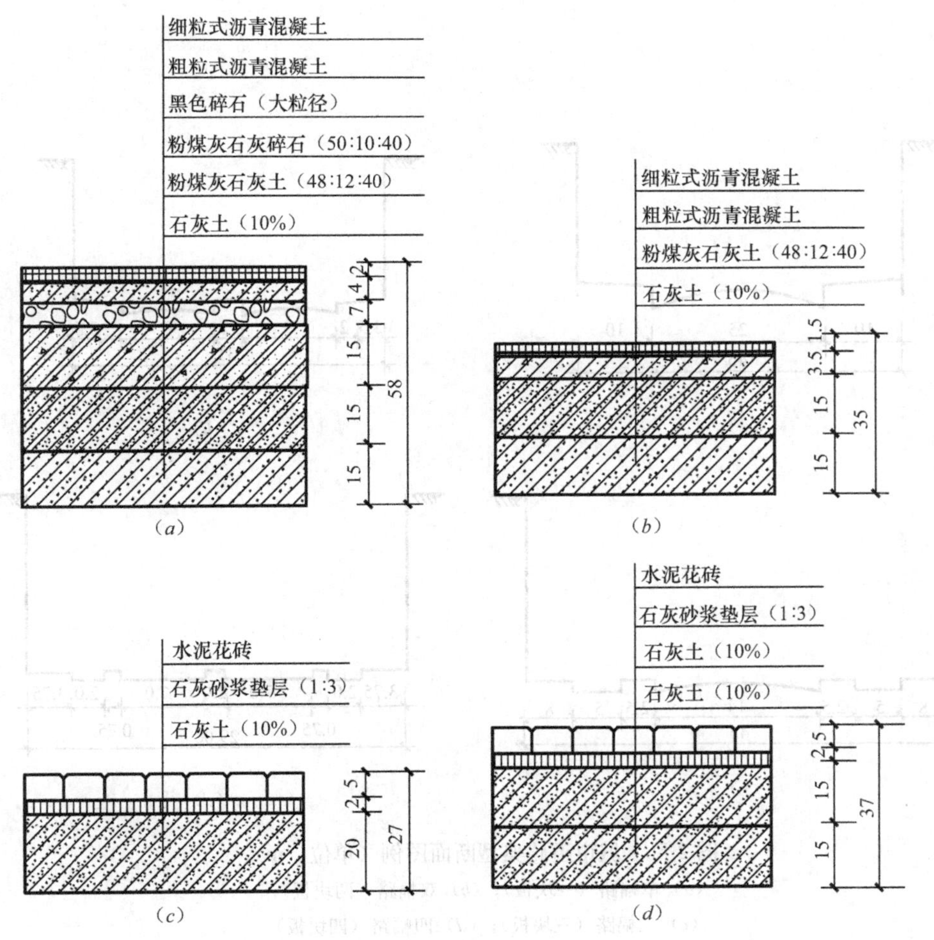

图 2-55　某城市道路路面结构图（单位：cm）
(*a*) 机动车道路面结构；(*b*) 非机动车道路面结构；
(*c*) 人行道路面结构（阳面）；(*d*) 人行道路面结构（阴面）

【例 2-25】 识读某城市道路路面结构图。

由于沥青类路面是多层结构层组成的，在同车道的结构层沿宽度一般无变化。因此，选择车道边缘处，即侧石位置一定宽度范围作为路面结构图图示的范围，这样既可图示出路面的结构情况，又可将侧石位置的细部构造及尺寸反映清楚，也可只反映路面结构分层情况，如图 2-55 所示。

路面结构图图样中，每层结构应用图例表示清楚，如灰土、沥青混凝土、侧石等。

分层注明每层结构的厚度、性质、标准等，并将必要的尺寸注全。

当不同车道结构不同时，可分别绘制路面结构图，应注明图名、比例及文字说明等。

【例 2-26】 识读某城市道路典型断面图例。

图 2-56 所示为几种城市道路典型断面图例。其中，图 2-56（*a*）为单幅路（一块板）形式，其特点及适用条件为所有车辆都在同一个车道上混合行驶，因而适用于机动车交通量不大，非机动车较少的次干路、支路以及用地不足、拆迁困难的旧城市道路。图 2-56（*b*）为两幅路（两块板）形式，其特点及适用条件是由中间一条分隔带或绿带将车行道分为单向行驶的两条车行道，机动车和非机动车仍为混合行驶。适用于机动车交通量较大、非机动车较少、地形地物特殊或有平行道路可供非机动车通行的快速和郊区道路。图 2-56（*c*）为三幅路（三块板）形式，其特点及适用条件是由两条分隔带把车行道分成三个车道，中间为机动车道，两边为非机动车道。适用于机动车交通量大、非机动车多、红线宽度≥40m 的道路。图 2-56（*d*）为四幅路（四块板）形式，其特点及适用条件是四幅路（四块板）由中间两个机动车道和两边非机动车道组成。适用于机动车车速高、交通量大、非机动车多的快速路或红线宽度≥50m 的主干路。

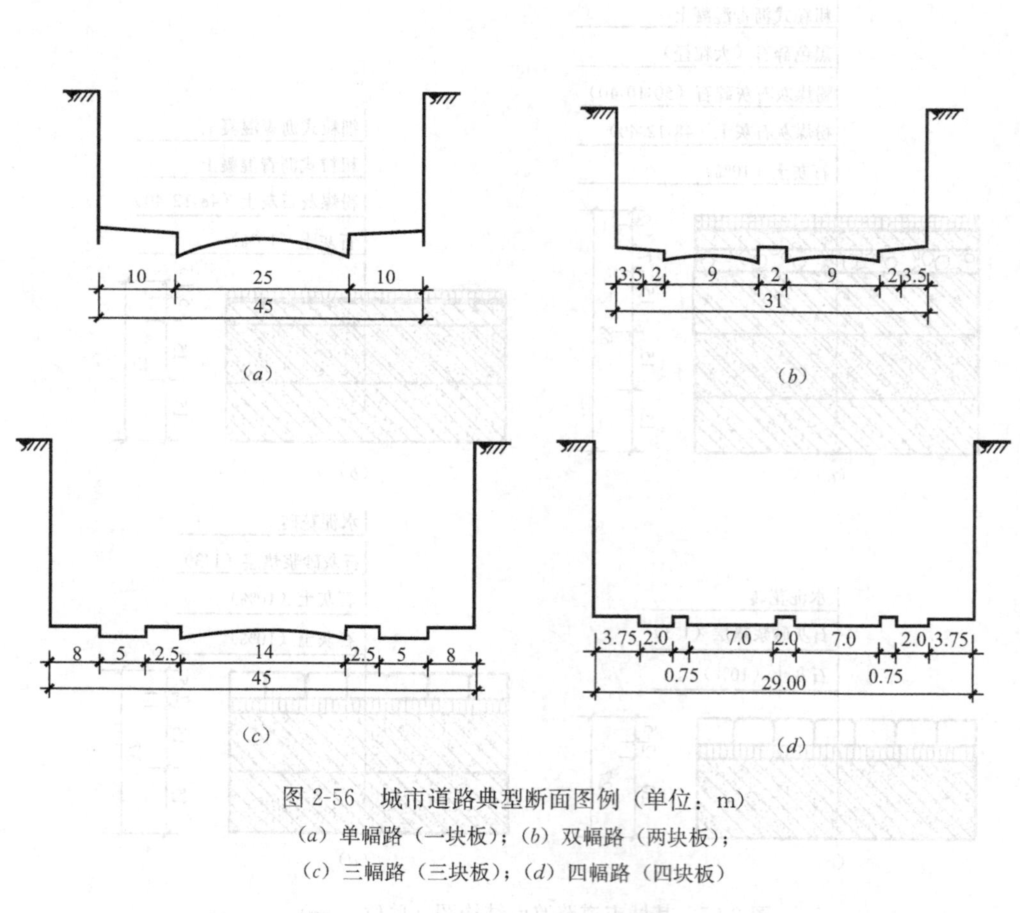

图 2-56　城市道路典型断面图例（单位：m）
（*a*）单幅路（一块板）；（*b*）双幅路（两块板）；
（*c*）三幅路（三块板）；（*d*）四幅路（四块板）

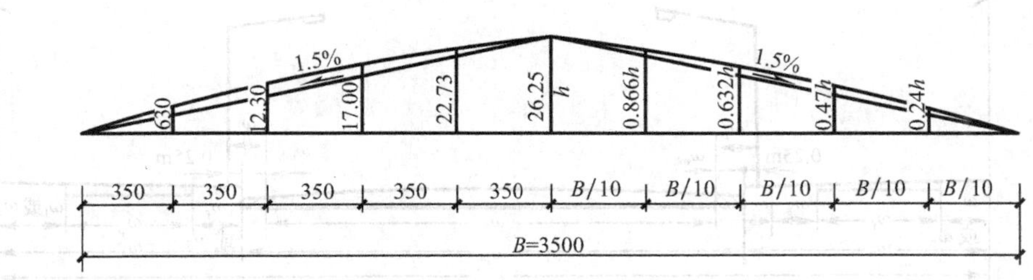

图 2-57 道路路拱大样图

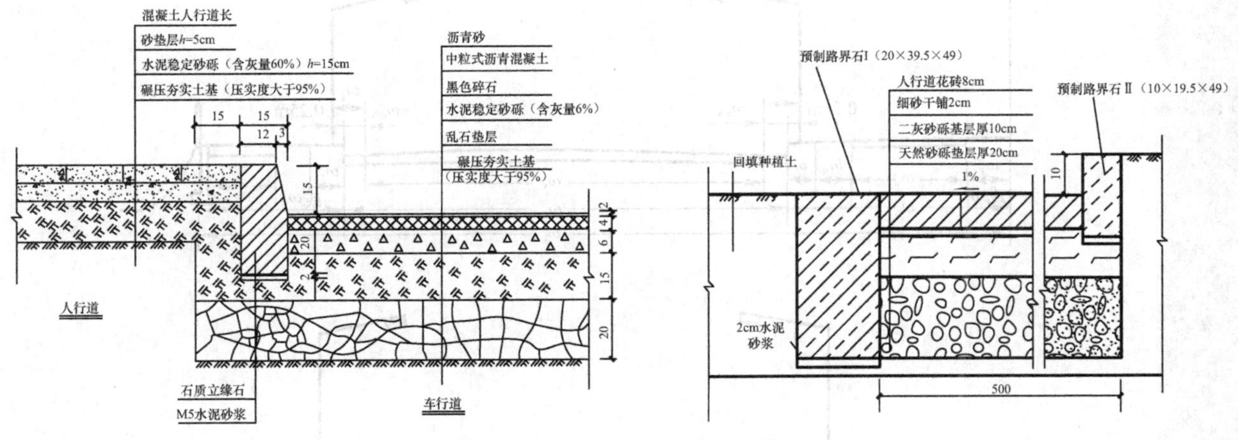

图 2-58 机动车道路面的结构大样图

图 2-59 人行道路面结构大样图

【例 2-27】 识读路拱、机动车道与人行道结构图。

路拱采用的曲线形式应在图中予以说明，如抛物线线型的路拱，则应以大样的形式标出其纵坐标、横坐标以及每段的横坡度和平均横坡度，以供施工放样使用，如图 2-57 所示。

如图 2-58 所示为机动车道路面的结构大样图，如图 2-59 所示为常见的人行道路面结构大样图。

【例 2-28】 识读单幅路断面形式图。

如图 2-60 所示为单幅路断面形式，图中：

ω_r——红线宽度（m）；

ω_c——机动车车行道宽度或机动车与非机动车混合行驶的车行道宽度（m）；

ω_{pc}——机动车道路面宽度或机动车与非机动车混合行驶的路面宽度（m）；

ω_{mc}——机动车道路缘带宽度（m）；

ω_{mb}——非机动车道路缘带宽度（m）；

ω_l——侧向净宽（m）；

ω_a——路侧带宽度（m）；

ω_p——人行道宽度（m）；

ω_g——绿化带宽度（m）；

ω_f——设施带宽度（m）；

ω_s——路肩宽度（m）；

ω_{sh}——硬路肩宽度（m）；

ω_{sp}——保护性路肩宽度（m）。

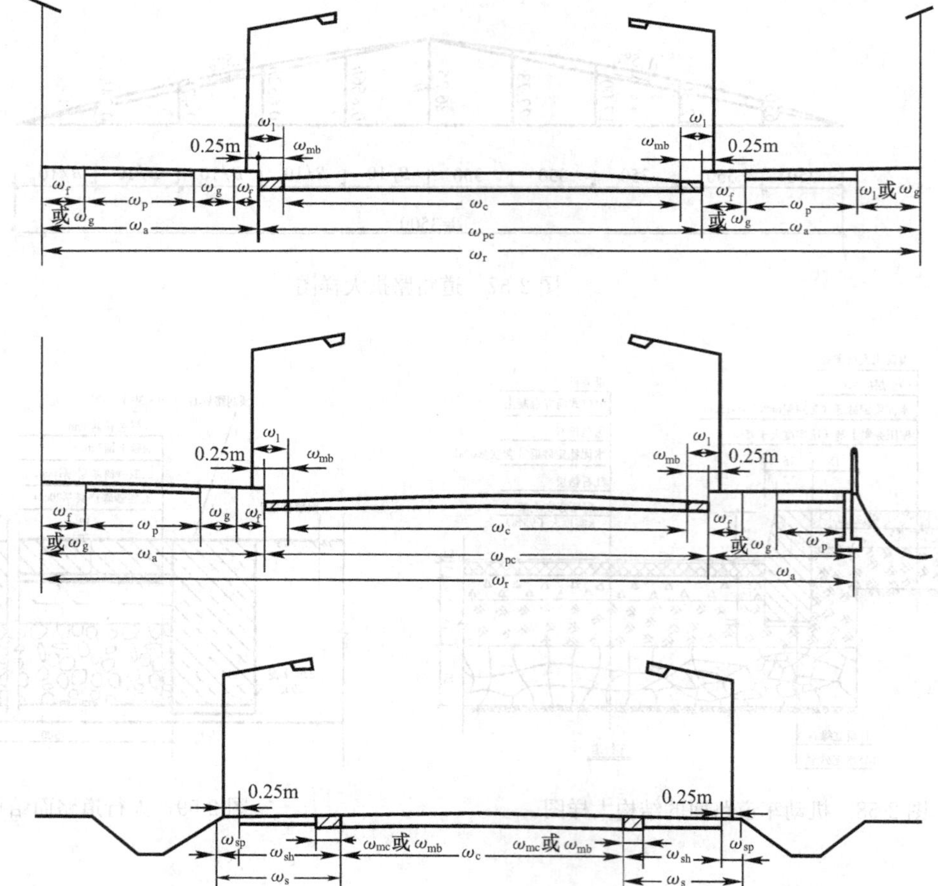

图 2-60 单幅路断面形式

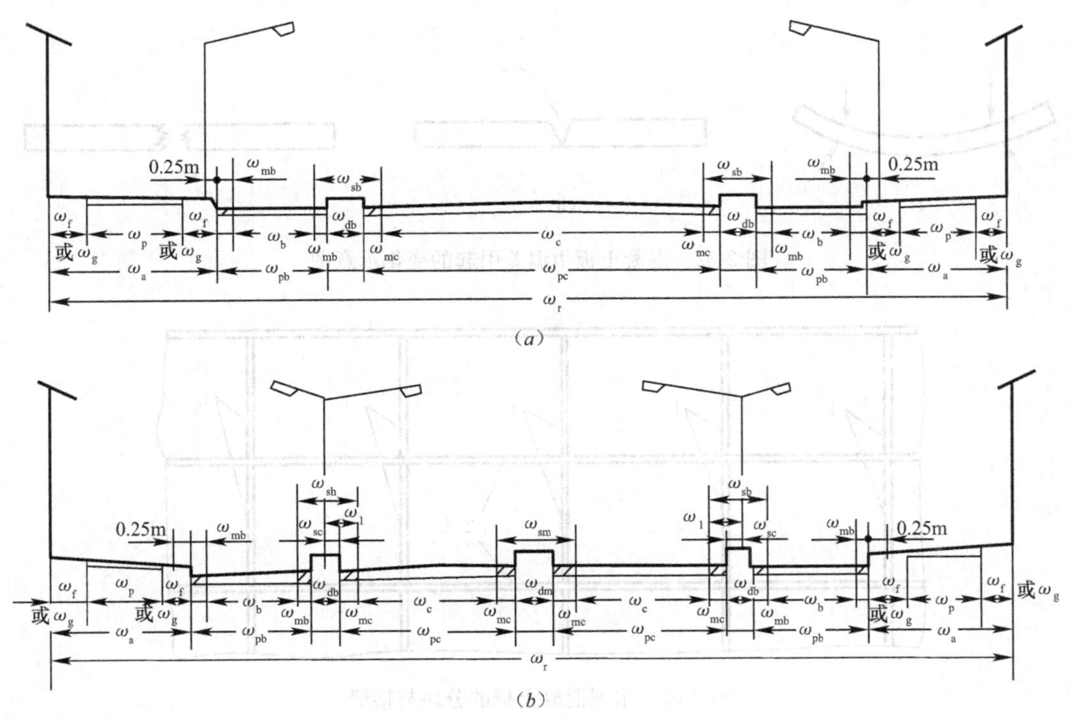

图 2-61　三幅路、四幅路断面形式

【例 2-29】　识读三幅路、四幅路断面形式图。

如图 2-61 所示为三幅路、四幅路断面形式图。其中，图 2-61（*a*）为三幅路断面形式图；图 2-61（*b*）为四幅路断面形式。图中：

ω_b——非机动车车行道宽度（m）；

ω_{pb}——非机动车道路面宽度（m）；

ω_{dm}——中间分隔带宽度（m）；

ω_{sm}——中间分车带宽度（m）；

ω_{db}——两侧分隔带宽度（m）；

ω_{sb}——两侧分车带宽度（m）。

其他字母含义同图 2-60。

【例 2-30】 识读水泥路面接缝构造图。

混凝土面层是由一定厚度的混凝土板所组成的，它具有热胀冷缩的性质。由于一年四季气温的变化，混凝土板会产生不同程度的膨胀和收缩。而在一昼夜中，白天气温升高，混凝土板顶面温度较底面为高，这种温度差会造成板的中部隆起；夜间气温降低，板顶的温度较底面为低，会使板的周边和角隅翘起，如图 2-62（*a*）所示。这些变形会受到板与基础之间的摩阻力和粘结力以及板的自重和车轮荷载等的约束，致使板内产生过大的应力，造成板面断裂［图 2-62（*b*）］或拱胀等破坏。由于翘曲而引起的裂缝发生后，被分割的两块板体尚不致完全分离，倘若板体温度均匀下降引起收缩，则将使两块板体被拉开，如图 2-62（*c*）所示，从而失去荷载传递作用。

为避免这些缺陷，混凝土路面不得不在纵、横两个方向建造许多接缝，把整个路面分割成许多板块，如图 2-63 所示。横向接缝是垂直于行车方向的接缝，包括三种：收缩缝、膨胀缝和施工缝。

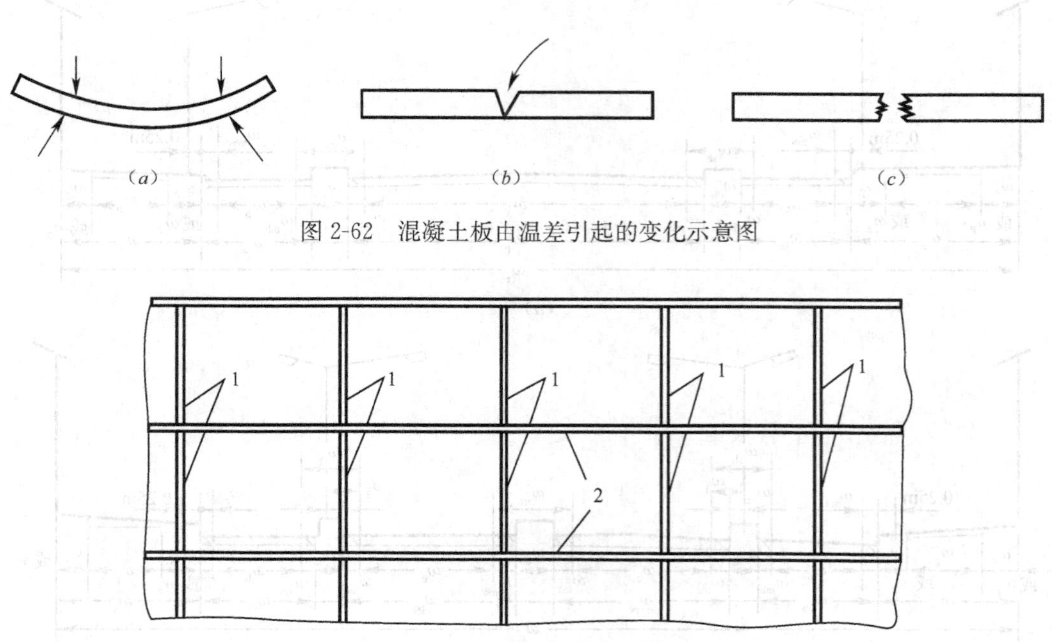

图 2-62　混凝土板由温差引起的变化示意图

图 2-63　水泥混凝土板的分块与接缝

1—横缝；2—纵缝

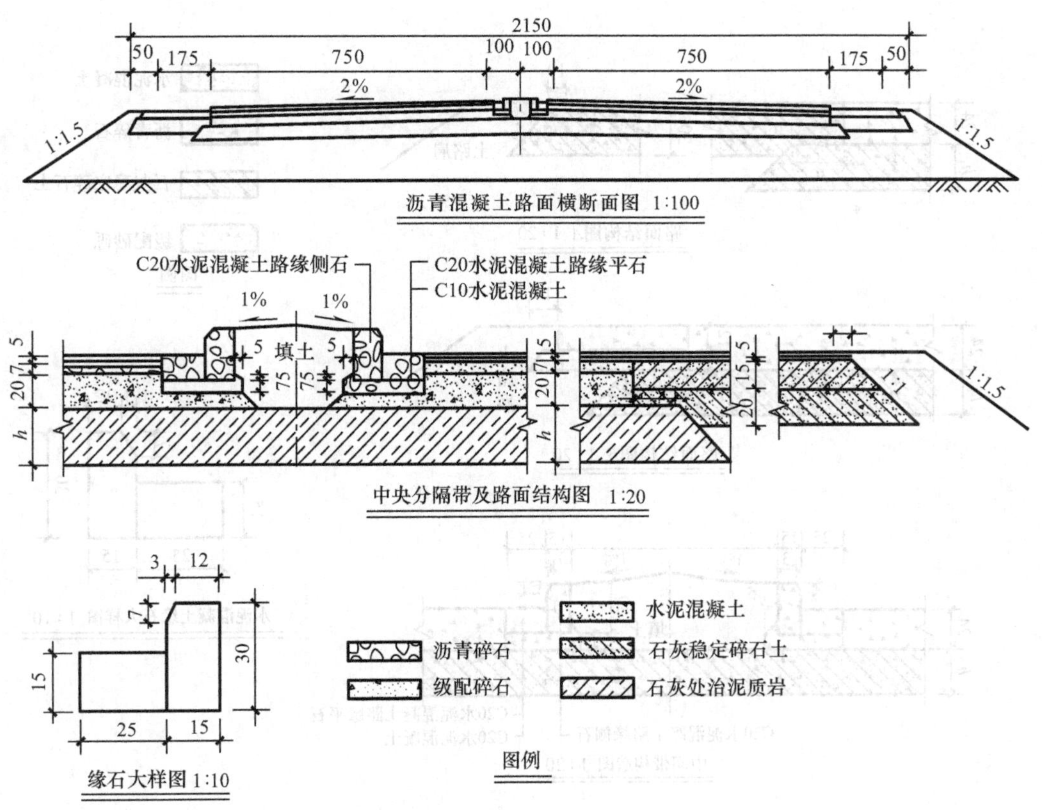

图 2-64　沥青混凝土路面结构图

【例 2-31】 识读某沥青混凝土路面结构图。

从图 2-64 中可以看出：

(1) 路面横断面图表示出行车道、路肩、中央分离带的尺寸，以及路拱的坡度。

(2) 图中沥青混凝土的厚度为 5cm，沥青碎石的厚度为 7cm，石灰稳定碎石土的厚度为 20cm。行车道路面底基层与路肩的分界处，其宽度超出基层 25cm 之后以 1∶1 的坡度向下延伸。

(3) 硬路肩的面层、基层和底基层的厚度分别为 5cm、15cm、20cm。硬路肩与土路肩的分界处，基层的宽度超出面层 10cm 之后以 1∶1 的坡度延伸至底基层的底部。

(4) 中央分隔带处的尺寸标注及图示，说明两缘石中间需要填土，填土顶部从路基中线向两缘石倾斜，坡度为 1%。应标出路缘石和底座的混凝土强度等级、缘石的各部尺寸，以便按图施工。

【例 2-32】 识读某水泥混凝土路面结构图。

从图 2-65 中可以看出：

(1) 当采用路面结构图 A 时，图中标注尺寸为 30cm，则表示路面基层的顶面靠近硬路肩处比路面宽 30cm，并以 1∶1 的坡度向下分布。

(2) 标注尺寸为 10cm，表示硬路肩面层下的基层比顶面面层宽 10cm。

(3) 中央分隔带和路缘石的尺寸，构件位置、材料用图示表示，便于施工。

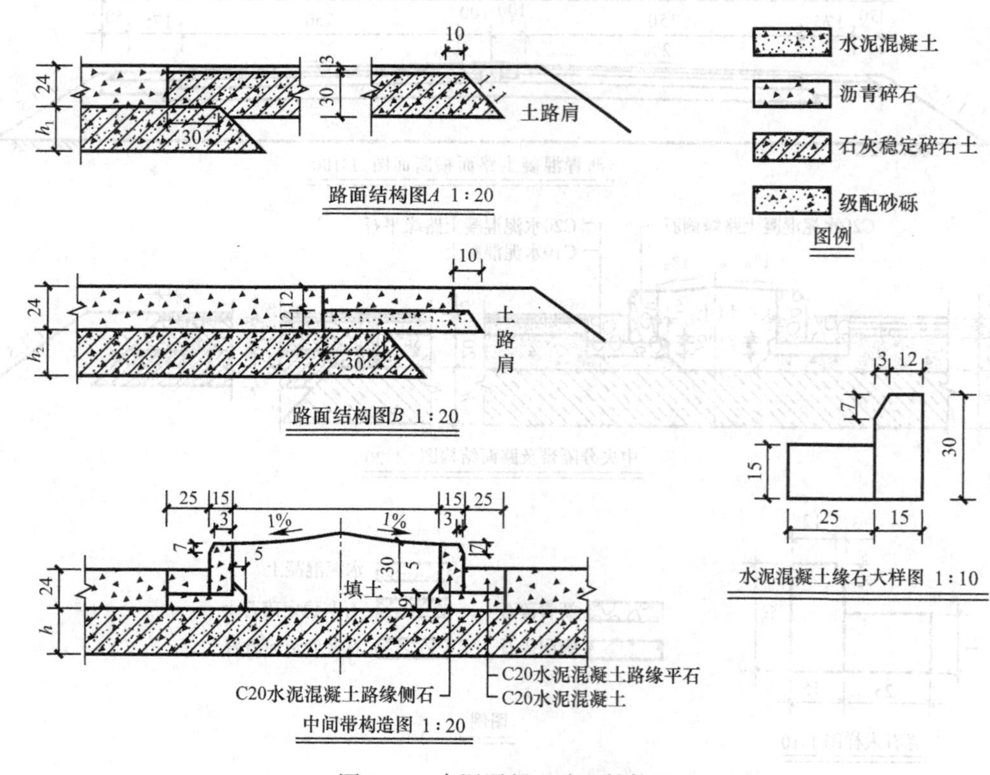

图 2-65 水泥混凝土路面结构图

2.6 识读道路交叉口平面图

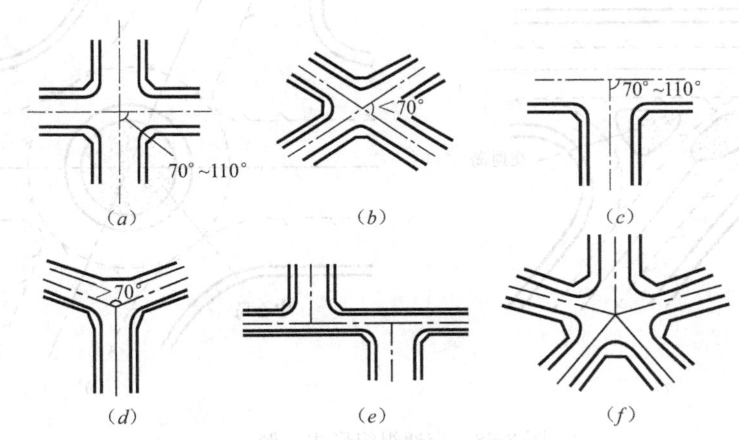

图 2-66 平面交叉口的形式

(a)“十”字形；(b)“X”字形；(c)“T”形；(d)“Y”形；(e)错位；(f)多路

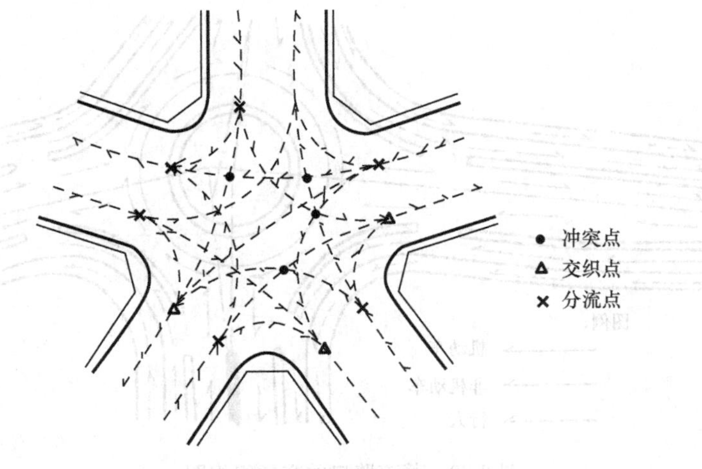

图 2-67 平面交叉口冲突点

1. 平面交叉口的基础知识

(1) 交叉口的基本类型

交叉口的基本类型有十字形交叉口、“X”形交叉口、“T”字形交叉、“Y”形交叉口、错位交叉口、多路交叉口，如图 2-66 所示。

(2) 平面交叉口冲突点

在平面交叉口处不同方向的行车往往相互干扰，行车路线往往在某些点处相交、分叉或汇集，专业上将这些点分别称为冲突点、分流点和交织点。如图 2-67 所示，为五路交叉口各向车流的冲突情况，图中箭线表示车流，黑点表示冲突点。

交通组织就是对各向各类行车和行人在时间和空间上的合理安排，从而尽可能地消除人车行驶中的“冲突点”，使得道路的通行能力和安全运行达到最佳状态。平面交叉口的组织形式有渠化、环形和自动化交通组织等。如图 2-68 所示。

(3) 交通组织图

图 2-69 为某市的路口交通组织图，图中用不同线形的箭线，标识出机动车、非机动车和行人等在交叉口处必须遵守的行进路线。

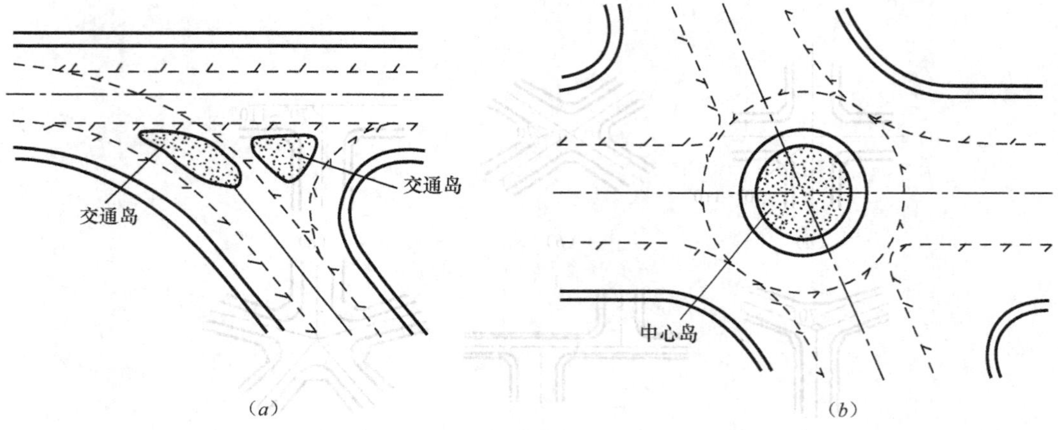

图 2-68 交通组织形式示例
(a) 渠化组织；(b) 环形组织

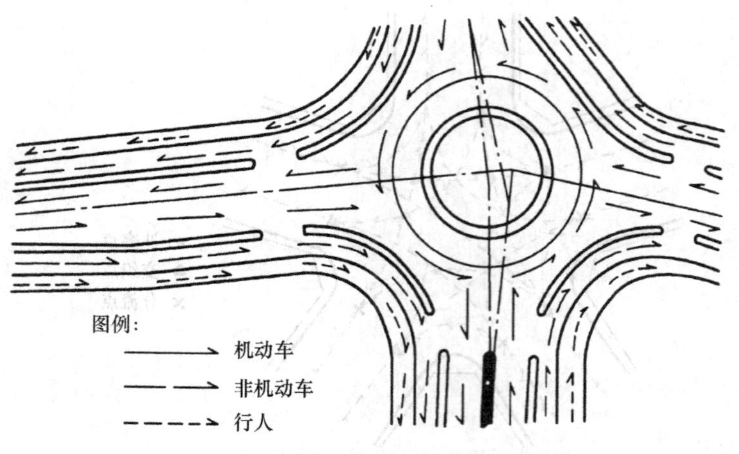

图 2-69 某市路口的交通组织图

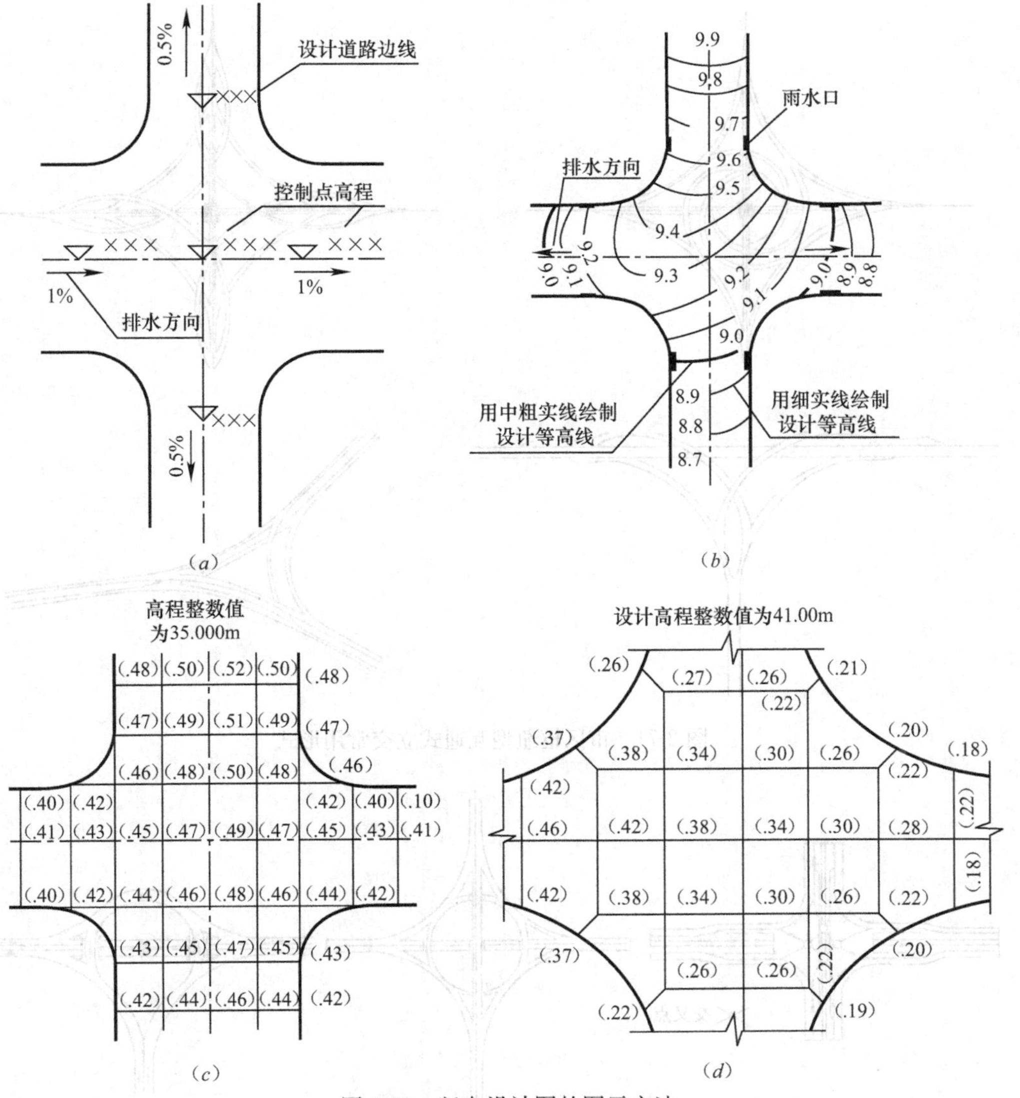

图 2-70 竖向设计图的图示方法

(a) 坡度法；(b) 等高线法；(c) 网格法；(d) 刚性路面

(4) 竖向设计图

交叉口竖向设计任务是表达交叉口处路面在竖向的高程变化，以保证行车平顺和排水通畅，常用的设计高程表示方法有以下几种。

1) 坡度法。对于比较简单的交叉口可仅标注控制点的高程、排水方向及其坡度。排水方向可用单边箭头表示，如图 2-70 (a) 所示。

2) 等高线。用等高线表示的平交路口，等高线宜用细实线表示，并每隔 4 条用中粗实线绘制 1 条计曲线，如图 2-70 (b) 所示。

3) 网络法。用网格法表示的平交路口，其高程数值宜标注在网格交点的右上方，并加括号。若各测点高程的整数部分相同时可省略整数位，小数点前可不加"0"定位，整数部分在图中注明，如图 2-70 (c) 所示。

4) 刚性路面。水泥混凝土路面的设计高程数值应注在板角处，并加注括号。在同一张图纸中可以省略设计高程相同的整数部分，但应在图中说明，如图 2-70 (d) 所示。

2. 立体交叉的基础知识

立体交叉口由跨线桥、匝道、引道、通道和其他附属设施组成。立体交叉的分类如下：

（1）按网络系统分为枢纽型、服务型和疏导型。

1）枢纽型：枢纽型立交是中、长距离，大交通量高等级道路之间的立体交叉。适用于高速公路之间、城市快速路之间、高速公路和城市快速路相互之间及与重要汽车专用道之间，如图 2-71 所示。

2）服务型：服务型立交又称为一般互通立交，是高等级道路与低等级或次级道路之间的立体交叉。适用于高速公路与其沿线城市出入干道或次要汽车专用道之间，城市快速路或重要汽车专用道与其沿线城市主干路或次级道路之间，以及为地区服务的城市主干路与城市主干路之间等，如图 2-72 所示。

3）疏导型：疏导型立交仅限地区次要道路上的交叉口，交叉口交通量已足使相交道路交通不畅，行车安全受到影响，平面交叉口出现阻塞现象时，从提高交叉口通行能力出发，对交叉口临界交通流向进行立体化疏导，以改善交叉口交通状态，提高服务水平。

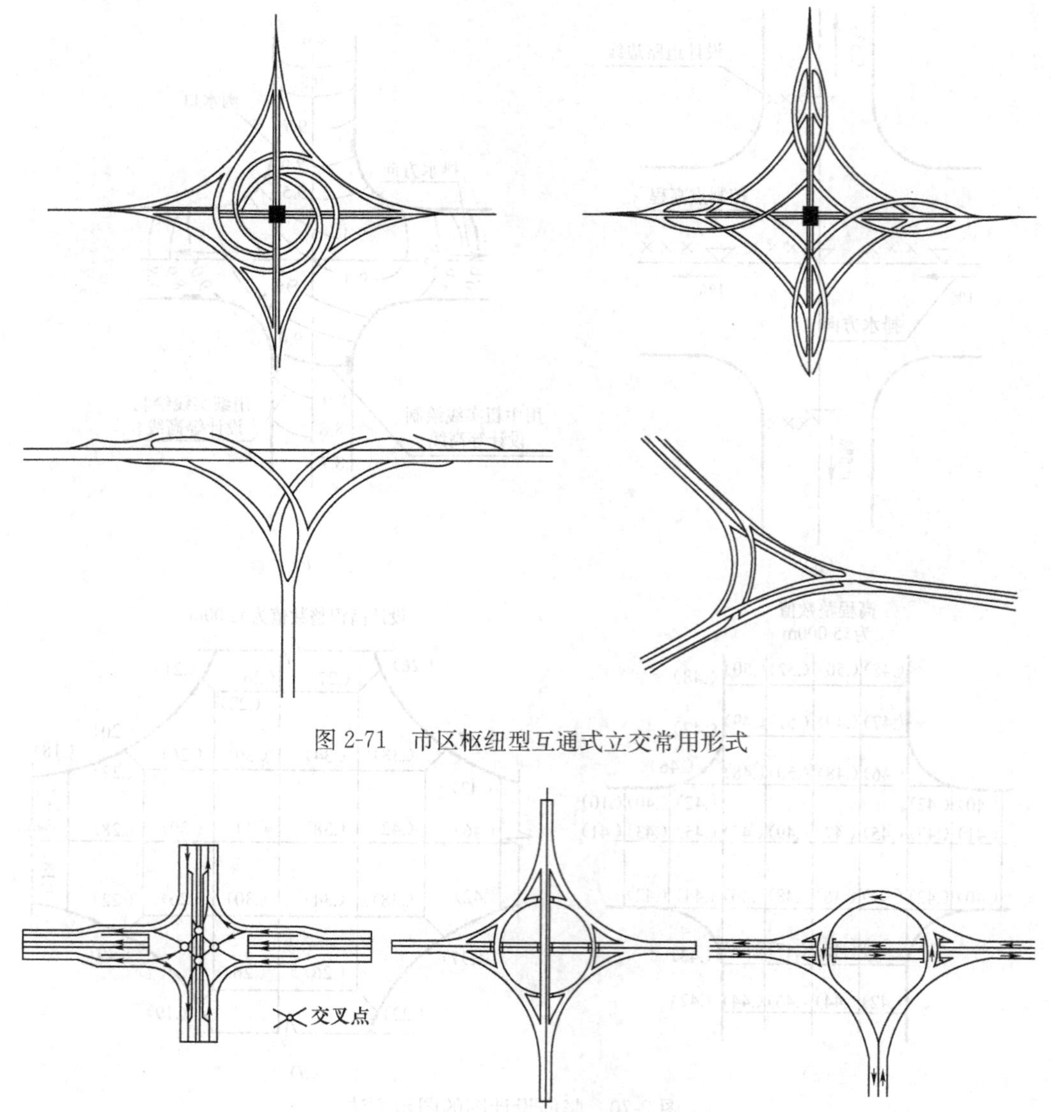

图 2-71　市区枢纽型互通式立交常用形式

图 2-72　市区服务型互通式立交常用形式

（2）根据相交道路上是否可以互通交通，可将立体交叉分为分离式、定向互通和全互通，如图 2-73（*a*）、（*b*）、（*c*）所示。

（3）按交通组织特性分：

1）无交织型：所有交通流向除了具有专用匝道之处，不会因为进出相交道路相互之间产生交织运行，即进入车辆与驶出车辆不发生交织，也不因合流后再通过交织分流。

2）有交织型：相对无交织而言，各交通流向即便具有专用匝道，也会因某些外部条件的限制造成道路转向车流先进后出从而产生交织。

3）有平交型：有平交型是针对部分互通及简单互通立交而言的，在受投资规模限制、转向交通流向不能全部一一设置专用匝道的情况下，将一些次要交通流向集中于平面交叉口，以交通管理组织交通，将有限的资金集中解决主要交通矛盾。

（4）按几何形状分。如果根据立体交叉在水平面上的几何形状来分，可分为苜蓿叶形、喇叭形等，而且各种形式又可以有多种变形，如图 2-73（*d*）、（*e*）、（*f*）所示。

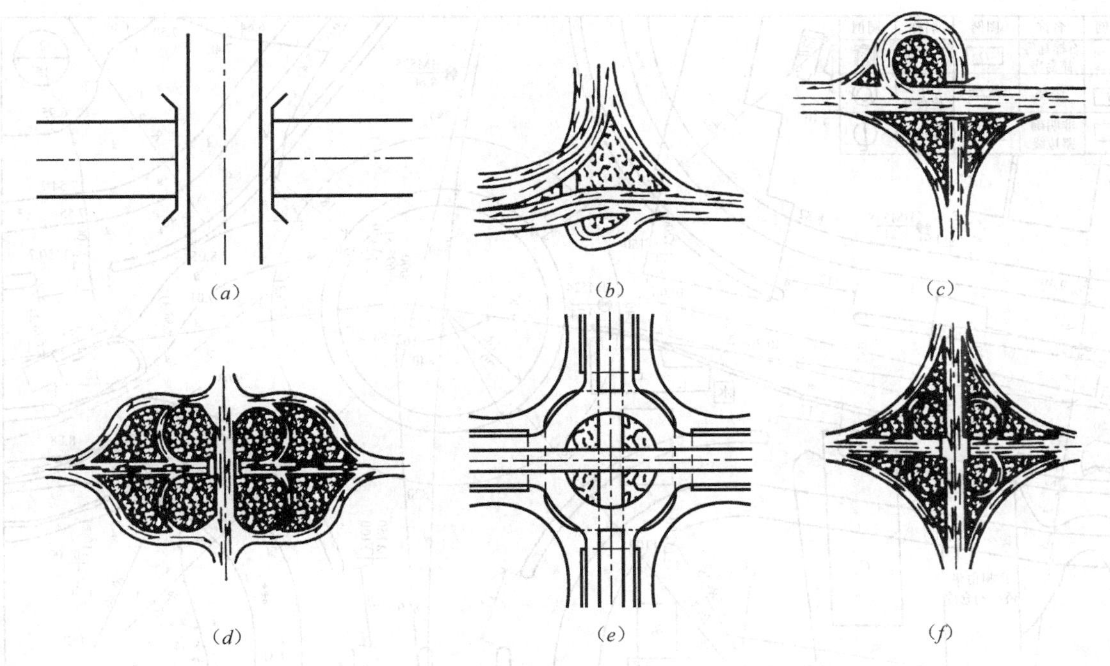

图 2-73　立体交叉的分类

（*a*）分离式；（*b*）定向互通；（*c*）全互通；（*d*）喇叭形互通；（*e*）2 层苜蓿叶式互通；（*f*）3 层苜蓿叶式互通

3. 城市道路交叉口平面图的识读实例

【例 2-33】 识读某平面交叉口设计图。

图 2-74 所示为某平面交叉口的平面图，比例为 1∶500，比公路路线图比例大。图中内容包括道路、地形地物两部分。

（1）从图中可知，交叉口形式属于“X”形；道路中心线用点画线表示，中心线上的里程桩号，用来表示各交叉道路的长度。

（2）各路走向用坐标网表示图线。

（3）各组成车道的宽度如图中尺寸所示，中间的两条绿化带将断面划分为“三块板”布置形式；机动车道的标准宽度为 16m，非机动车道为 7m，人行道 5m，中间两条分隔带宽度均为 2m，图中两同心标准实线圆表示交通岛，同心点画线圆表示环岛车道中心线。

（4）该交叉口所处地段地势平坦，等高线稀疏，用大量的地形测点表示高程，北段道路需占用沿路两侧的一些土地。

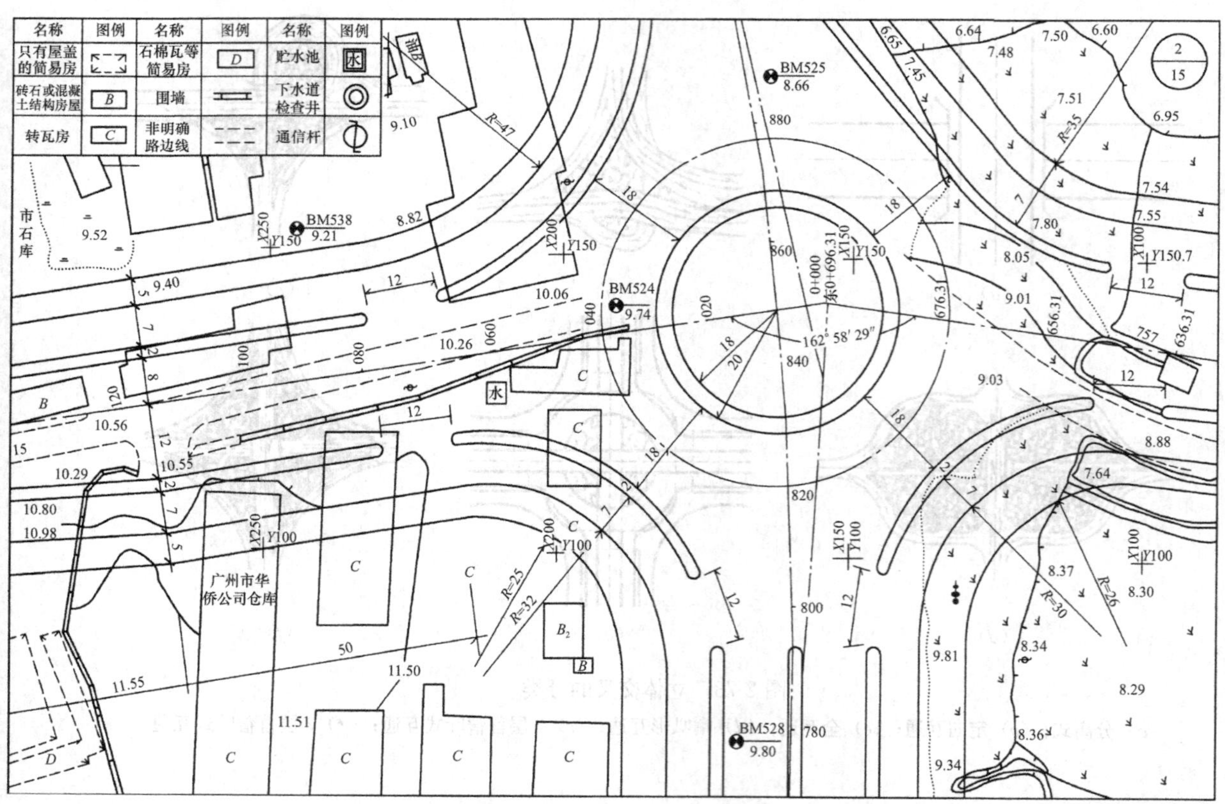

图 2-74 平面交叉口设计图

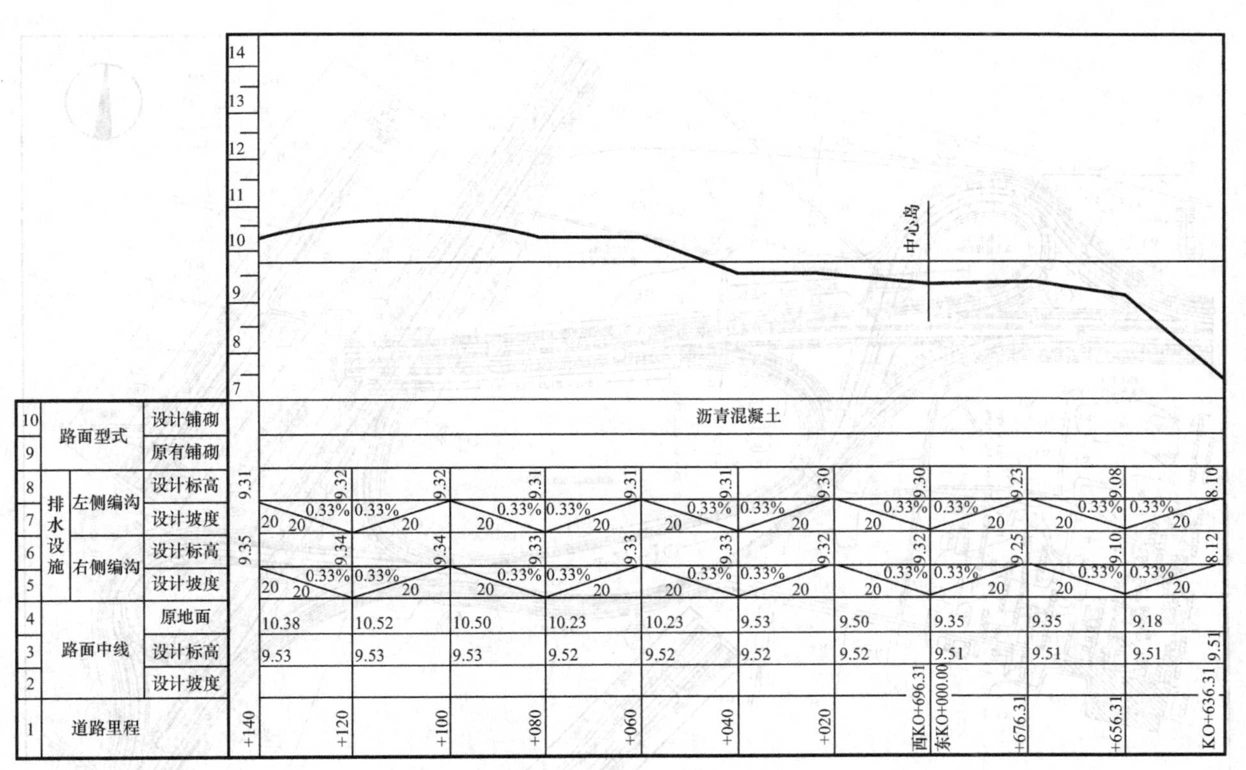

图 2-75 平面交叉口纵断面图

【例 2-34】 识读某交叉口的纵断面图。

交叉口纵断面图是沿相交两条道路的中线剖切而得到的断面图，其作用与内容均与道路路线纵断面基本相同。图 2-75 是某交叉口的纵断面图（南北向），读图方法与路线纵断面图基本相同。东西向道路由于是现存道路，故没给出其纵断面图。

【例 2-35】 识读某立体交叉平面图设计图例。

图 2-76 为某立体交叉口的平面设计图，其内容包括立体交叉口的平面设计形式、各组成部分的相互位置关系、地形地物以及建设区域内的附属构造物。从图中可以看出，该立体交叉的交叉方式为主线下穿式，平面几何图样为双喇叭形，交通组织类型为双向互通。

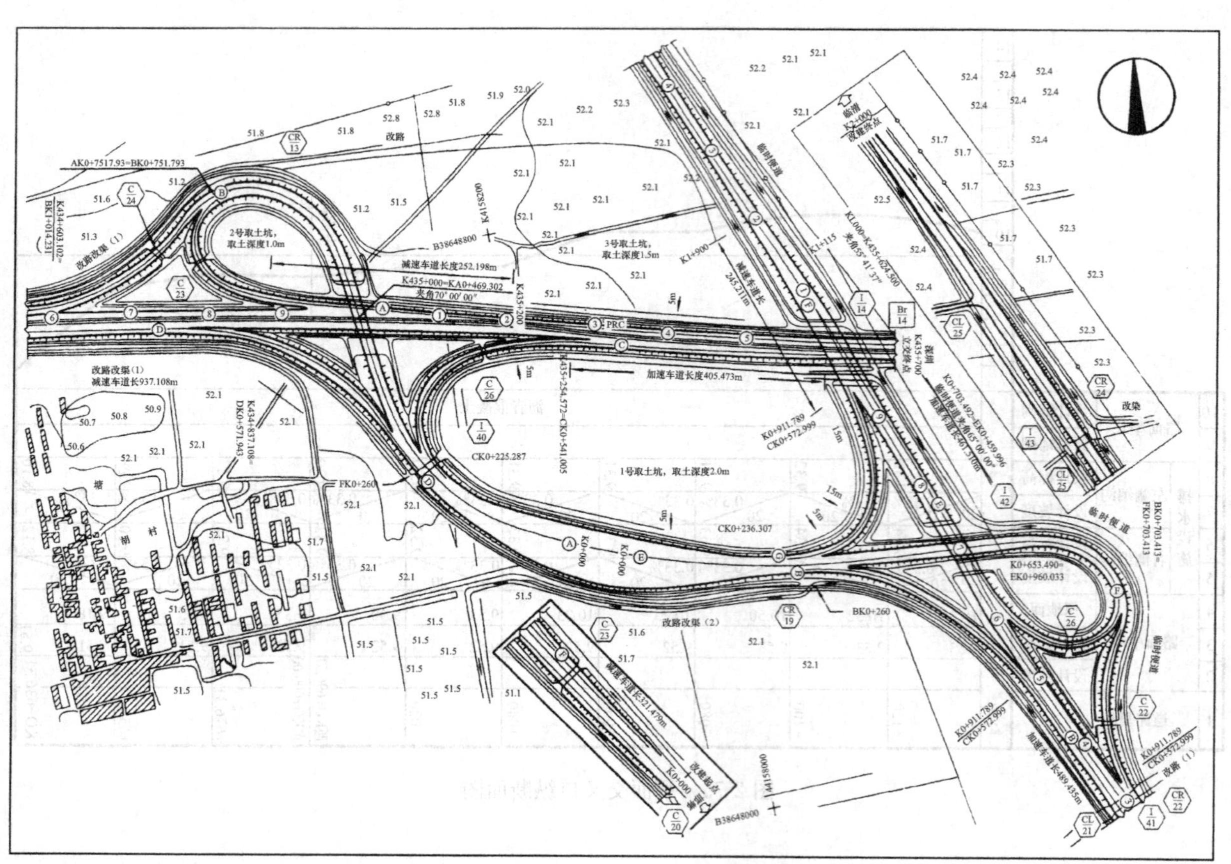

图 2-76 某立体交叉平面图设计图

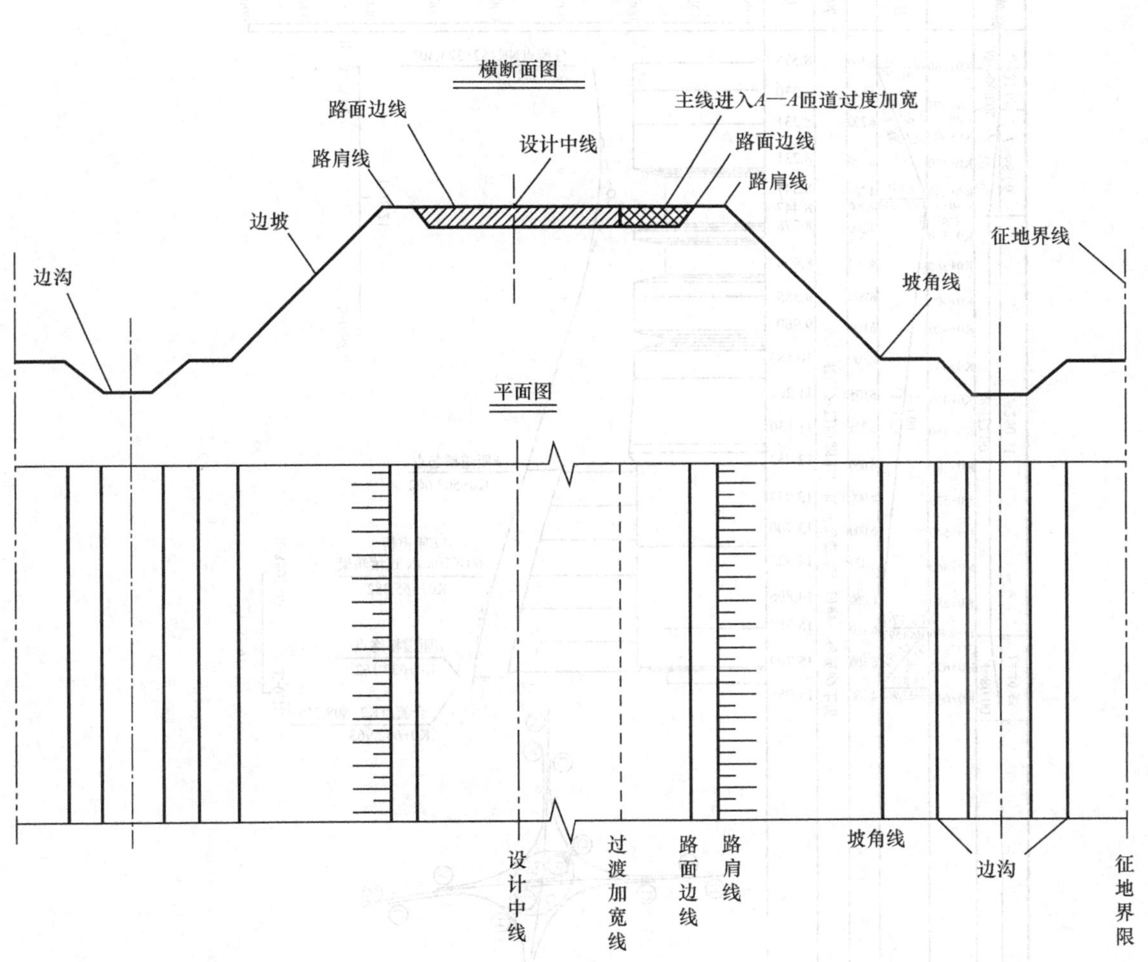

图 2-77　立体交叉平面设计图的图线示意图

（1）图示方法

与道路平面图不同，立体交叉平面图既表示出道路的设计中线，又表示出道路的宽度、边坡和各路线的交接关系。道路立体交叉平面设计图的图示方法和各种线条的意义，如图 2-77 所示。

（2）图示内容

1）比例。立体交叉口的平面图与路线平面图不同，立体交叉工程建设规模宏大，但为了读图方便，工程上一般将立体交叉主体尽可能布置在一张图幅内，故绘图比例较小，本图比例为 1∶4000。

2）地形地物。图中用指北针与大地坐标网表示方位，用等高线和地形测点表示地形，城镇、低压电线和临时便道等地物用相应图例表示得极为详尽。

3）结构物。在立体交叉平面设计图上，沿线桥梁、涵洞、通道等结构物均按类编号，以引出线标注。

4）各匝道关系。在立体交叉平面设计图上，各匝道的里程计算和标注方法是：A—A 匝道和 E—E 匝道从它们的交点（AK0＋000 或 EK0＋000）开始，各自计算和标注里程，与它们后接的匝道以其交接点处的桩号为起始点连续计算里程。

【例 2-36】 识读某立体交叉纵断面设计图。

如图 2-78 所示，组成互通的主线、支线和匝道等各线均应进行纵向设计，用纵断面图表示。它们各自独立分开，但又是一个统一协调的整体，立体交叉纵断面图的图示方法与路线纵断面图的图示方法基本相同，只是立体交叉纵断面图在图样部分和测设数据表中增加了横断面形式这一内容，这种图示方法更适应于立体交叉横断面表达复杂的需要，也使道路横向与纵向的对应关系表达得更清晰。

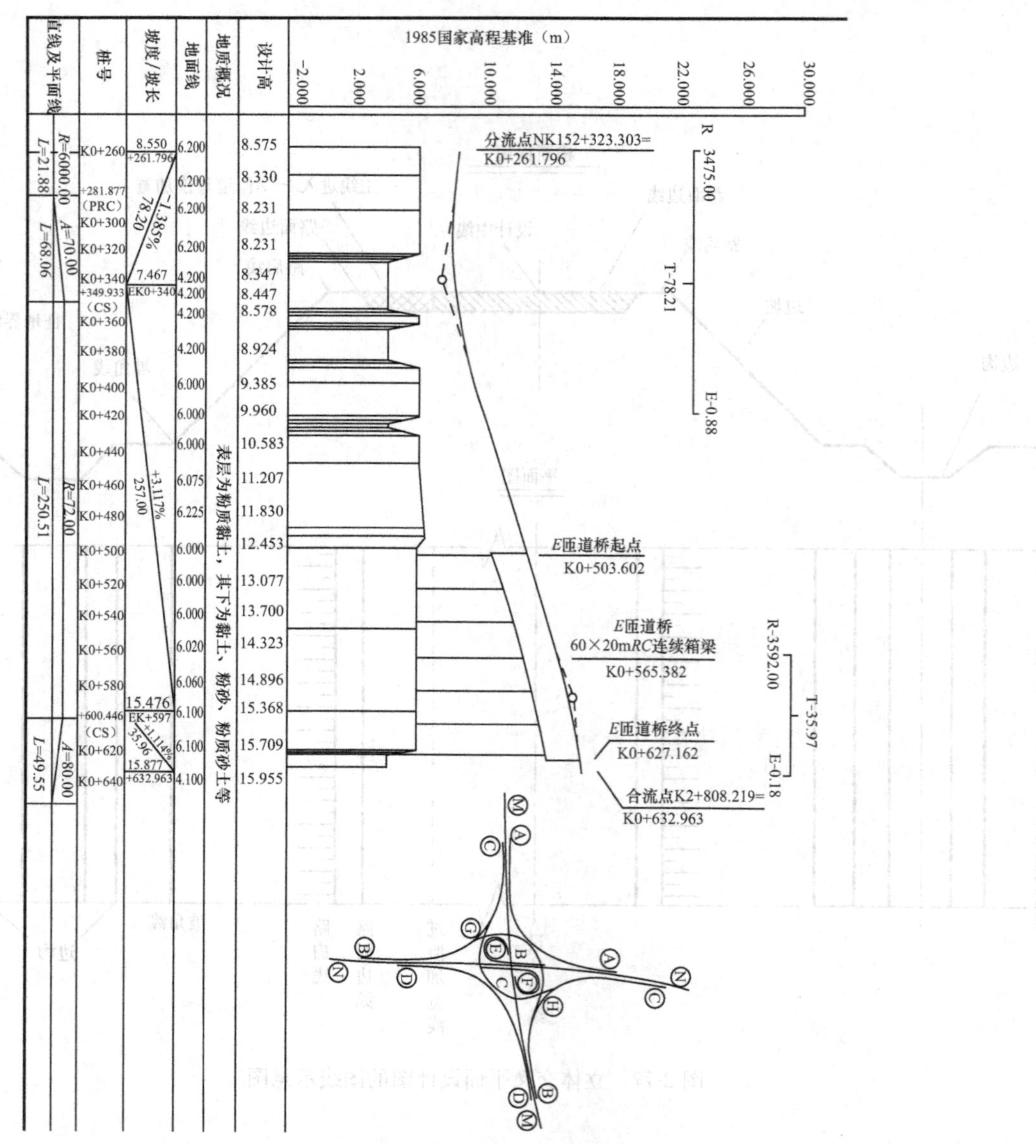

图 2-78 某立体交叉口的匝道路纵断面图设计示意图（单位：m）

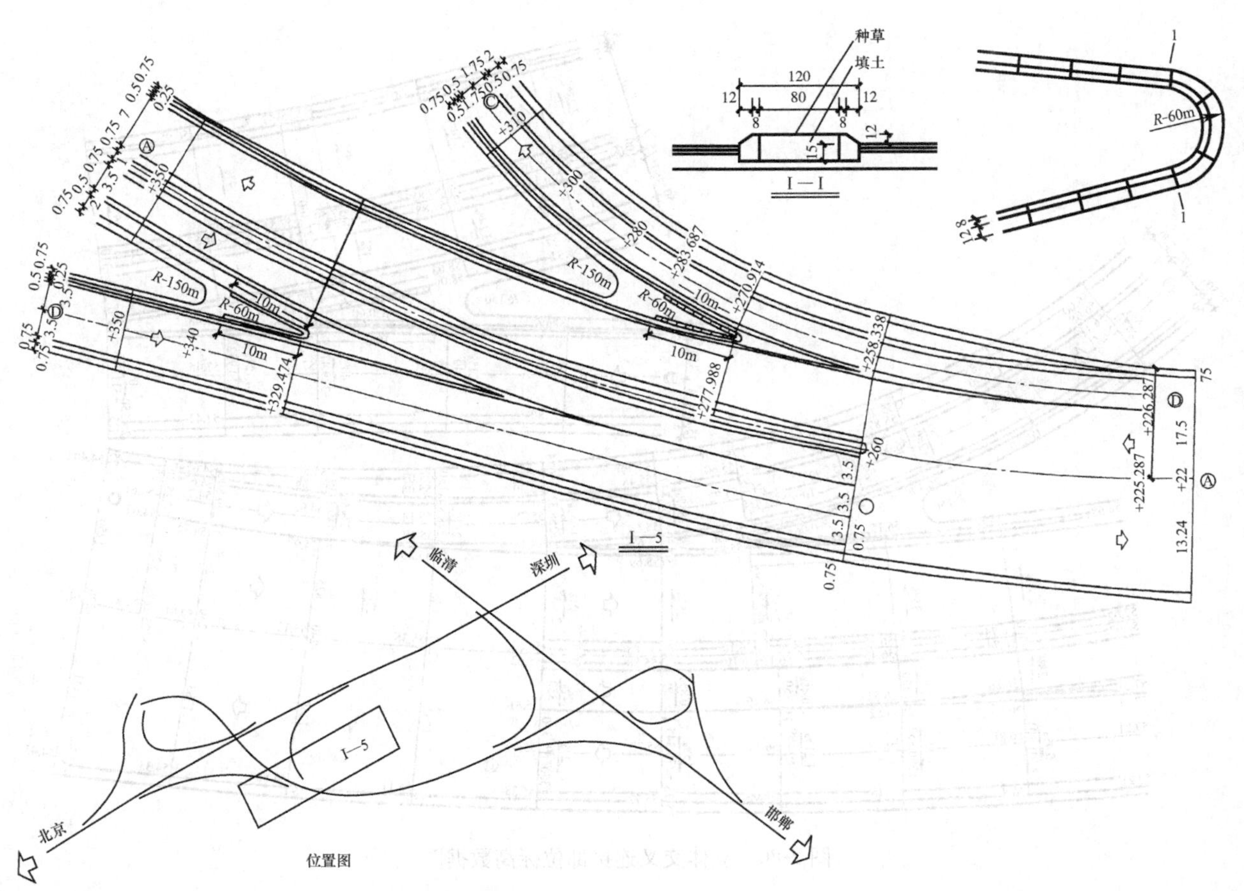

图 2-79 某立体交叉连接部位大样设计示意图（单位：m）

【例 2-37】 识读某立体交叉连接部位设计图。

连接部位设计图包括连接位置图、连接部位大样图、分隔带断面图和标高数据图。

（1）连接位置图

连接位置图是在立体交叉平面示意图上，标出两条连接道路的连接位置。

（2）连接部位大样图

连接部位大样图是用局部放大的图示方法，把立体交叉平面图上无法表达清楚的道路连接部位单独绘制成图，如图 2-79 所示。

（3）分隔带横断面图

分隔带横断面图是将连接部位大样图尚未表达清楚的道路分隔带的构造用更大的比例尺绘出，如图 2-79 所示。

（4）标高数据

连接部位标高数据图是在立体交叉平面图上标示出主要控制点的设计标高，如图 2-80 所示。

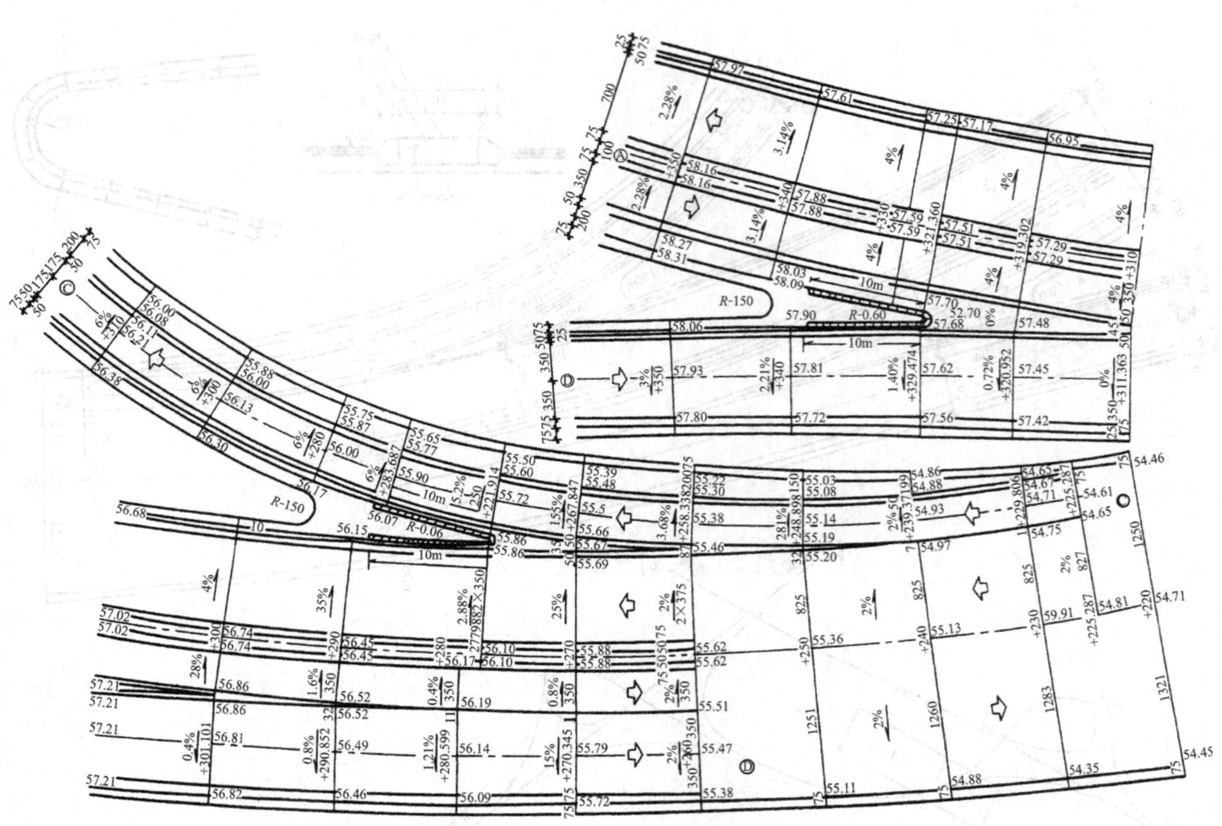

图 2-80　立体交叉连接部位标高数据图

2.7 识读高架道路纵断面图与横断面图

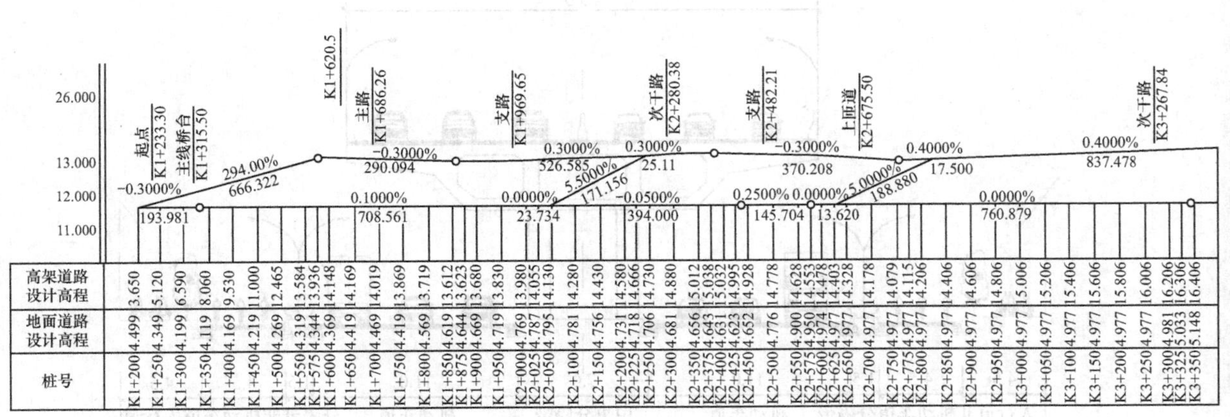

图 2-81 某城市高架道路纵断面设计实例

【例 2-38】 识读某城市高架道路的纵断面设计实例。

（1）高架道路纵断面线形：高架道路纵断面线形设计是在地面道路纵断面设计基础上进行，纵向标高是在加上道路净空要求、桥梁结构建筑高度、铺装及横坡影响、预留沉降高度后确定，同时考虑景观因素后尽可能高些；立交处尚需考虑立交的层次、横向跨线桥的净空要求。同时，还必须考虑高架道路的实际景观效果经验，高架最低净高采用 6.5m，比一般道路的净高要求抬高了许多。

（2）如图 2-81 所示为某城市高架道路的纵断面设计实例，该高架道路设计最小纵坡为 3‰。而高架匝道纵断面线形除了受竖曲线标准控制外，还受街坊、横向道路净空、坡脚与交叉口停车线的距离控制，图示中的高架匝道最大纵坡 5.3%。

【例 2-39】 识读某城市高架道路的横断面图实例。

高架道路新建的红线控制为100m，改建的控制为70m，近期实施为45～70m。高架道路结构有整体式和分体式两种布置形式，道路路缘带的宽度取 0.5m，双向 6 车道的路面宽度一般为 25.5m，如图 2-82 所示。而分体式单向 4 车道的标准宽度为 15.5m，分体式单向 5 车道的标准宽度为 19m，对于地面道路路缘带宽度一般取 0.5m。

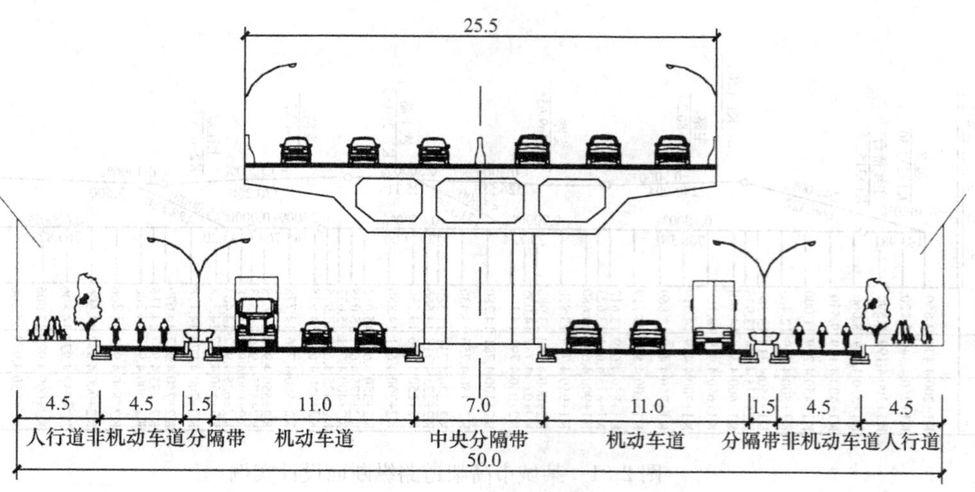

图 2-82　整体式高架道路标准横断面实例（单位：m）

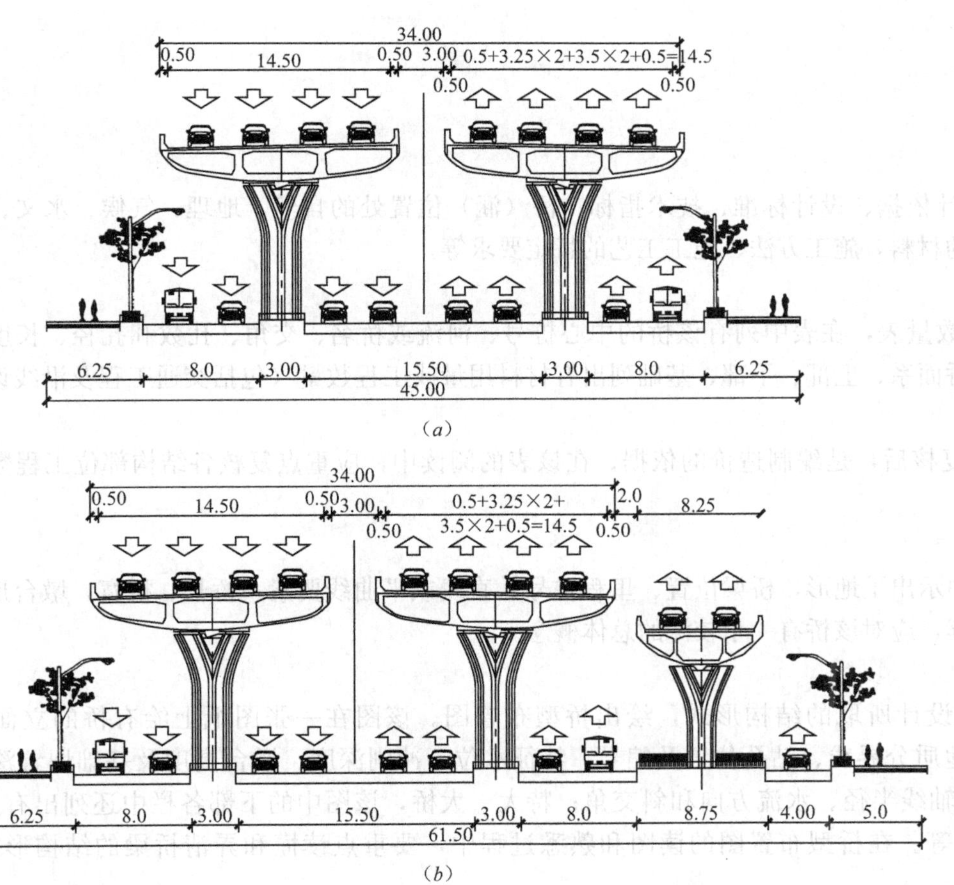

图 2-83 有匝道分体式高架道路标准横断面实例（单位：m）

横断面的布置实例如图 2-83 所示。图 2-83 所示为高架道路采用分体桥布置，为单向桥双向 4 车道。

（1）匝道：为满足交通管理要求，高架匝道按双车道宽度设计，根据流量的大小，上匝道按单车道入口画线，下匝道按双车道画线。曲线匝道宽度应根据城市道路设计规范，采用相应的加宽值和超高。

（2）地面道路：地面道路根据桥梁结构布置，采用三幅路断面形式。

3 识读市政桥梁工程施工图

桥梁工程图的识读方法如下：

（1）阅读设计说明

阅读设计图的总说明，以便弄清桥（涵）的设计依据、设计标准、技术指标、桥（涵）位置处的自然、地理、气候、水文、地质等情况；桥（涵）的总体布置，采用的结构形式，所用的材料，施工方法、施工工艺的特定要求等。

（2）阅读工程数量表

在特大、大桥及中桥的设计图纸中，列有工程数量表，在表中列有该桥的中心桩号、河流或桥名、交角、孔数和孔径、长度、结构类型、采用标准图时采用的标准图编号等；并分别按桥面系、上部、下部、基础列出有材料用量或工程数量（包括交通工程及沿线设施通过桥梁的预埋件等）。

该表中的材料用量或工程量，结合有关设计图复核后，是编制造价的依据。在该表的阅读中，应重点复核各结构部位工程数量的正确性、该工程量名称与有关设计图中名称的一致性。

（3）阅读桥位平面图

特大、大桥及复杂中桥有桥位平面图，在该图中示出了地形，桥梁位置、里程桩号、直线或平曲线要素，桥长、桥宽，墩台形式、位置和尺寸，锥坡、调治构造物布置等。通过该图的阅读，应对该桥有一个较深的总体概念。

（4）阅读桥型布置图

由于桥梁的结构形式很多，因此，通常要按照设计所取的结构形式，绘出桥型布置图。该图在一张图纸上绘有桥的立面（或纵断面）、平面、横断面；并在图中示出了河床断面、地质分界线、钻孔位置及编号、特征水位、冲刷深度、墩台高度及基础埋置深度、桥面纵坡以及各部尺寸和高程；弯桥或斜桥还示出有桥轴线半径、水流方向和斜交角；特大、大桥，该图中的下部各栏中还列出有里程桩号、设计高程、坡度、坡长、竖曲线要素、平曲线要素等。在桥型布置图的读图和熟悉过程中，要重点读懂和弄清桥梁的结构形式、组成、结构细部组成情况、工程量的计算情况等。

（5）阅读桥梁细部结构设计图

在桥梁上部结构、下部结构、基础及桥面系等细部结构设计图中，详细绘制出了各细部结构的组成、构造并标示了尺寸等；如果是采用的标准图来作为细部结构的设计图，则在图册中对其细部结构可能没有一一绘制，但在桥型布置图中一定会注明标准图的名称及编号。在阅读和熟悉这部分图纸时，重点应读懂并弄清其结构的细部组成、构造、结构尺寸和工程量；并复核各相关图纸之间细部组成、构造、结构尺寸和工程量的一致性。

（6）阅读调治构造物设计图

如果桥梁工程中布置有调治构造物，如导流堤、护岸等构造物，则在其设计图册中应绘制有平面布置图、立面图、横断面图等。在读图中应重点读懂并弄清调治构造物的布置情况、结构细部组成情况及工程量计算情况等。

3.1 识读图纸目录和施工设计说明

某市政桥梁（现浇梁板、深基础）图纸目录 表 3-1

工程名称：某市政桥梁（现浇梁板、深基础） 工程号：________ 专业：市政

序号	图名	备注
01	图纸目录	
02	桥梁施工图设计说明	
03	桥位平面图	
04	桥型布置图	
05	总体布置平面图	
06	墩台一般构造图	
07	连续梁板钢筋构造图	
08	桥台盖梁配筋图	
09	桥台背墙配筋图	
10	桥墩桩基配筋图	
11	桥台桩基配筋图	
12	桥墩横系梁构造图	

1. 桥梁工程施工图图纸目录

左栏表 3-1 为某市政桥梁（现浇梁板、深基础）的图纸目录。

2. 桥梁工程施工图设计说明

左栏为市政桥梁（现浇梁板、深基础）施工图设计总说明。

某市政桥梁（现浇梁板、深基础）施工图设计总说明

(1) 设计规范和依据

1) ××工业园区××大酒店有限公司委托设计合同；

2)《城市桥梁设计规范》CJJ 11—2011；

3)《公路桥涵设计通用规范》JTG D60—2004；

4)《公路钢筋混凝土及预应力混凝土桥涵设计规范》JTG D62—2004；

5)《××工业园区××大酒店岩土工程详细勘察报告》(江苏苏州地质工程勘察院)。

(2) 主要设计标准

1) 设计荷载：城−B级，人群荷载：4.0kN/m²。

2) 桥梁宽度：桥梁全宽10.5m：0.25m（栏杆）+3.0m（人行道）+3.5m（行车道）+3.5m（行车道）+0.25m（栏杆）。

3) 平面位于曲线上，道路中线圆曲线 $R=185$m，桥梁中心线 $R=186.5$m，纵断面位于直线上，纵坡−0.44%。

4) 桥梁横坡：双向1.5%，横坡由桥面铺装调整。人行道横坡为1.5%。

5) 河道宽度约14m，常水位标高1.30m。桥梁无通航要求。

(3) 桥梁概况

1) 上部结构：上部结构采用3孔一联10m+16m+10m现浇连续实体板，在桥台位置设置伸缩缝。

2) 下部结构：下部结构为桩柱桥台，排架式桥墩，钻孔灌注桩基。

(4) 主要材料

1) 现浇连续梁采用C40混凝土，桥面铺装采用C40三角形防水混凝土垫层找坡（最薄处为8cm），再做4cm细粒式沥青混凝土。盖梁、耳墙采用C30混凝土，钻孔灌注桩采用C25混凝土。

2) 普通钢筋：HPB300级钢筋，HRB335级钢筋。

3) 桥墩支座采用GPZ（Ⅱ）2.0系列盆式支座，桥台支座采用GJZF4 300mm×400mm×49mm四氟滑板支座。

(5) 钻孔灌注桩

1) 根据现有地质资料，钻孔桩采用摩擦桩。其桩的长度及配筋要求以设计图为准。

2) 由于拟建场地近期经过大面积大量填土，桩基设计考虑了新近填土产生的不利影响。

3）若发现实际地质情况与勘察报告不符合时，应及时通知建设、监理、勘探及设计单位，及时处理。

4）钻孔桩在成孔完毕和清孔后必须进行质量检验。清孔沉渣厚度不大于10cm。

5）桩孔桩采用C25水下混凝土，桩身混凝土不允许产生夹泥、缩径或断桩情况。

6）钢筋笼的箍筋、加强筋与主筋间应点焊连接，点焊总数不小于25%，相邻焊接点错位、均匀布置。

7）灌注水下混凝土时，钢筋笼下沉不宜超过10cm，上浮不宜超过20cm。

（6）桥台盖梁

1）桥台盖梁采用C30混凝土。

2）桥台盖梁混凝土应一次浇筑，不设施工缝，混凝土浇筑时不能采用附着式振捣器，以策安全。

3）桥台顶面设伸缩缝。

（7）施工要点

1）梁板按满堂支架一次浇筑。必须保证浇捣质量。

2）浇筑板体混凝土前，必须对模板支架的底部地基根据具体情况做加固处理，并应对支架进行预压，以消除支架变形对结构的影响。

3）梁板底模设置1.5～2cm的预拱度。

4）混凝土应注意养护，防止出现非受力裂缝。

5）施工时注意梁体预埋件，施工前应详细阅读施工图。

6）河道施工应保证台前土稳定，必要时进行适当铺砌，具体根据景观设计确定。

7）遵循先架梁、后填土的原则。

8）桥台台后透水性强砂砾石分层回填夯实，填料中不得含有淤泥、腐殖质或耕植土及生活垃圾。

9）桥台盖梁施工完成后，应结合河道及时回填，回填土顶面距盖梁顶面不低于20～25cm，不得将支座埋在填土中。

10）施工质量按照《城市桥梁工程施工与质量验收规范》CJJ 2—2008、《公路工程质量检验评定标准第一册 土建工程》JTG F80/1—2004、《公路工程质量检验评定标准 第二分册 机电工程》JTG F80/2—2004执行。

11）未尽事宜，请严格按照《公路桥涵施工技术规范》JTG/T F50—2011执行。施工过程中应加强施工组织管理，发生异常情况请及时与有关单位联系。

3.2 识读桥梁布置图

1. 桥梁总体布置图识读的内容

(1) 平面图的识读

平面图一般都采用半平面图和半墩台桩柱平面图。当图示桥台及帽梁平面构造时，为未上主梁时的投影图样；当图示桥墩的承台平面时，为承台以上帽梁以下位置做剖切平面，向下正投影的图样；当图示桩位时，为承台以下做剖切面得到的图样，一般用虚线表示承台位置。

桥梁平面图主要识读桥梁的平面布置形式，反映桥梁的长度、宽度、各部位平面尺寸、与河流的相交形式、与路线的连接位置、桥台平面尺寸以及桩的平面布置方式，车道布置、栏杆、道路边坡及锥形护坡、变形缝，帽梁的平面形状及梁上构造，承台的平面形状、尺寸及台上构造等，如图 3-1 所示。

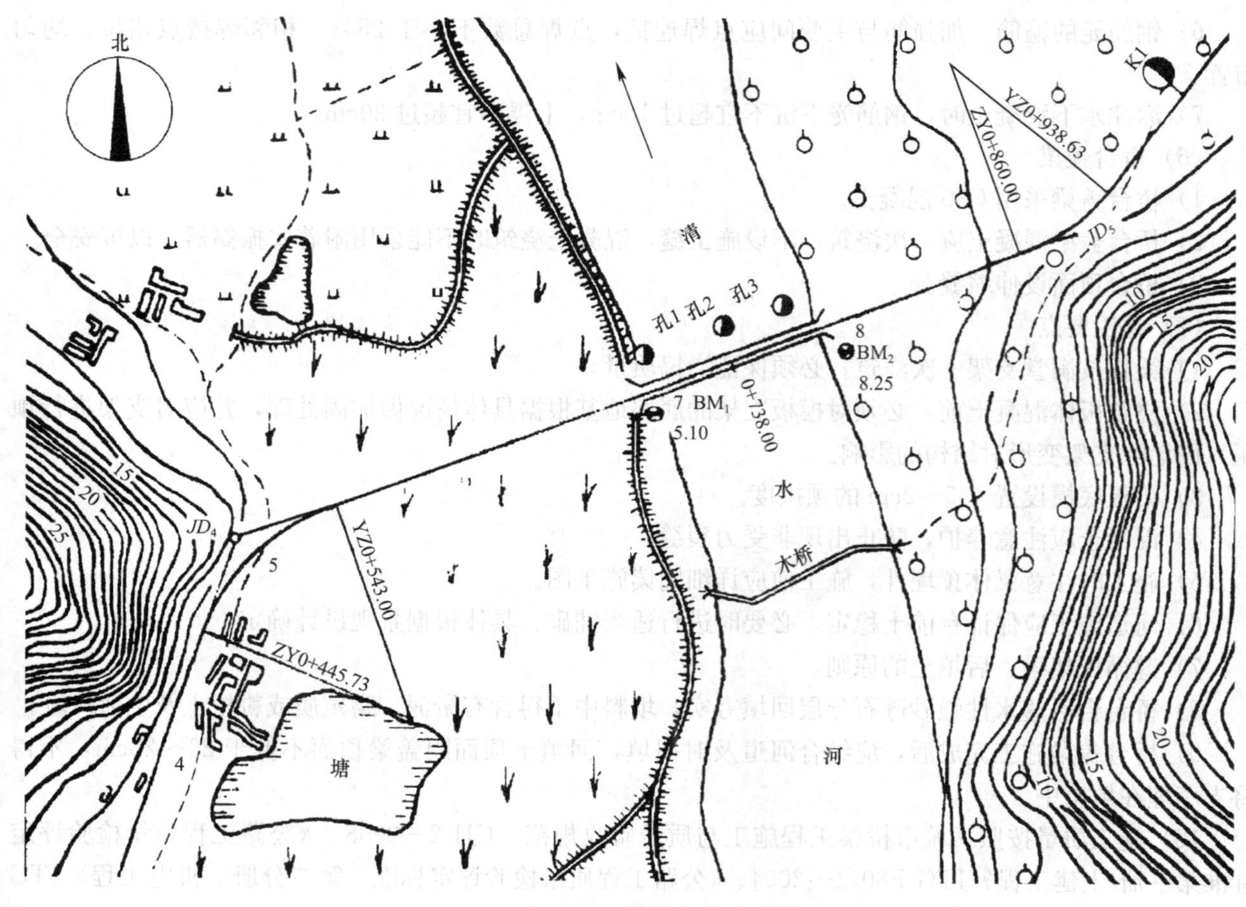

图 3-1 某桥梁平面图

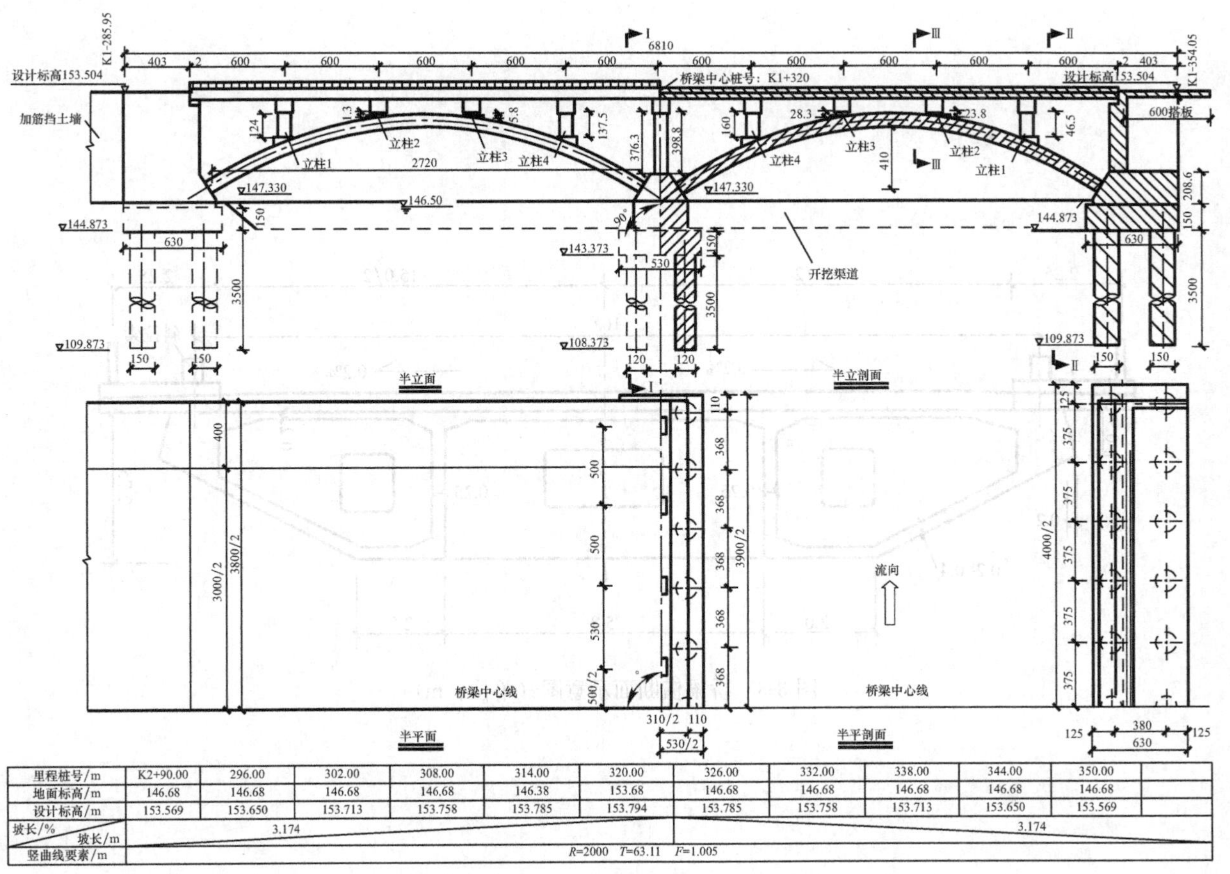

里程桩号/m	K2+90.00	296.00	302.00	308.00	314.00	320.00	326.00	332.00	338.00	344.00	350.00
地面标高/m	146.68	146.68	146.68	146.68	146.38	153.68	146.68	146.68	146.68	146.68	146.68
设计标高/m	153.569	153.650	153.713	153.758	153.785	153.794	153.785	153.758	153.713	153.650	153.569
坡长/% 坡长/m	3.174						3.174				
竖曲线要素/m	R=2000 T=63.11 F=1.005										

图 3-2 某桥梁立面图

（2）立面图识读

桥梁立面图通常采用半立面图和半纵剖面图综合表示，半立面图表示其外部形状，半纵剖面图表示其内部构造，两部分以桥梁中心线分界，如图 3-2 所示。通过立面图主要表达桥梁的形式、孔数、跨径、墩台形式和各部位尺寸。

半立面图中要识读桩的形式、桩顶标高、桩底标高，墩台的立面形式、标高及尺寸，主梁的形式、梁底标高、梁的纵剖面形式及起点桩号、终点桩号。

半纵剖面图要识读桩的形式、桩顶桩底标高，墩台、帽梁、承台的剖面形式及各控制点的里程桩号。

（3）横断面图识读

横断面图主要表示桥梁横向布置情况，主要反映桥梁宽度、桥上路幅布置、梁板布置及梁板形式以及桩基的横向布置情况，如图 3-3 所示。

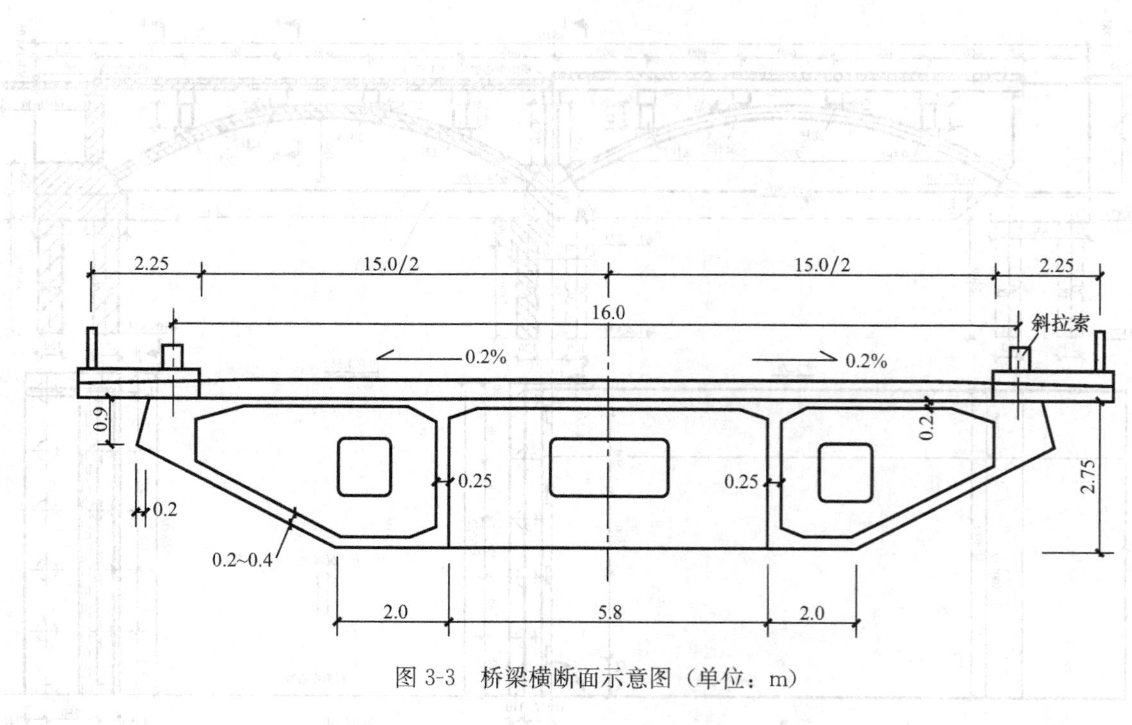

图 3-3　桥梁横断面示意图（单位：m）

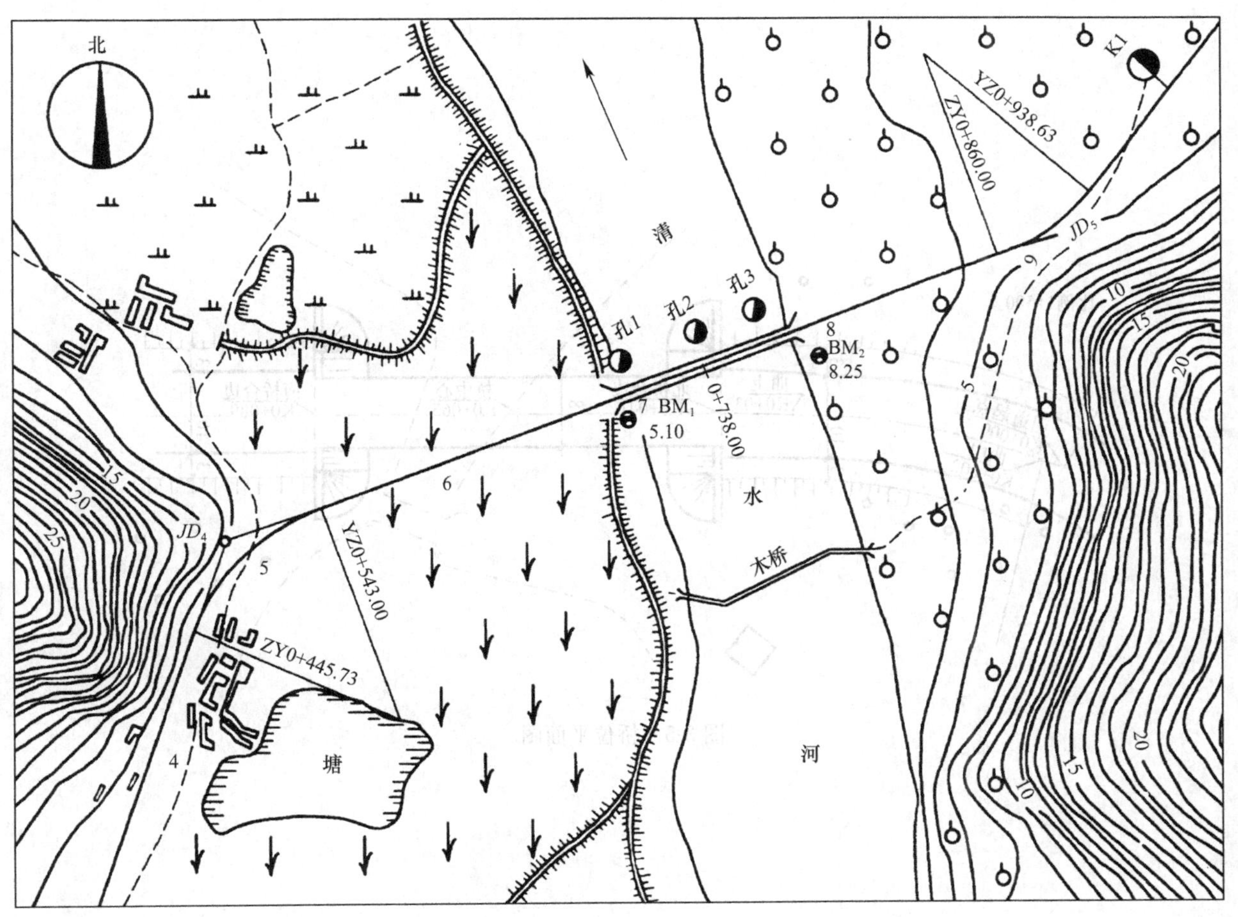

图 3-4 某桥桥位平面图

2. 桥梁总体布置图识读举例

【例 3-1】 识读某桥桥位平面图。

图 3-4 所示为典型的桥位平面图，该图主要表明了桥梁和路线连接的平面位置，通过实际地形测绘桥位处的道路、河流、水准点、里程、钻孔以及附近的地形、地物，以便作为设计桥梁和施工定位的依据，是一种较大范围内的桥位平面图。这种图一般采用较小的比例，如 1∶500、1∶1000、1∶2000。

从图 3-4 可知：

（1）该桥所处的地形为两山头间的宽敞河谷区，桥梁与道路顺直连接，两岸滩地上有果园和稻田。

（2）图中还表明了三个钻孔、水准点、里程的平面位置。

（3）桥位平面图中的植被、水准符号等均应以正北方向为准，而图中文字方向则可按路线要求及总图标方向来决定。

（4）对于小范围内桥位平面图，为了使桥位清晰，可以省略地物图例，如图 3-5 所示。

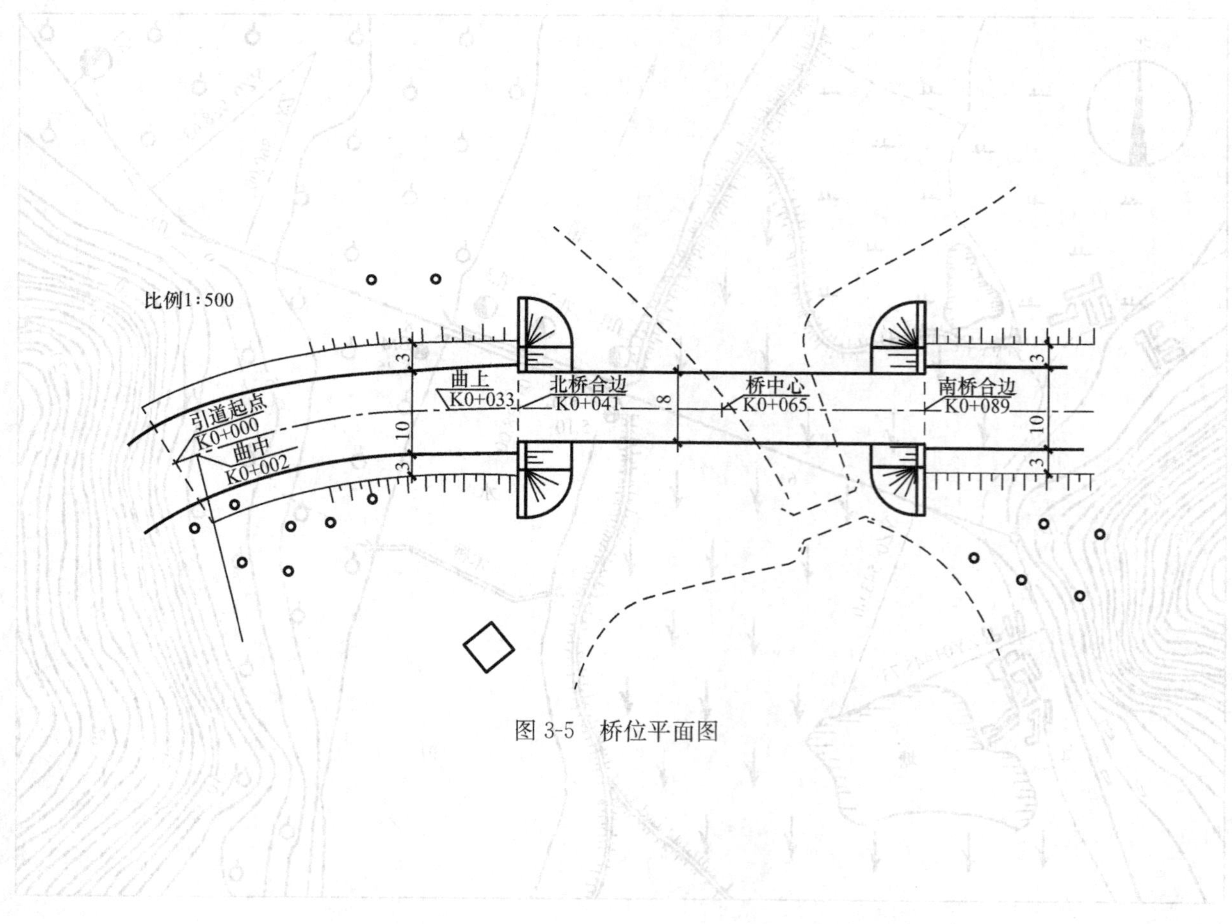

图 3-5　桥位平面图

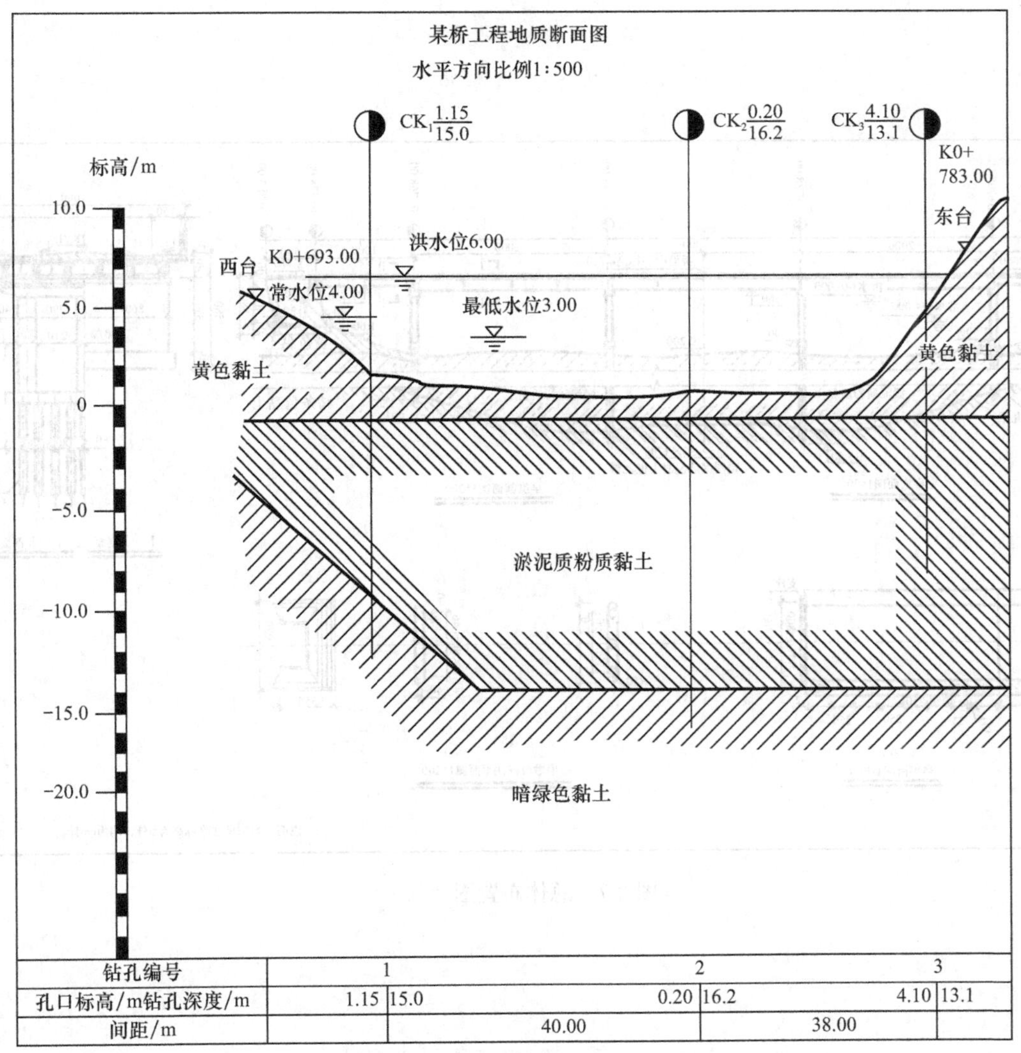

钻孔编号	1		2		3	
孔口标高/m钻孔深度/m	1.15	15.0	0.20	16.2	4.10	13.1
间距/m		40.00		38.00		

图 3-6　某桥桥位地质断面图

【例 3-2】 识读某桥桥位地质断面图。

桥位地质断面图是反映桥位所在河床位置、地质断面情况的图样。根据水文调查和地质钻探所得的地质水文资料，绘制桥位所在河床位置的地质断面图，包括河床断面线、最高水位线、常水位线和最低水位线，以便作为设计桥梁和计算工程数量的依据。由于特意把地形高度（标高）的比例较水平方向比例放大数倍画出，如图 3-6 所示，地形高度的比例采用 1∶200，水平方向比例采用 1∶500。

从图中可以看出：

（1）可知桥位所在处的地质与河床的深度变化情况，如“CK_1 1.15/15”表示 1 号钻孔的地面高程为 1.15m，钻孔深度为 15m，沿深度方向土质依次为黄黏土、淤泥质粉质黏土、暗绿色黏土等。

（2）图中还标出不同情况的水位高程。这些资料均为桥梁设计施工和计算土石方工程量提供了依据。

【例 3-3】 识读某桥总体布置图。

总体布置图主要表明桥梁的形式、跨径、孔数、总体尺寸、各主要构件的相互位置关系，桥梁各部分的标高、材料数量以及总的技术说明等，作为施工时确定墩台位置、安装构件和控制标高的依据，由桥梁立面图、平面图和侧剖面图组成。

图 3-7 所示为一座总长度为 90m 五孔的 T 形简支桥梁，它由立面图、平面图、剖视图综合表达。立面图和平面图比例均为 1∶200，横剖视图则为 1∶100。

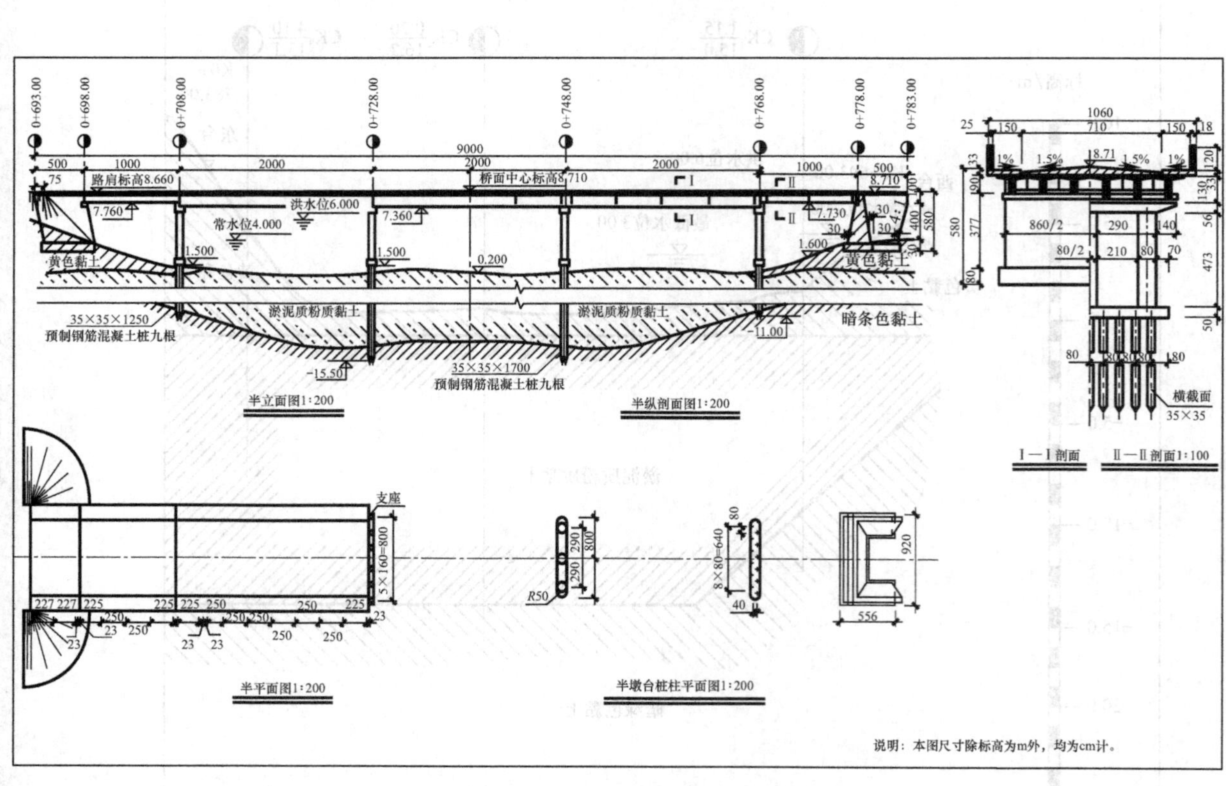

图 3-7 总体布置图

3.3 识读桥面系统图

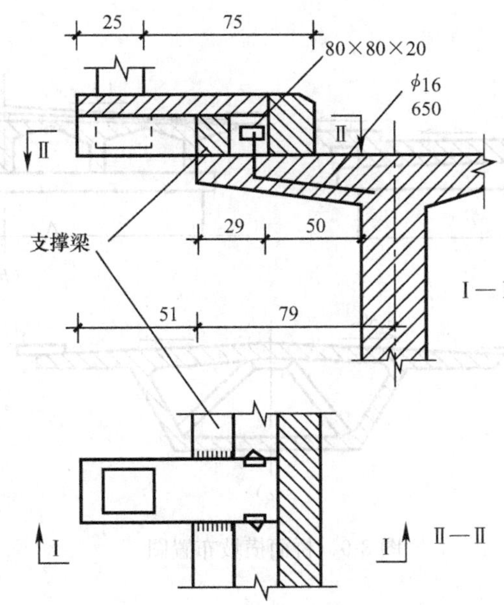

图 3-8 某桥梁工程悬出人行道构造

【例 3-4】 识读某桥梁工程悬出人行道构造图。

某桥梁工程人行道构造图如图 3-8 所示。

（1）它由人行道板、人行道梁、支撑梁及缘石组成。

（2）支撑梁用以固定人行道梁的位置，安装时将人行道板用稠水泥浆搁置在主梁上，人行道梁根部应与主梁桥面板伸出的锚固筋焊接，焊接部分应涂热沥青防锈，最后再在其上安放预制人行道板。

（3）就地浇筑的人行道板的厚度应不小于 8cm，装配式不小于 5cm。

【例 3-5】 识读某桥梁工程桥面横坡布置图。

图 3-9 为桥面横坡布置图。图 3-9（*a*）所示为对于板桥或就地浇筑的肋板式梁桥，横坡直接设地墩台顶部，桥梁上部构造双向倾斜布置，铺装层等厚铺设；图 3-9（*b*）所示为对装配式肋板式梁桥，主梁构造简单装配方便，横坡直接设在行车道板上，先铺设混凝土三角形垫层，形成双向倾斜，再铺设等厚的混凝土铺装层；图 3-9（*c*）所示为用三角垫层设置横坡，不仅耗费建材而且会增大恒载，因此通常将行车道板倾斜布置形成横坡。

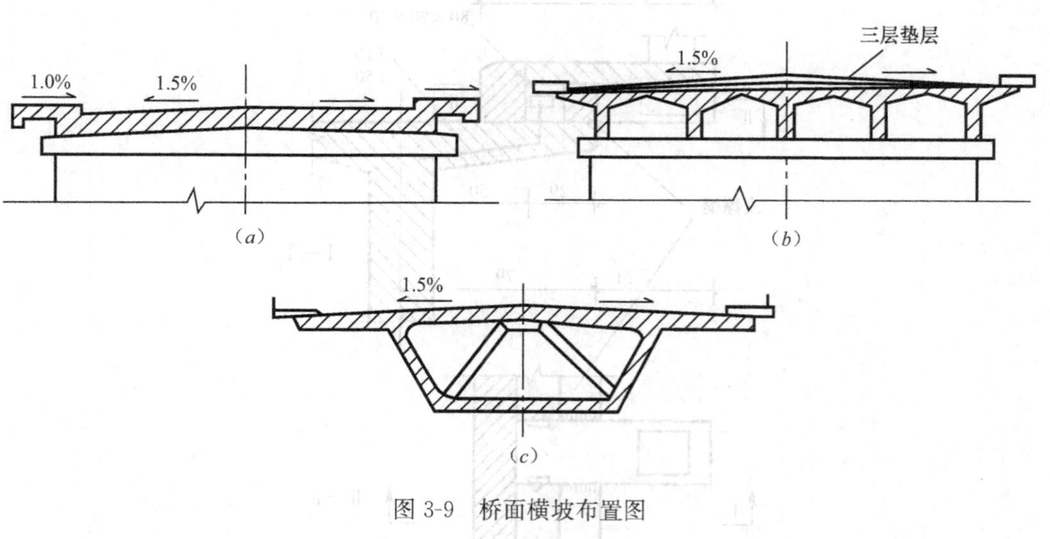

图 3-9　桥面横坡布置图

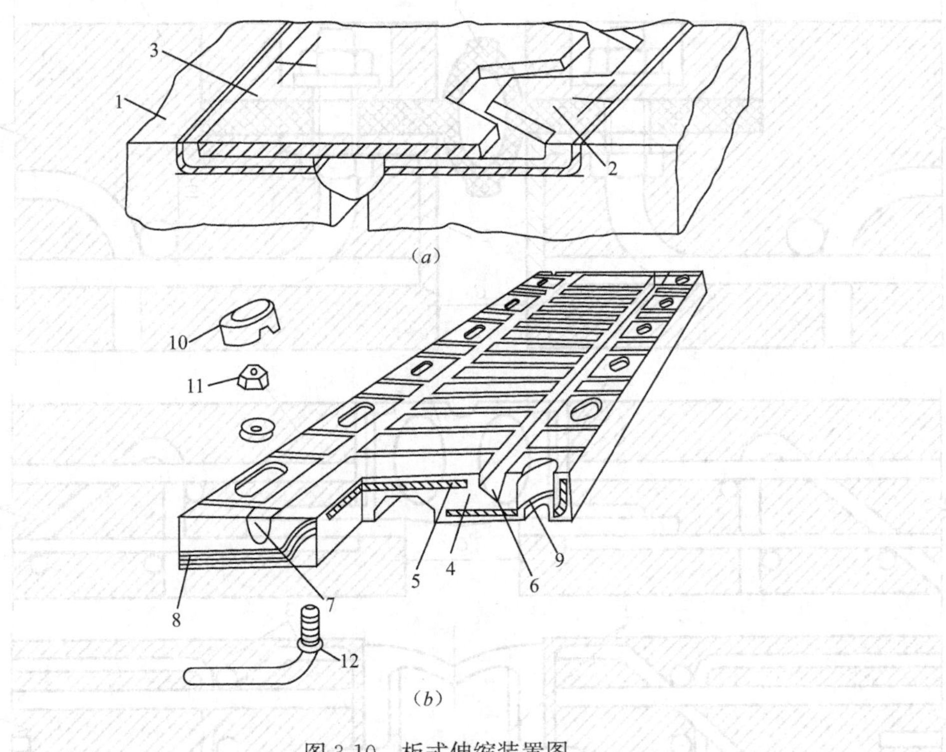

图 3-10 板式伸缩装置图

1—混凝土桥面板；2—固定齿板；3—活动齿板；4—合成橡胶；5—加强钢板门；6—伸缩用槽；7—止水块；8—嵌合部；9—螺帽块板；10—腰型盖帽；11—螺帽；12—螺栓

【例 3-6】 识读某桥梁工程板式伸缩装置图。

图 3-10 所示为两种板式伸缩装置示意图。其中，图 3-10（*a*）为梳形板式伸缩装置图。梳形板式伸缩装置是一种常用的伸缩装置，顾名思义，它是由分别连接在相邻两个梁端的梳形钢板交错咬合而成，并利用梳齿的张合来满足桥面伸缩要求。梳形板式伸缩装置可以适应较大的伸缩量，是一种传统的伸缩装置。

【例 3-7】 识读某桥梁工程条形橡胶伸缩装置图。

图 3-11 所示为条形橡胶伸缩装置图。它主要是利用夹在伸缩缝中的条形橡胶的弹性来达到伸缩的目的。橡胶条的截面可以做成空心板、M 形、Ω 形及管形等弹性变形较大的形式。

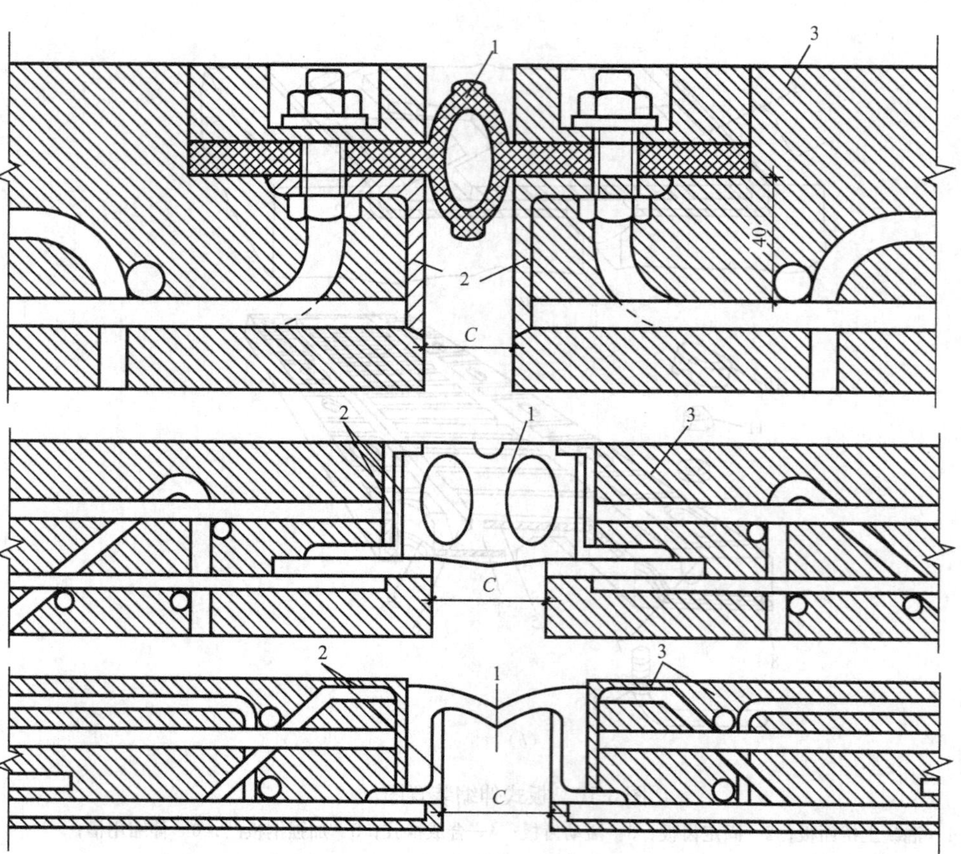

图 3-11 条形橡胶伸缩装置图

1—橡胶；2—角钢；3—混凝土

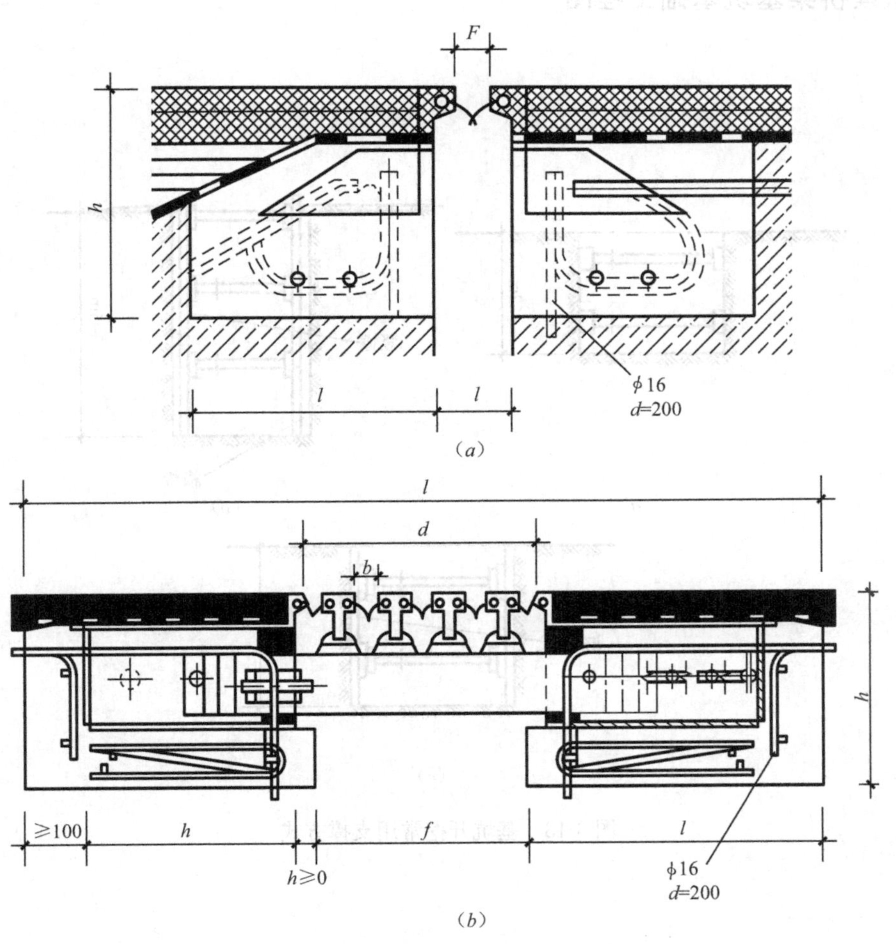

图 3-12　钢与橡胶组合的模数式伸缩装置图
(a) 具有单个密封橡胶带时；(b) 具有多个密封橡胶带时

【例 3-8】 识读某桥梁工程钢与橡胶组合的模数式伸缩装置图。

图 3-12 所示为钢与橡胶组合的模数式伸缩装置，其是在条形橡胶伸缩装置的基础上发展起来的伸缩量大、结构较为复杂，但功能比较完善的一种伸缩装置，是通行高速公路的桥梁上主要使用的一种伸缩装置。

其主要部分是由异型钢与各种截面形式的橡胶条组成的犹如手风琴式的伸缩体，加上支承横梁、位移控制系统以及弹簧支承系统。

3.4 识读桥梁基坑基础工程图

1. 桥梁基坑

【例 3-9】 识读基坑开挖常用支撑方式示意图。

图 3-13 所示为基坑开挖常用的几种支撑方式。其中，图 3-13（*a*）为断续的水平支撑，其适用范围：能保持直立的干土或天然湿度的黏土类，地下水很少，坑深小于 2m。图 3-13（*b*）为连续的水平支撑，其适用范围：在可能坍落的干土或天然湿度的黏土类土中，地下水较少，坑深一般在3～5m之间。图 3-13（*c*）为带间隔的水平支撑，其适用范围：能保持直立的干土或天然湿度的黏土类土，地下水很少，坑深小于 3m，并随着坑深的开挖相应设置支撑。

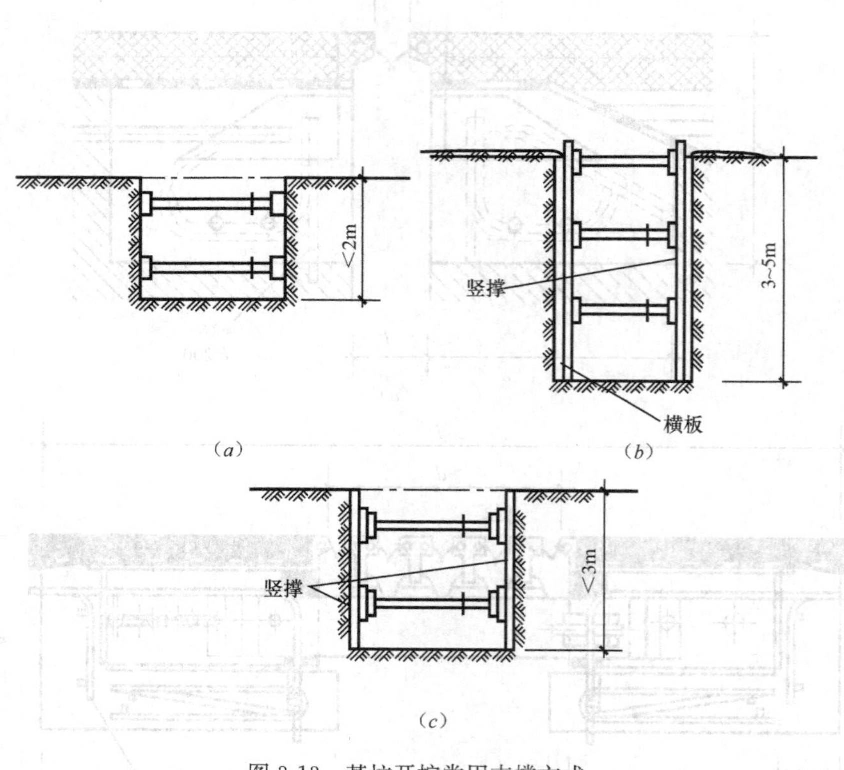

图 3-13 基坑开挖常用支撑方式

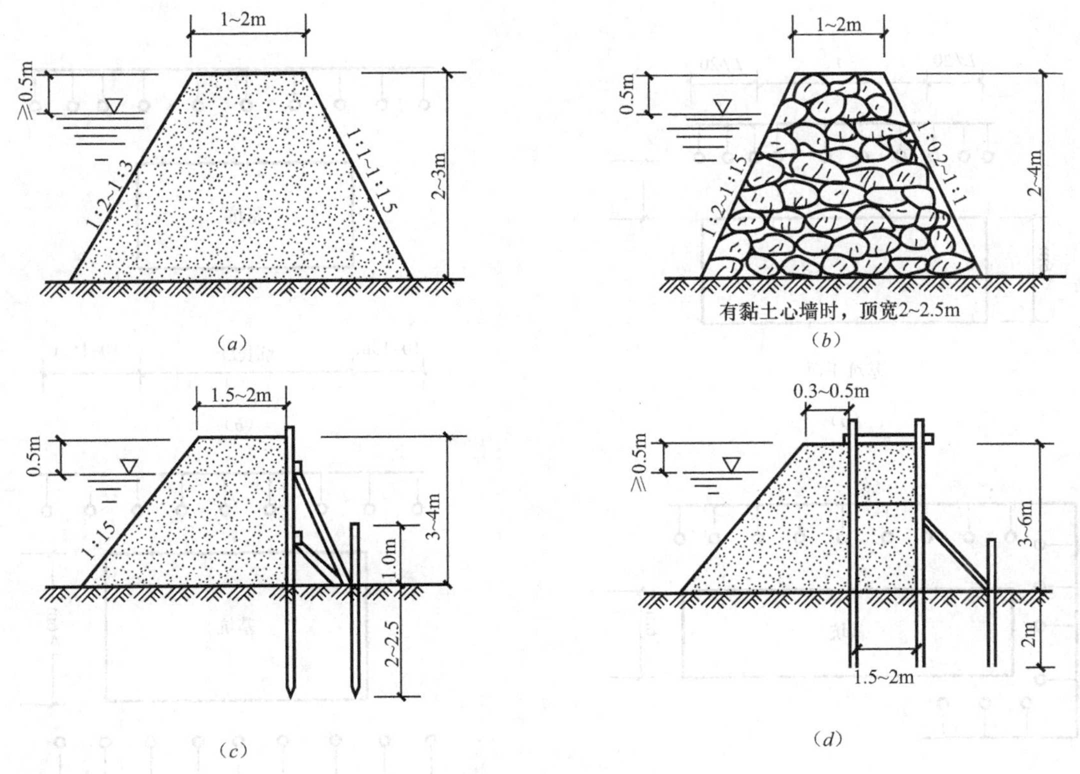

图 3-14　桥基围堰种类示意图

【例 3-10】 识读桥基围堰种类示意图。

图 3-14 所示为桥基围堰种类示意图。其中，图 3-14（*a*）为土围堰示意图，其适用范围：水深 1.5m 以内、流速 0.5m/s 以内，河床土质渗水性较小时，可筑土围堰（坡面有受冲刷危险时，外坡可以草皮、草袋、柴排等防护）。图 3-14（*b*）为土袋围堰示意图，其适用范围：水深 3.0m 以内，流速 1.5m/s 以内，河床土质渗水性较小时，可筑土袋围。图 3-14（*c*）为单行板桩围堰，其适用范围：水深 3～4m，土质河床，打入单行木板桩并于背河一边支设支撑，加以撑固。图 3-14（*d*）为双行板桩围堰示意图，其适用范围：水深达 4m 以上，河床土质松软，采用双行板桩并在临河一面戗土加强稳定。

【例 3-11】 识读线状井点系统降水平面布置图。

图 3-15 所示为线状井点系统降水平面布置图的几种形式。其中，图 3-15（*a*）为单排线状井点加密形式，线状井点两端井点间距加密，如图 3-15（*a*）所示的 *L*/20 部分，其适用范围：坑宽小于 6m，降水深度不超过 6m。图 3-15（*b*）为单排线状端部延伸形式，其适用范围：基坑两端封闭困难，有条件采用端部延伸。图 3-15（*c*）为单排线状末端弯转形式，其适用范围：基坑端部井点转弯设置，加强降水。图 3-15（*d*）为双排线状井点形式，其适用范围：坑宽大于 6m 或淤泥质为粉质黏土，有时坑宽不足 6m，宜采用双排。

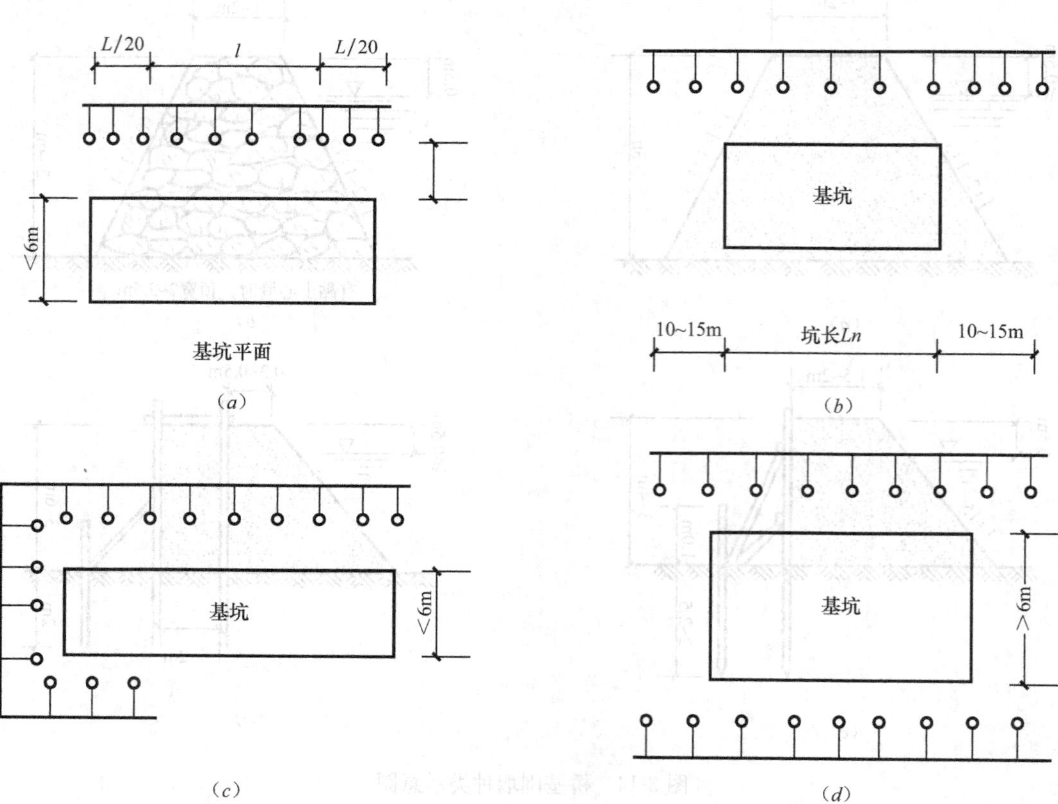

图 3-15　线状井点系统降水平面布置图

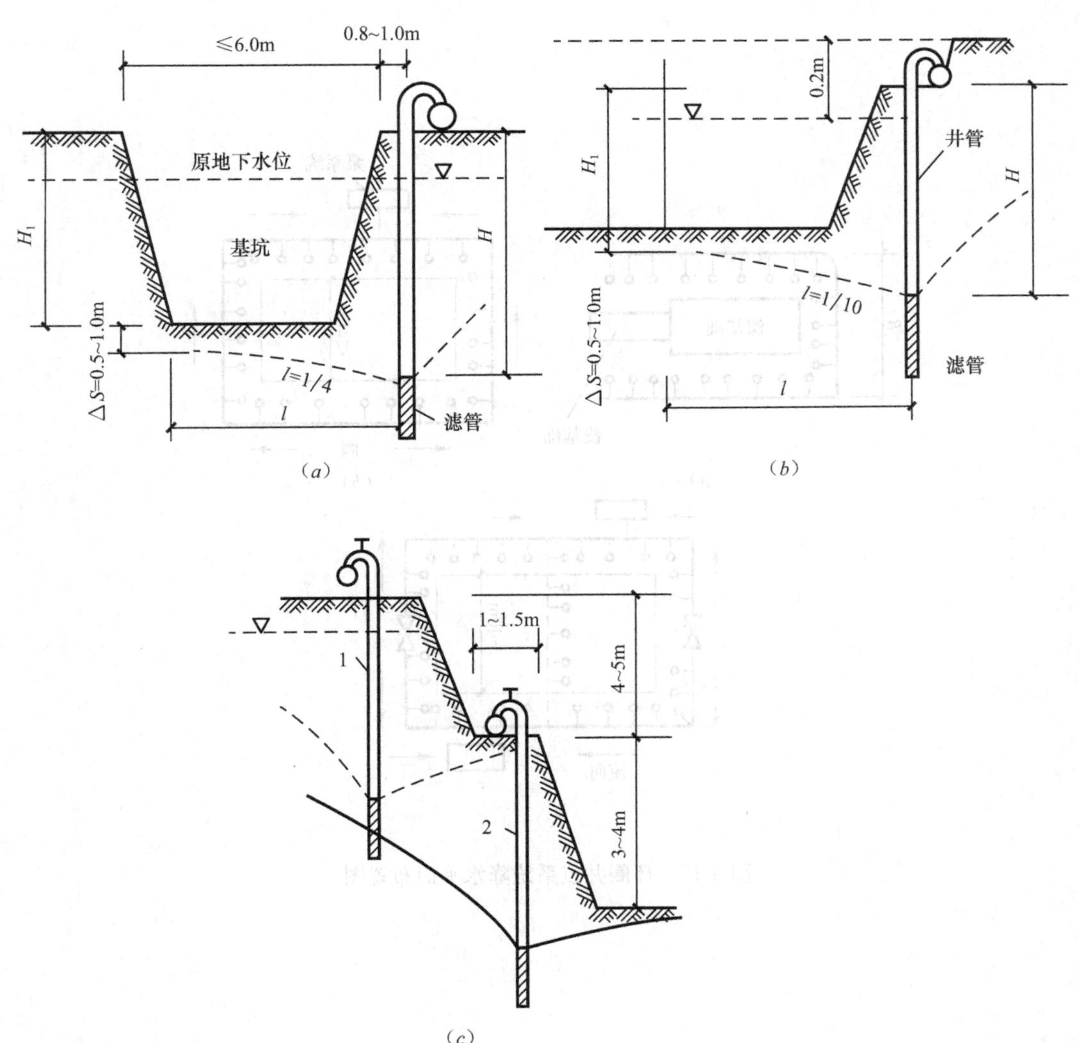

图 3-16 单排、双排及二级井点高程布置图

1——级井点；2—二级井点

【例 3-12】 识读单排、双排及二级井点高程布置图。

图 3-16 所示为单排、双排及二级井点高程布置图。图 3-16（*a*）为单排线状井点高程布置图，单排井点降落曲线一般可按 i=1/3～1/5 布置，i 值初期陡峻，后期平缓，最佳情况可达 1/10，视水文地质和抽水时间等因素而异。图示 H 为 6～7m（井管长度），滤管长为 1.0～1.2m。图 3-16（*b*）为双排或环圈井点高程布置图，当基坑宽度大于 6.0m，且降深要求大于 6m，即须考虑双排井点布置；对矩形或方、圆形（可取六角、八角形）基坑多取环圈井点。此类布置，均可按坡降 i≈1/10 估计，并作校核。图 3-16（*c*）为二级井点高程布置图，当采用一级轻型井点降水深度不能满足设计要求时，可考虑其他降水技术措施（如降低集水总管高度或以“土井”配合等），扩大一级井点降水深度，倘仍不能确保配合，则必须布置二级井点或改用喷射井点。

【例 3-13】 识读环圈井点系统降水平面布置图。

图 3-17 所示为环圈井点系统降水平面布置的几种形式。其中，图 3-17（*a*）为半环圈井点布置，其适用范围：环圈受到场地或浅基础等影响不能封闭时可用半环，并酌情延长。图 3-17（*b*）为环圈井点系统平面布置，其适用范围：基坑宽度小于 40m 的环圈井点降水。图 3-17（*c*）为大型环圈井点系统平面布置，其适用范围：基坑宽度大于 40m 设置大型环圈井点降水。

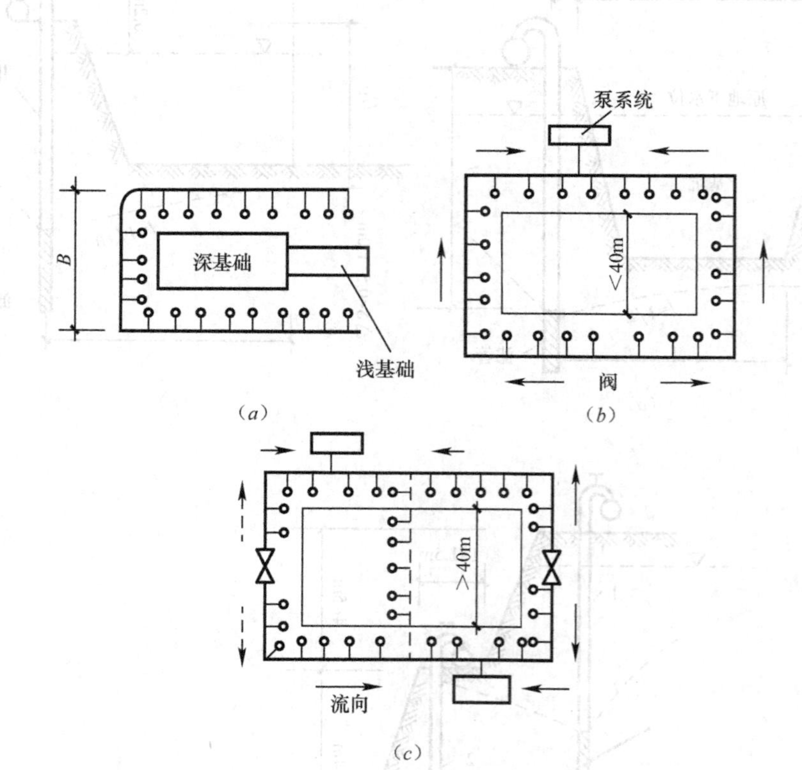

图 3-17 环圈井点系统降水平面布置图

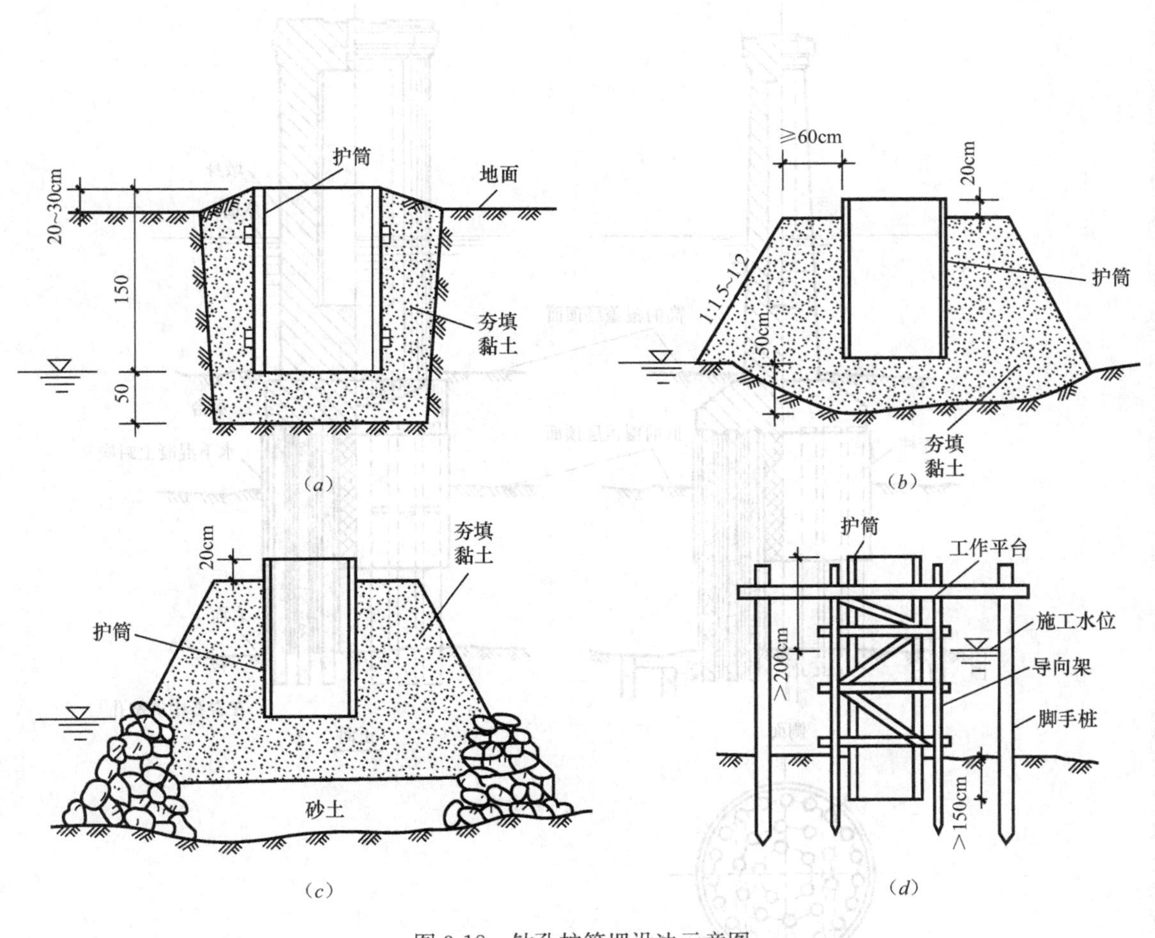

图 3-18　钻孔护筒埋设法示意图

【例 3-14】 识读钻孔护筒埋设法图例。

图 3-18 所示为几种钻孔护筒埋设法示意图。其中，图 3-18（*a*）为挖埋式护筒示意图，它适用于旱地或岸滩，当地下水位在地面以下大于 1m 时，可采用挖埋法。图 3-18（*b*）为填筑式护筒示意图，适用于桩位处地面标高与施工水位（或地下水位）的高差小于 1.5～2.0m（按钻孔方法和土层情况而定）时。图 3-18（*c*）为围堰筑岛护筒示意图，适用于当水深小于 3m 的浅水处。图 3-18（*d*）为深水护筒示意图，适用于水深在 3m 以上的深水河床中。

2. 桥梁基础

【例 3-15】 识读某大桥桥墩基础图例。

图 3-19 所示为某大桥的深水基础示意图。每个桥墩采用 24～35 根不等、直径 1.55m、壁厚 10cm 的钢筋混凝土管柱。施工方法是：先将管柱用振动打桩机边振动边进行内部吸泥的方法强迫沉入覆盖层，直至管柱到达岩面，然后以管壁作护筒，用位于水面上的冲击式钻机吊住重力式冲击钻头进行凿岩钻孔。钻至设计标高后将钻孔清洗干净，然后在管柱内吊入钢筋笼架并灌注水下混凝土，使每根管柱像生了根一样牢牢地锚固于基岩之中，单根管柱的施工便算完成。全部管柱群施工完毕以后修建承台，即用钢板桩围堰将全部管柱围在一起，在围堰内吸泥、封底、抽水，然后灌筑承台。管桩群遂在水面以下结合成一个坚固的整体，然后继续在承台上修筑墩身，成为一个完整的由基础与墩身组成的桥梁下部结构。

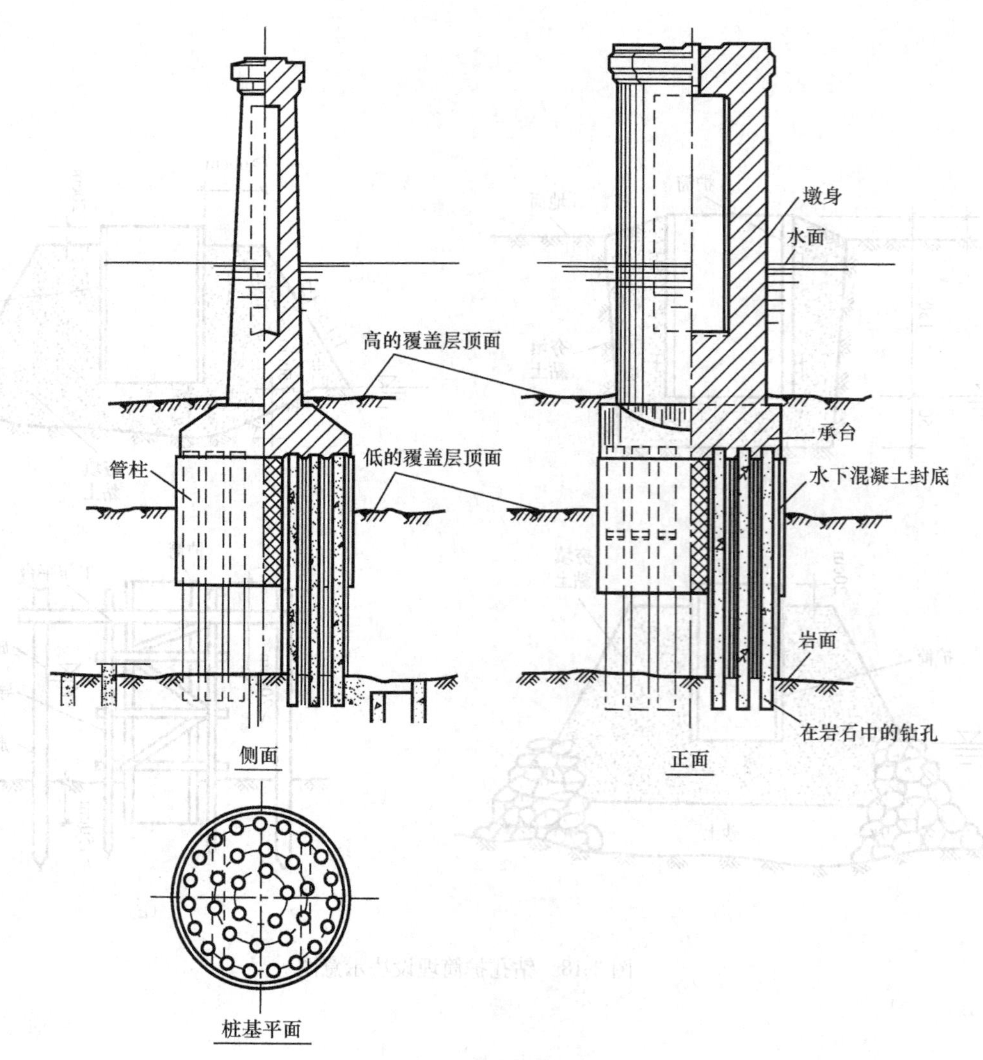

图 3-19 某大桥桥墩基础示意图

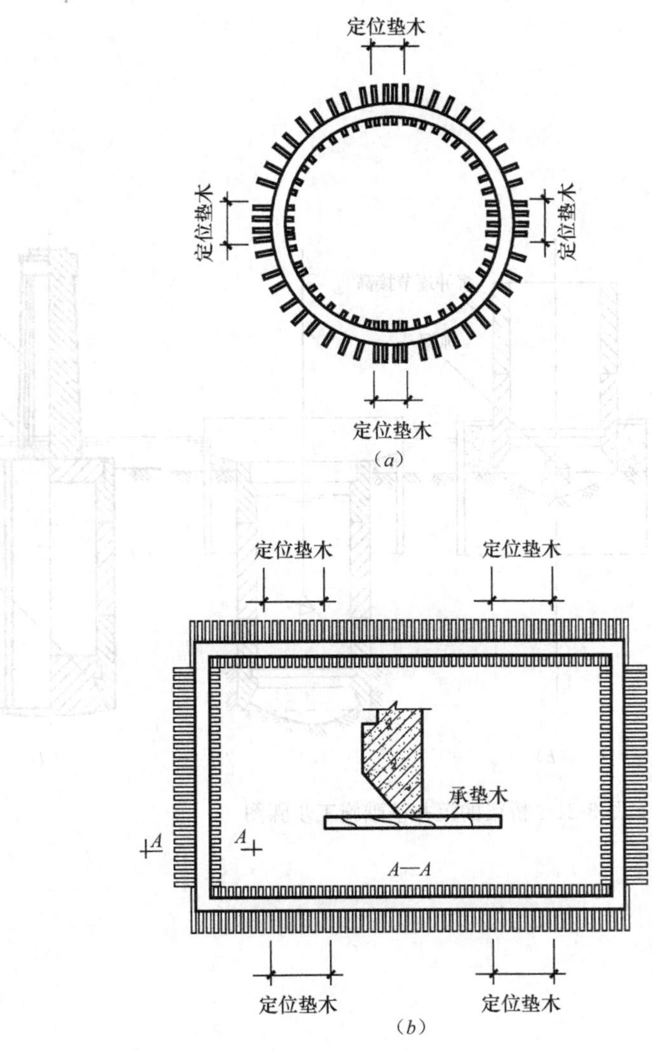

图 3-20　承垫木的平面位置示意图
(a) 圆形沉井定位垫木；(b) 矩形沉井定位垫木

【例 3-16】 识读某桥梁工程的承垫木平面位置图。

图 3-20 所示为承垫木的平面位置示意图。对于图 3-20（a）中所示的圆形沉井定位垫木，一般对称设置在互成 90°的四个支点上；对于图 3-20（b）中所示的矩形沉井垫木，一般设置在两长边，每边设两个。

【例 3-17】 识读桥梁的沉井基础施工图。

图 3-21 所示为桥梁的沉井基础施工步骤图。桥梁的沉井基础施工步骤如下：

(1) 如图 3-21 (*a*) 所示，沉井底节在人工筑岛上灌筑；

(2) 如图 3-21 (*b*) 所示，沉井开始下沉及接高；

(3) 如图 3-21 (*c*) 所示，沉井已下沉至设计位置；

(4) 如图 3-21 (*d*) 所示，进行封底及修建墩身等工作。

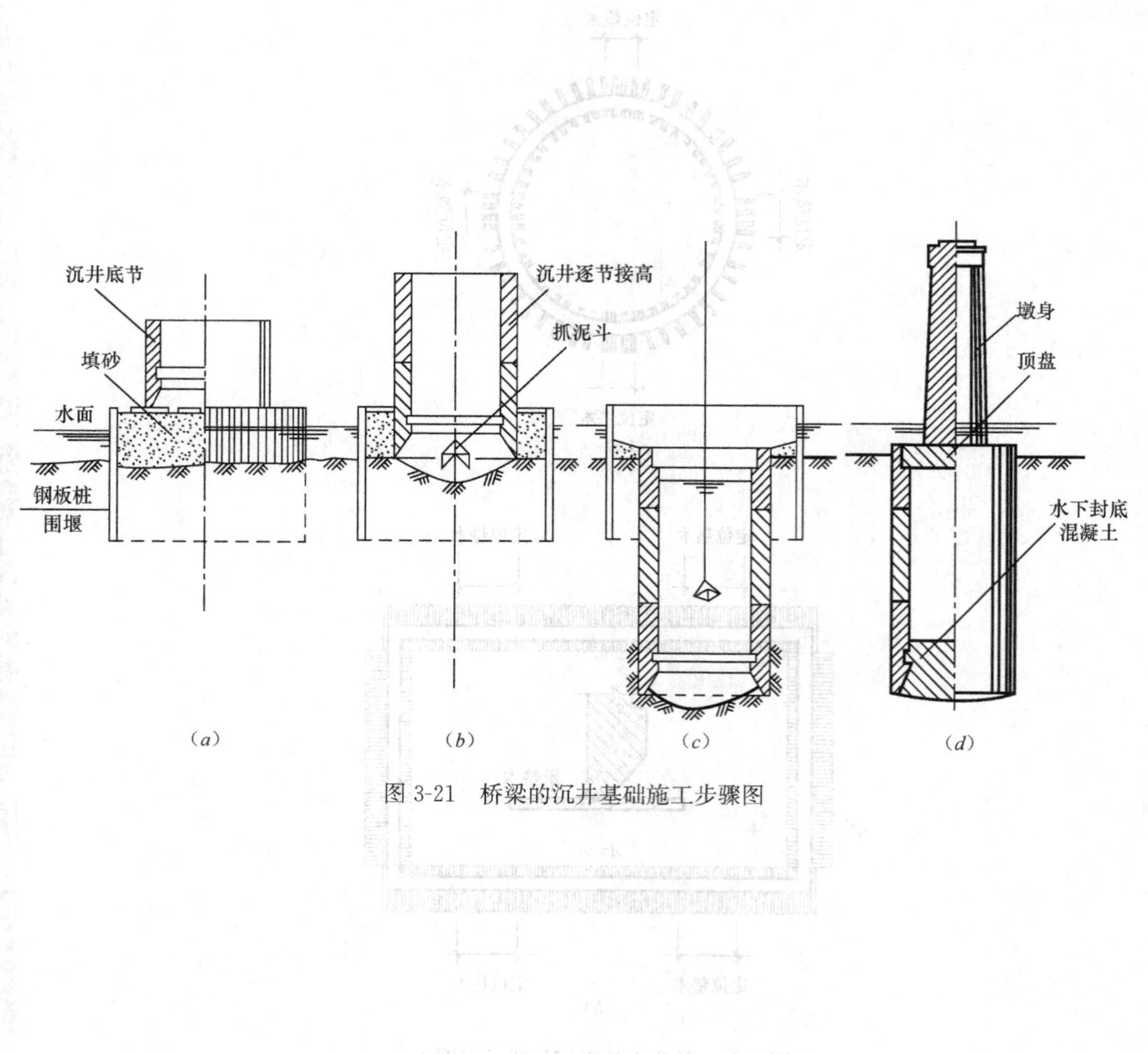

图 3-21 桥梁的沉井基础施工步骤图

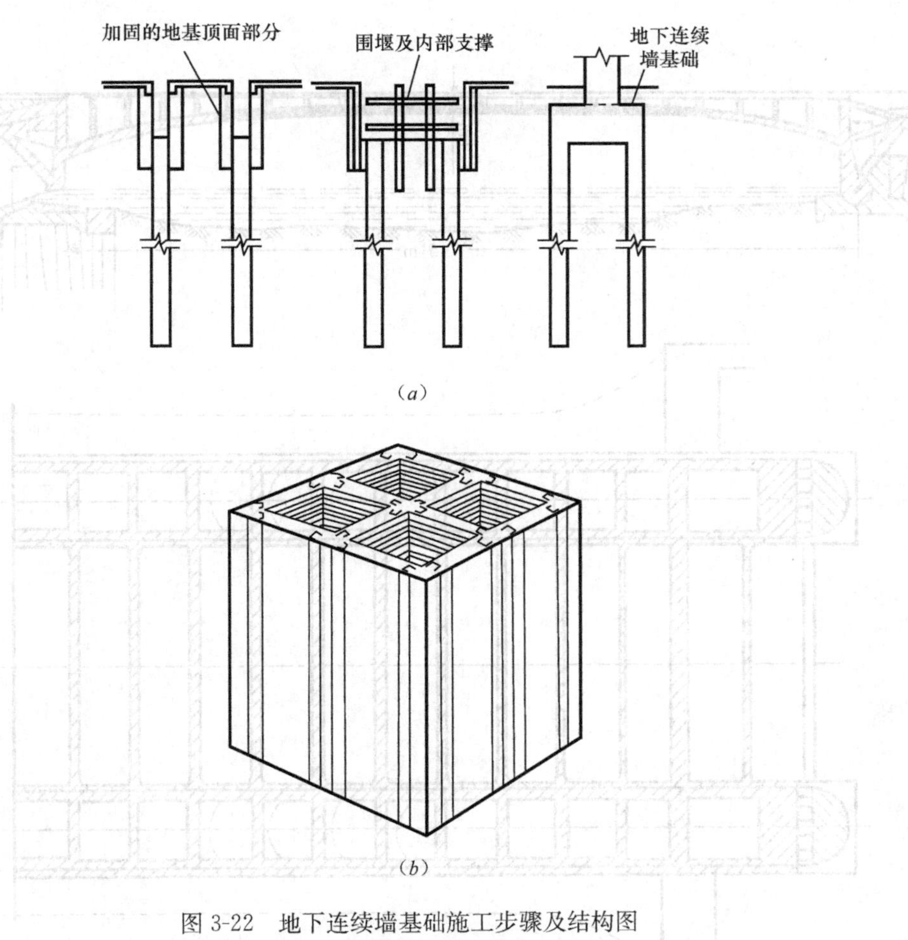

图 3-22 地下连续墙基础施工步骤及结构图
(a) 地下连续墙基础施工步骤；(b) 结构图

【例 3-18】 识读地下连续墙基础施工及结构图。

如图 3-22 所示为地下连续墙基础施工步骤及结构图。地下连续墙基础施工步骤为：

(1) 建造地下连续墙单元；

(2) 安装顶部的临时围堰；

(3) 灌筑承台及墩身。

3.5 识读钢筋混凝土桥梁及构件结构图

【例 3-19】 识读预应力混凝土单跨刚构桥图例。

如图 3-23 所示为预应力混凝土单跨刚构桥示意图。单跨钢构桥中的梁、墩与斜撑联成三角形，其中斜撑用以联结悬臂端与桥墩的下端。

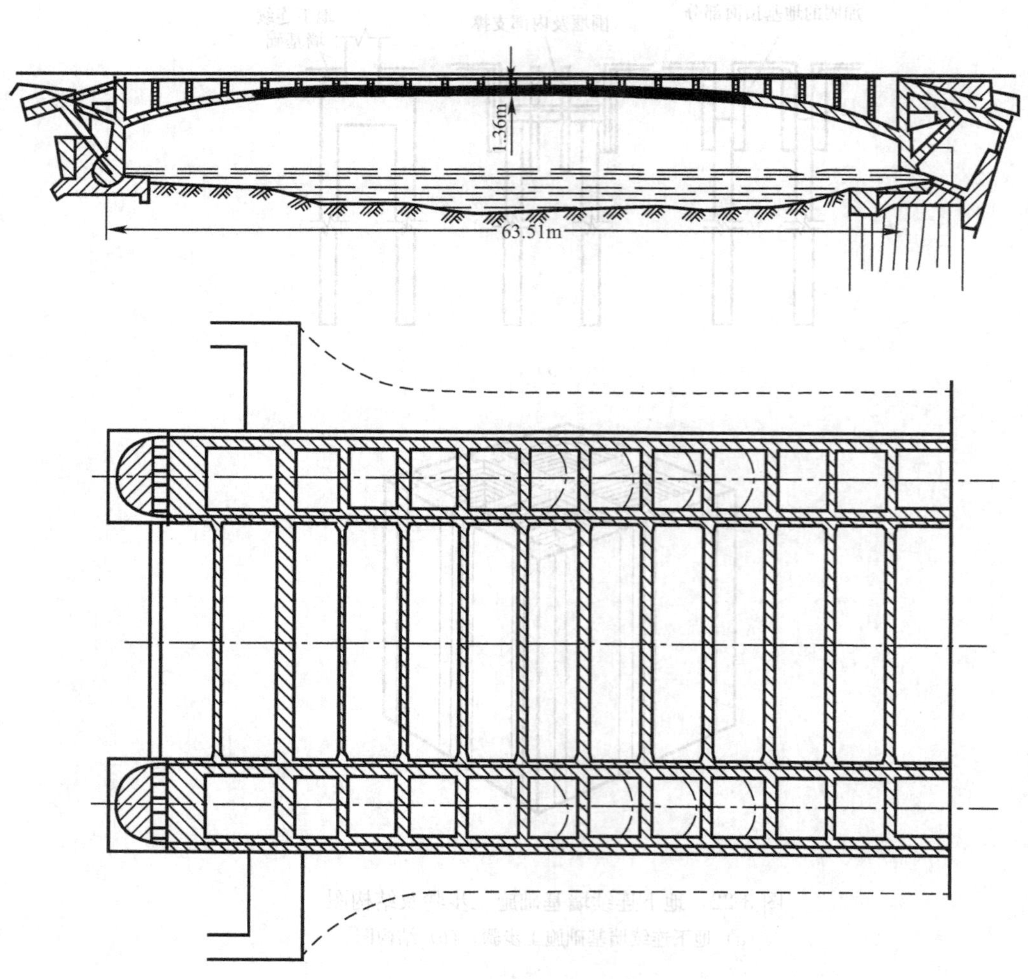

图 3-23 预应力混凝土单跨刚构桥

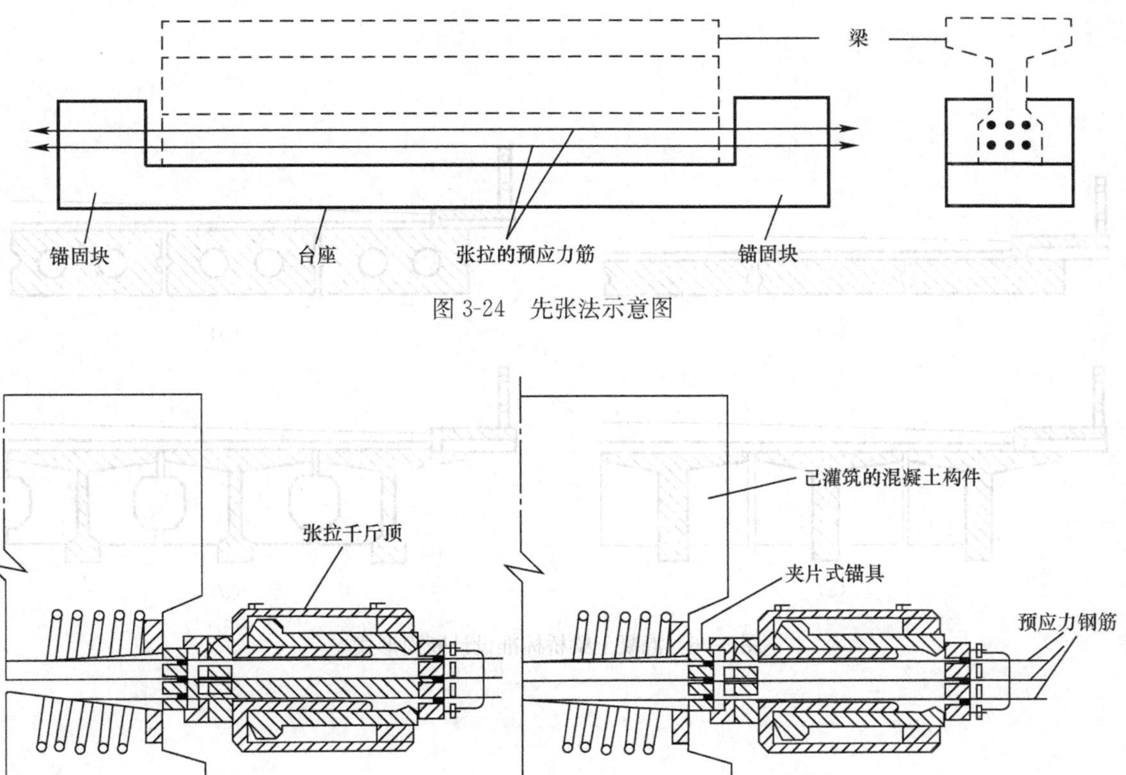

图 3-24 先张法示意图

图 3-25 后张法示意图

【例 3-20】 识读预应力钢筋混凝土桥梁先张法与后张法。

图 3-24 所示为预应力钢筋混凝土桥梁先张法示意图。在两个固定台座之间，将预应力钢筋拉紧，依次安装所需构件的模型板，灌筑混凝土，待结硬并达到规定强度后，放松及切断预应力钢筋。

如图 3-25 所示为预应力钢筋后张法示意图。其原理是：先灌筑混凝土，结硬后在混凝土中预留的管道内穿入预应力钢筋，再从构件一端或两端张拉和锚固钢筋，最后向管道内的空隙压注水泥浆。

【例 3-21】 识读混凝土梁桥标准断面形式。

公路桥梁也普遍采用标准设计。由于公路桥桥面较宽，所以将桥的上部结构按多片预制，再进行安装。如图 3-26 所示为我国公路混凝土梁桥几种标准设计断面形式示意图。其中，图 3-26（*a*）为实心板梁示意图；图 3-26（*b*）为空心板梁示意图；图 3-26（*c*）为 T 形梁示意图；图 3-26（*d*）为工字形梁示意图。

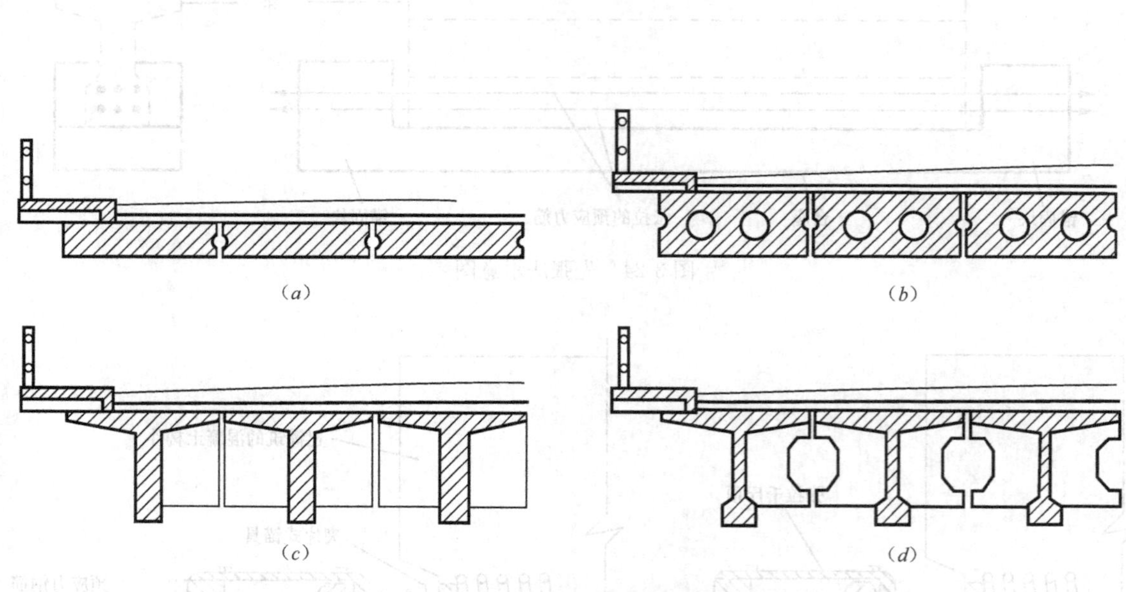

图 3-26 混凝土梁桥标准设计断面形式

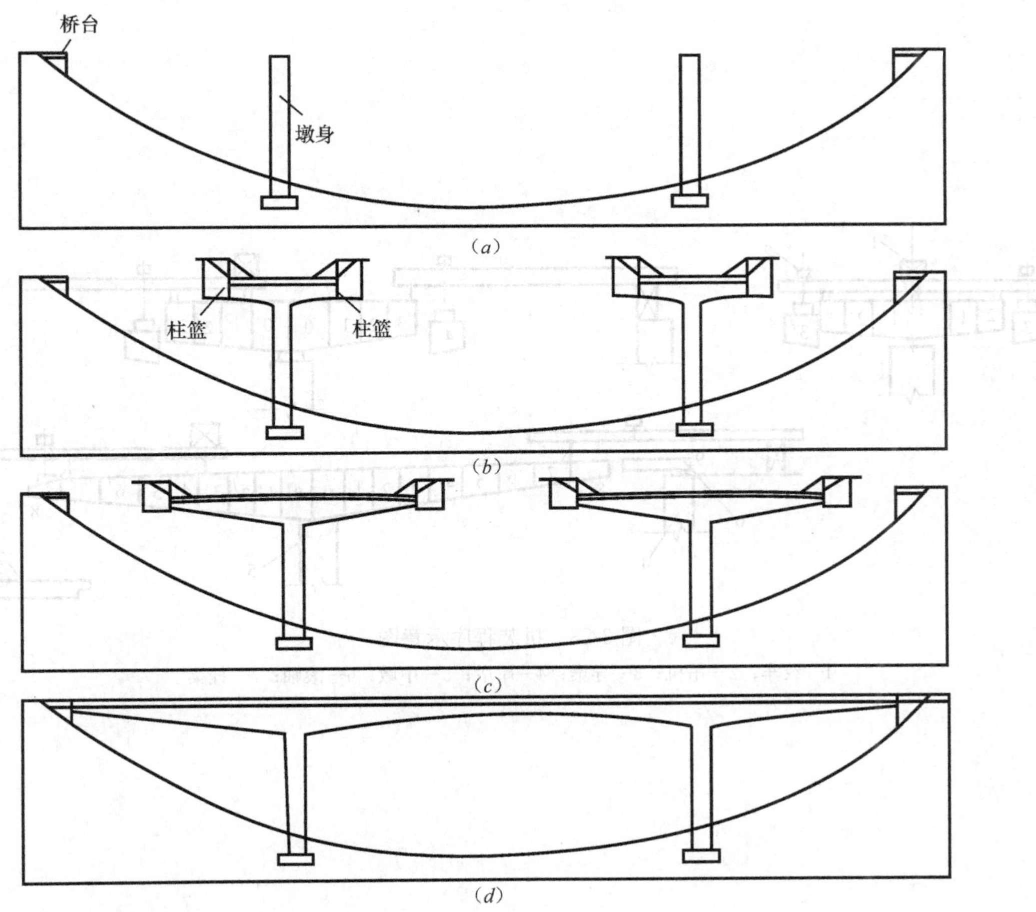

图 3-27 平衡悬臂法施工步骤

【例 3-22】 识读预应力混凝土桥梁悬臂法施工步骤图例。

如图 3-27 所示为平衡悬臂法的施工步骤示意图。平衡悬臂法的施工步骤如下：

(1) 修建桥墩及桥台，如图 3-27 (*a*) 所示；

(2) 在墩顶安装挂篮进行梁体的平衡悬臂法施工，如图 3-27 (*b*) 所示；

(3) 梁体的灌筑节段逐渐伸长，如图 3-27 (*c*) 所示；

(4) 直至跨中，最后合龙，完成整个梁体的施工，如图 3-27 (*d*) 所示。

【例 3-23】 识读预应力混凝土桥梁拼装程序图例。

如图 3-28 所示为预应力混凝土桥梁拼装程序示意图。由图 3-28 可看出，图中的导梁改为简支梁，一端支承在已拼装的 3 号块件上，另一端支承在岸墩上。依次对称拼装 4′～8′号和 4～8 号块件，同时分批张拉相应的钢丝束。最后拼装 9 号块件（挂梁），挂梁亦可运至桥孔后，由钢梁吊升或大型浮吊起吊安装就位。

当桥墩筑好后，墩顶 0 号块的灌筑、临时锚固及墩顶吊机的安装就绪，即可开始对 1 号块件的拼装，拼装块件要求必须平衡对称地将两侧的同号块件同时吊起，在反复校测符合定位要求后，即可穿束张拉，使其自成悬臂，如此循环，直至墩顶梁段安装完毕。

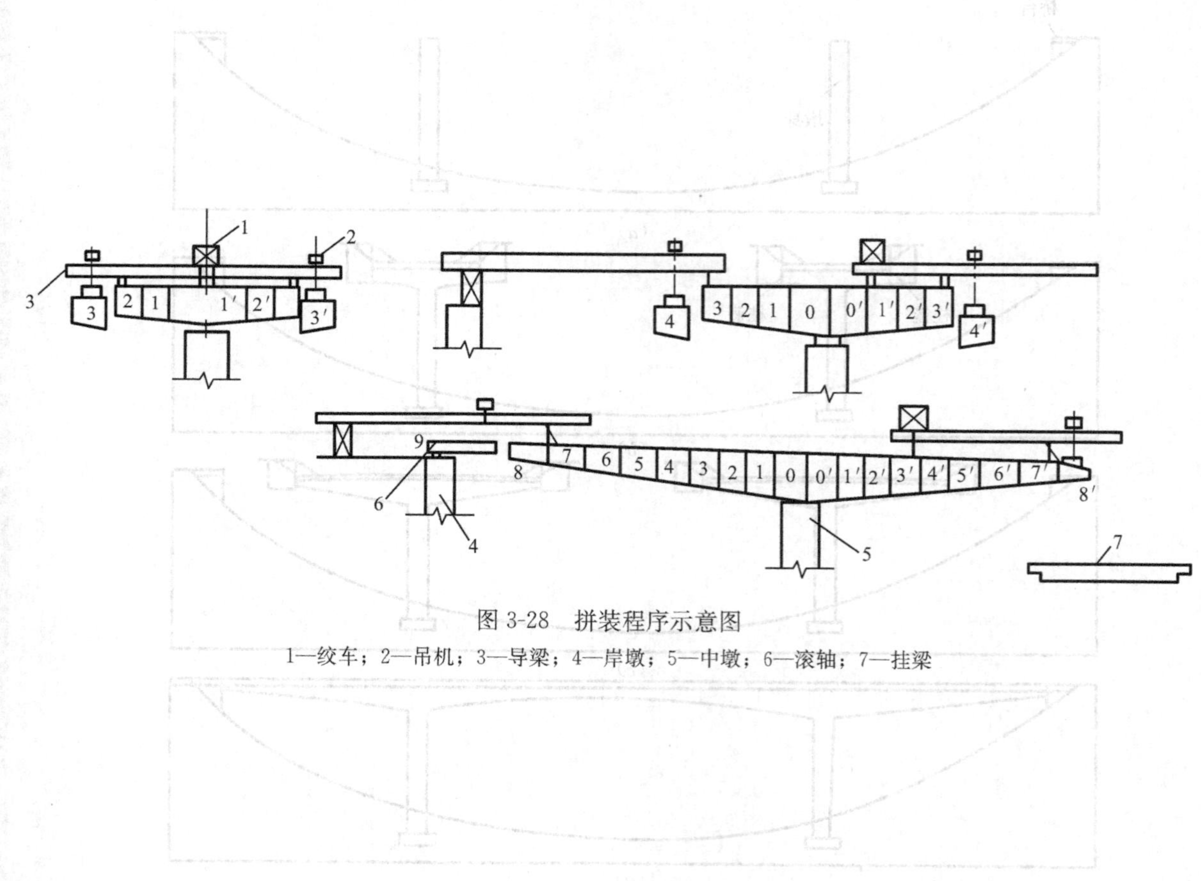

图 3-28 拼装程序示意图

1—绞车；2—吊机；3—导梁；4—岸墩；5—中墩；6—滚轴；7—挂梁

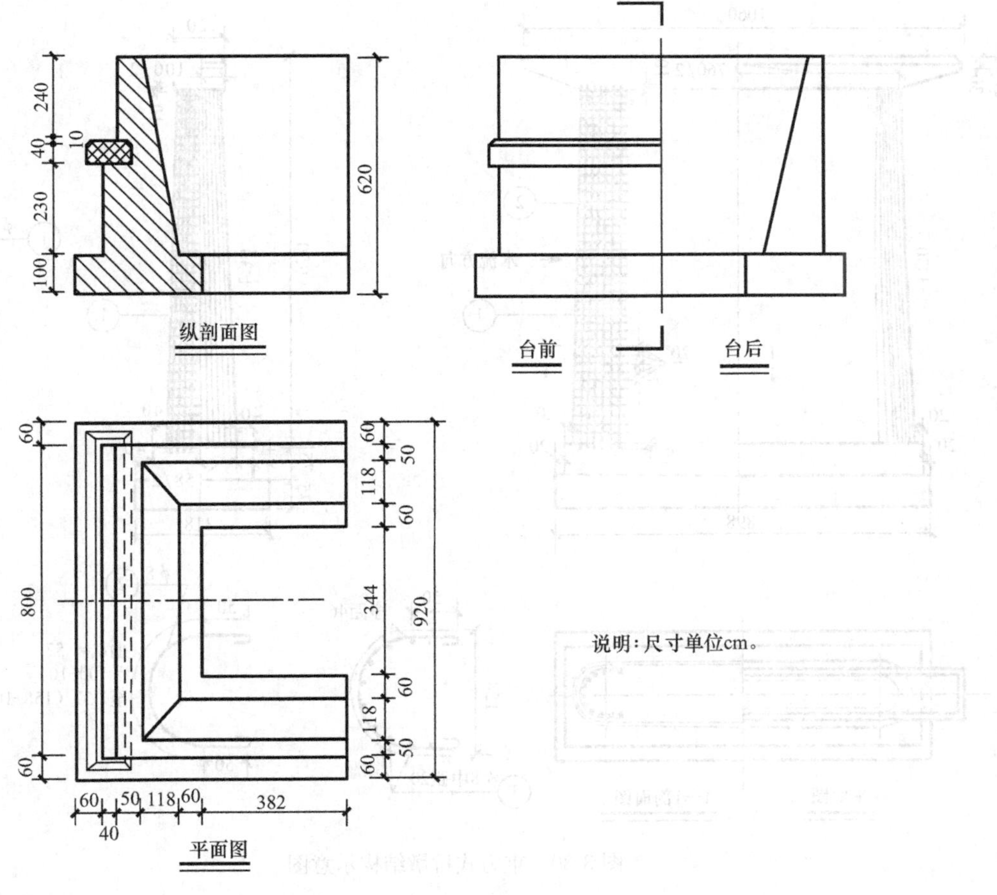

图 3-29 U形桥台示意图

【例 3-24】 识读U形桥台示意图。

图3-29所示为常见的U形桥台，它主要由台帽、台身、挡土墙和基础组成。

桥台构件详图比例为1∶100，由纵剖面图、平面图、侧立面图组成。从纵剖面图中可以了解桥台内部构造的形状、尺寸和材料；平面图仅反映了桥台呈U形，为了表达清晰，未填土；侧立面图由1/2台前和1/2台后组合而成。所谓台前是指人站在河流的一边顺着路线观看桥台前面所得的投影图；所谓台后是指站在堤岸一边观看桥台背后所得到的投影图。

【例 3-25】 识读某桥重力式桥墩结构图。

桥墩和桥台一样同属桥梁的下部结构，重力式桥墩一般采用石材砌筑或混凝土、片石混凝土浇筑等方法构成圬工桥墩。其构造组成为：墩帽、墩身、基础等。以混凝土重力式桥墩为例，其图样是由半立面图、半配筋图、半平面图、半剖面图、半侧立面图、半配筋图组成，如图 3-30 所示。

识读重力式桥墩结构图的注意事项如下：

（1）半平面图、半立面图、半侧立面图部分的图示方法与重力式桥台结构图相同。

（2）配筋图部分的图示方法与钢筋混凝土配筋图基本相同，可见轮廓线用中实线表示，不可见轮廓线用细虚线表示，以细点画线表示对称线。

（3）钢筋成型图表示出构件内布置的钢筋大样、尺寸、直径、编号等。

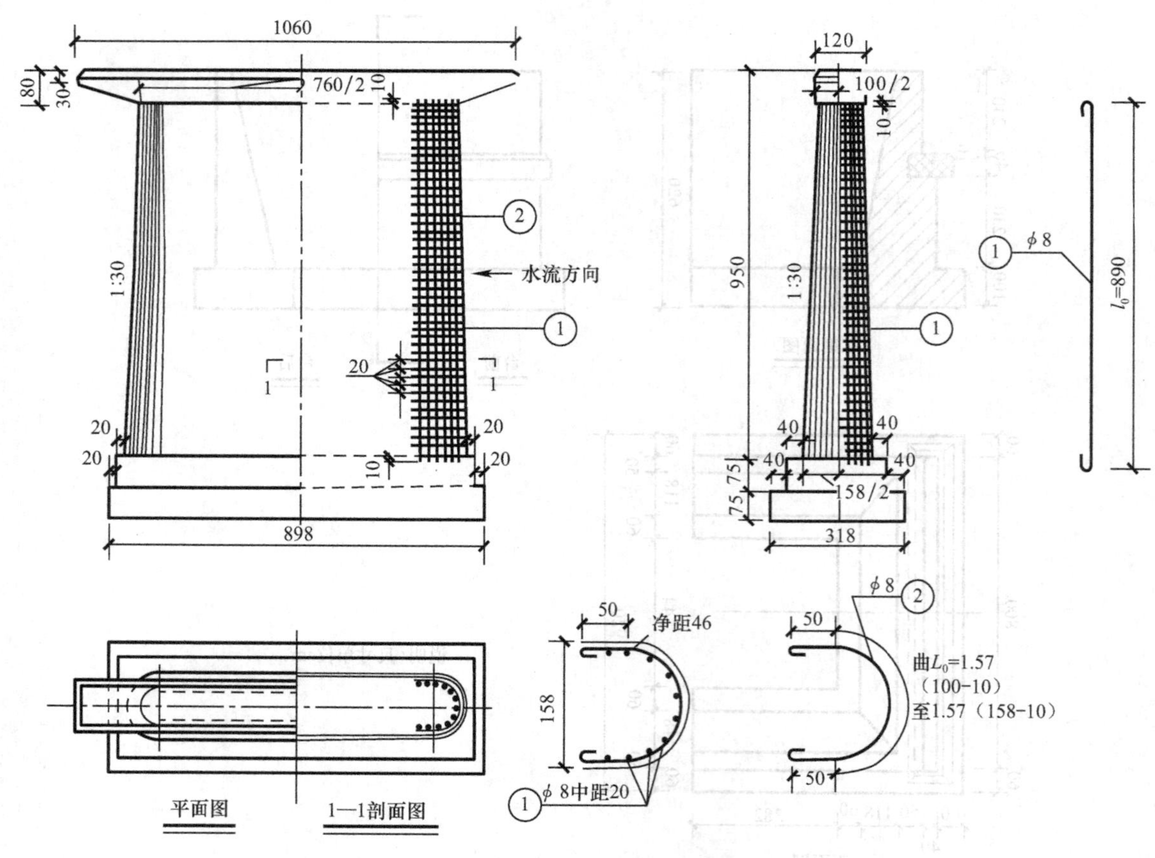

图 3-30 重力式桥墩结构示意图

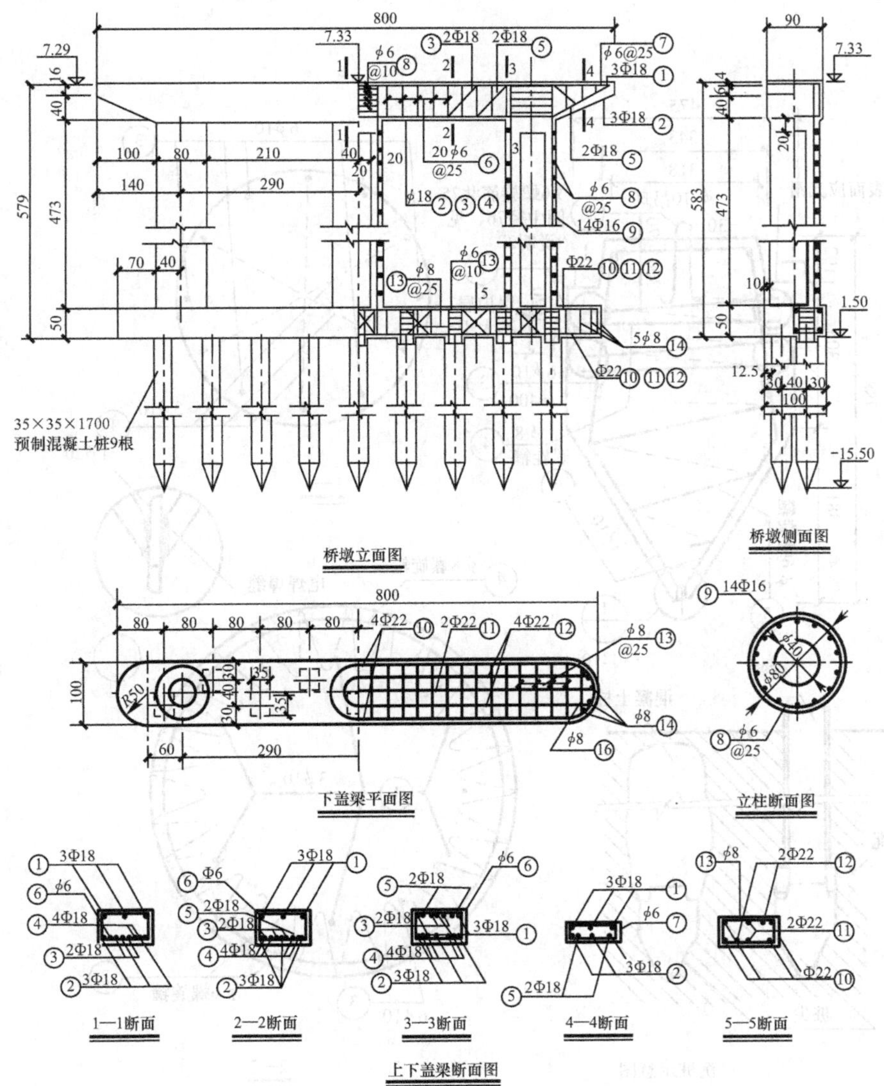

图 3-31　某桥立柱式轻型桥墩结构图

【例 3-26】 识读某桥立柱式轻型桥墩结构图。

（1）图 3-31 所示为某桥立柱式轻型桥墩结构图，采用了立面、平面和侧面的三个投影图，并且都采用半剖面形式。

（2）从结构图可以看出，下面是九根 35cm×35cm×1700cm 的预制钢筋混凝土桩，桩的钢筋没有详细表示，仅用文字把柱和下盖梁的钢筋连接情况标注在说明栏内。

（3）平面图是把上盖梁移去，表示立柱、桩的排列和下盖梁钢筋网布置的情况，平面图中没有把立柱的钢筋表示出来，而另用放大比例的立柱断面图表示。

（4）钢筋成型图在这里没有列出来，读图时可根据投影图、断面图和工程数量表略图对照来分析。

说明：

（1）本图尺寸钢筋以“mm”计，标高以“m”计，其他均为“cm”。

（2）混凝土采用 C20。

（3）保护层采用 3cm。

（4）桩顶混凝土应凿掉，将钢筋伸入下盖梁内，伸入长度为 40cm。

【例 3-27】 识读预制钢筋混凝土桩尖、桩身构造。

（1）桩尖

图 3-32 所示为预制钢筋混凝土桩尖构造图。所采用的混凝土为 C30 级，钢筋则选用Ⅰ级钢筋，其吊环不冷拉。②号螺旋筋应贴紧模板不留保护层。

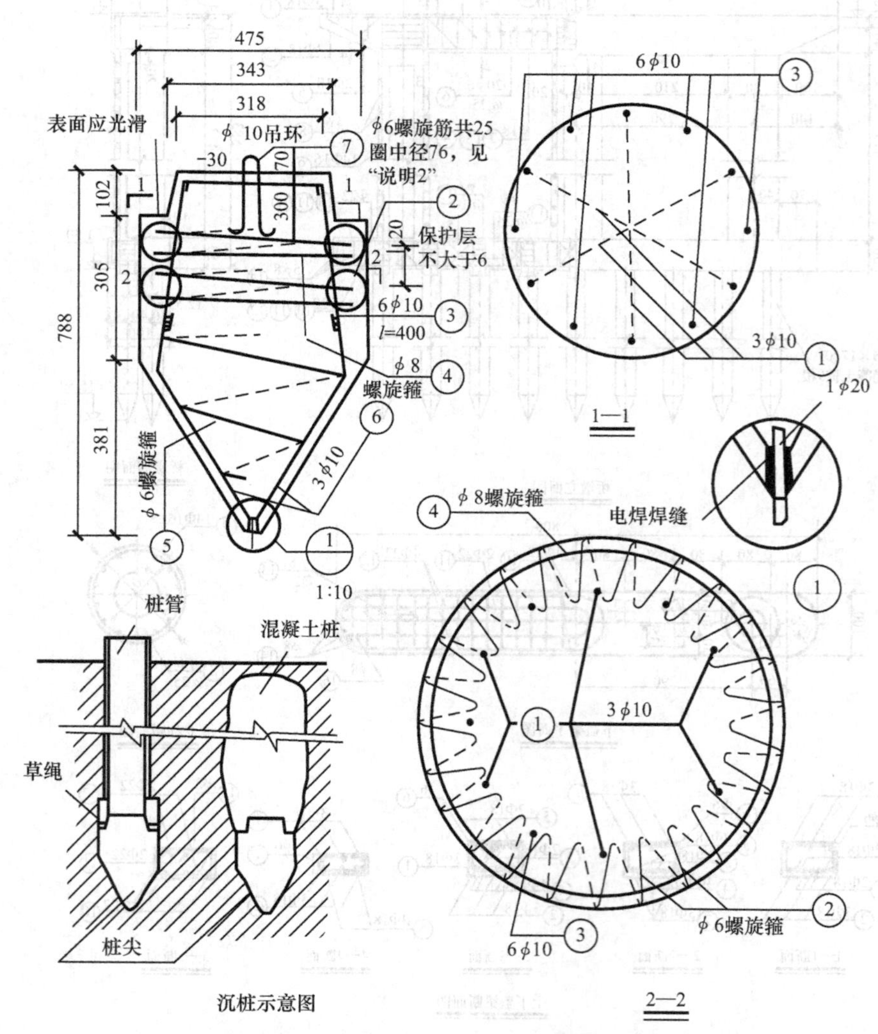

图 3-32 预制钢筋混凝土桩尖构造图（单位：mm）

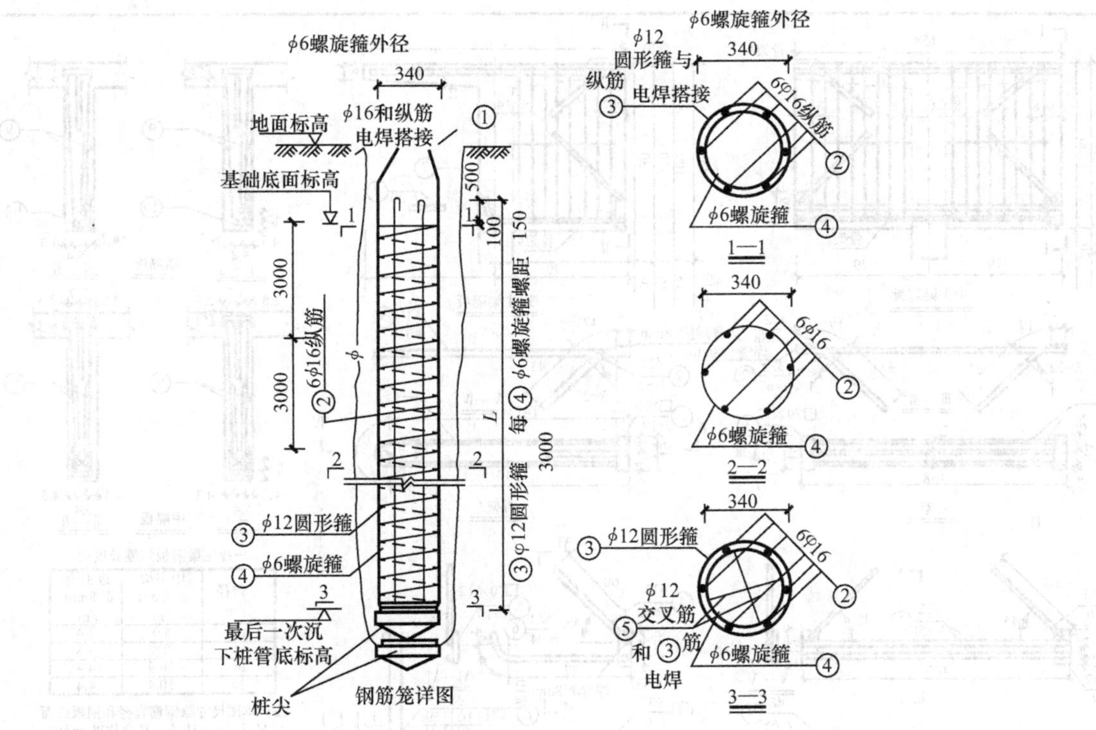

图 3-33　预制钢筋混凝土桩身构造图（单位：mm）

（2）桩身

图 3-33 所示为预制钢筋混凝土桩身构造图，其钢筋则选用 I 级钢筋，①号钢筋不冷拉，焊条采用 E4303 型；图中的 L 为钢筋笼全长。

【例 3-28】 识读钢筋混凝土主梁隔板（横隔梁）结构图。

（1）如图 3-34 所示，为主梁隔板结构图，为了便于读图，还列出了骨架 1、2、3、4 四种钢筋成型图。

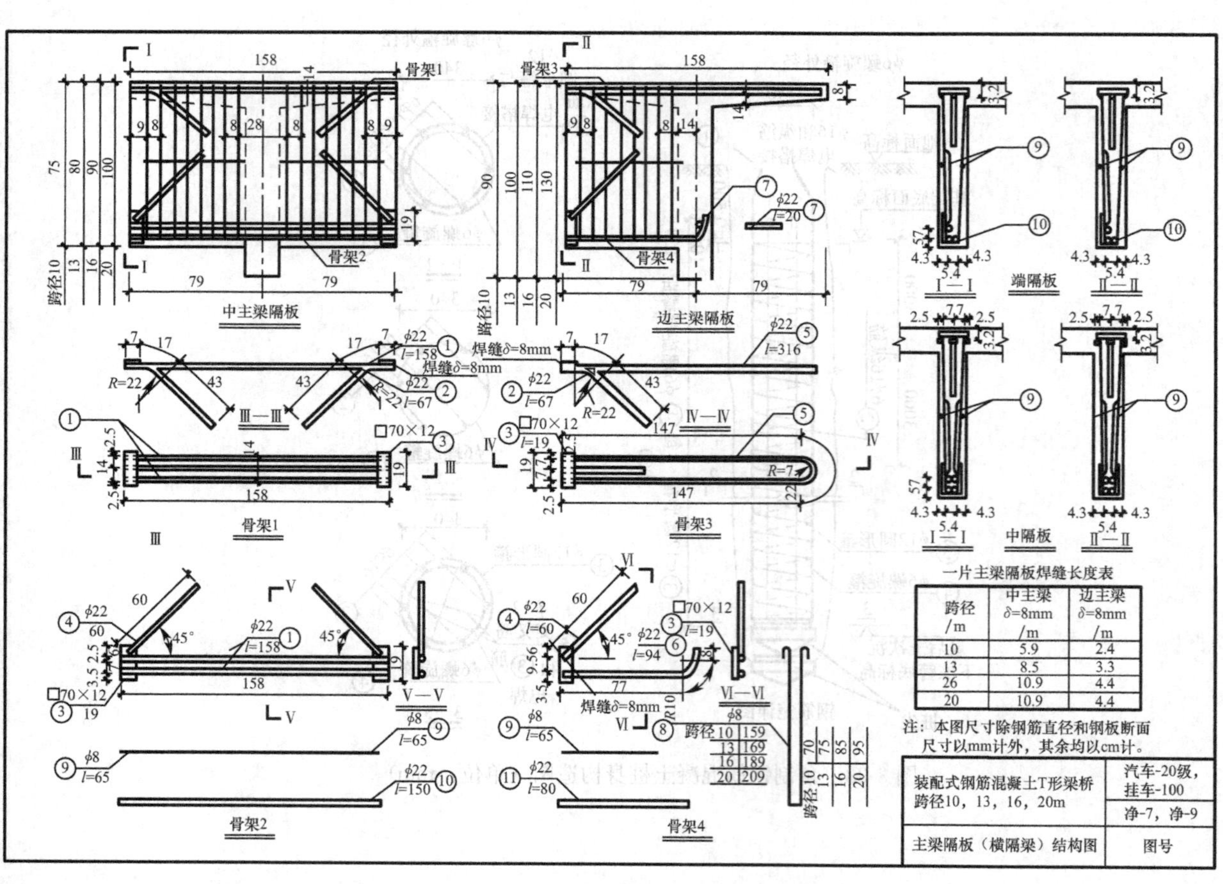

跨径 /m	中主梁 δ=8mm /m	边主梁 δ=8mm /m
10	5.9	2.4
13	8.5	3.3
26	10.9	4.4
20	10.9	4.4

图 3-34　主梁隔板（横隔梁）结构图

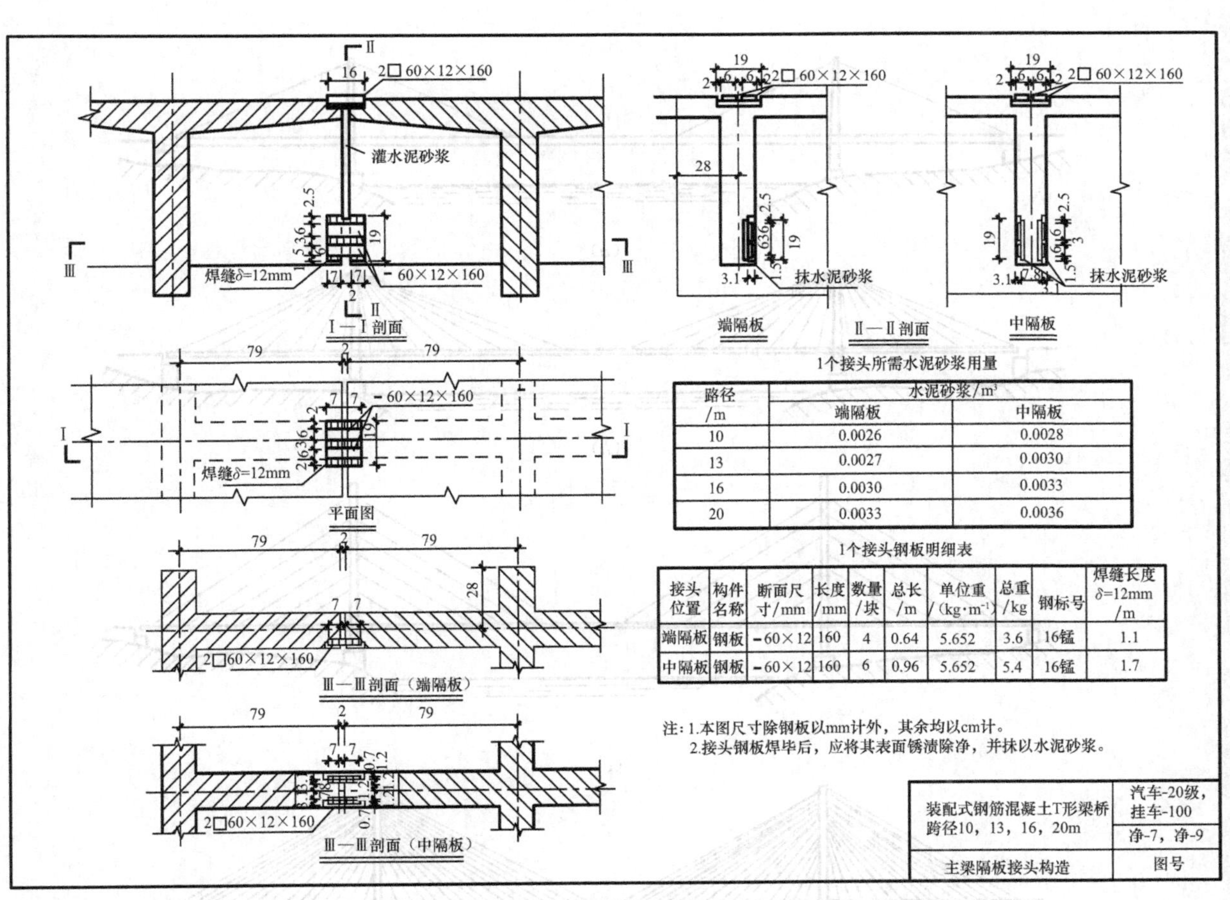

1个接头所需水泥砂浆用量

路径/m	水泥砂浆/m³	
	端隔板	中隔板
10	0.0026	0.0028
13	0.0027	0.0030
16	0.0030	0.0033
20	0.0033	0.0036

1个接头钢板明细表

接头位置	构件名称	断面尺寸/mm	长度/mm	数量/块	总长/m	单位重/(kg·m⁻¹)	总重/kg	钢标号	焊缝长度δ=12mm/m
端隔板	钢板	-60×12	160	4	0.64	5.652	3.6	16锰	1.1
中隔板	钢板	-60×12	160	6	0.96	5.652	5.4	16锰	1.7

图 3-35 隔板接头构造图

（2）如图 3-35 所示，为隔板接头的构造，上缘接头钢板设在桥面上，下缘接头钢板设在侧面。在近墩台一面端隔板的外侧，因为不好焊接故没有做钢板接头，在中隔板内、外两侧均可布置接头。

3.6 识读斜拉桥、拱桥、悬索桥工程图

【例 3-29】 识读斜拉索的布置形式。

如图 3-36 所示为斜拉索的几种布置形式示意图。其中，图 3-36（*a*）为早期混凝土斜拉桥采用的单索形式；图 3-36（*b*）为辐射式的索形布置，其斜拉索的倾角大（平均接近 45°），悬吊效益好，钢索用材省，但塔柱顶部斜索集中锚固较困难；图 3-36（*c*）为竖琴式索面，平行的斜拉索较分散而方便地锚固在塔柱上，外形显得整齐美观，但斜拉索的倾角较小，钢索用量较多；图 3-36（*d*）的扇形布置，其特点介于辐射式与竖琴式之间，能兼有辐射式与竖琴式两种索形的大部分优点，近年来一些具有代表性的长大跨度斜拉桥多半采用这种布置方式。

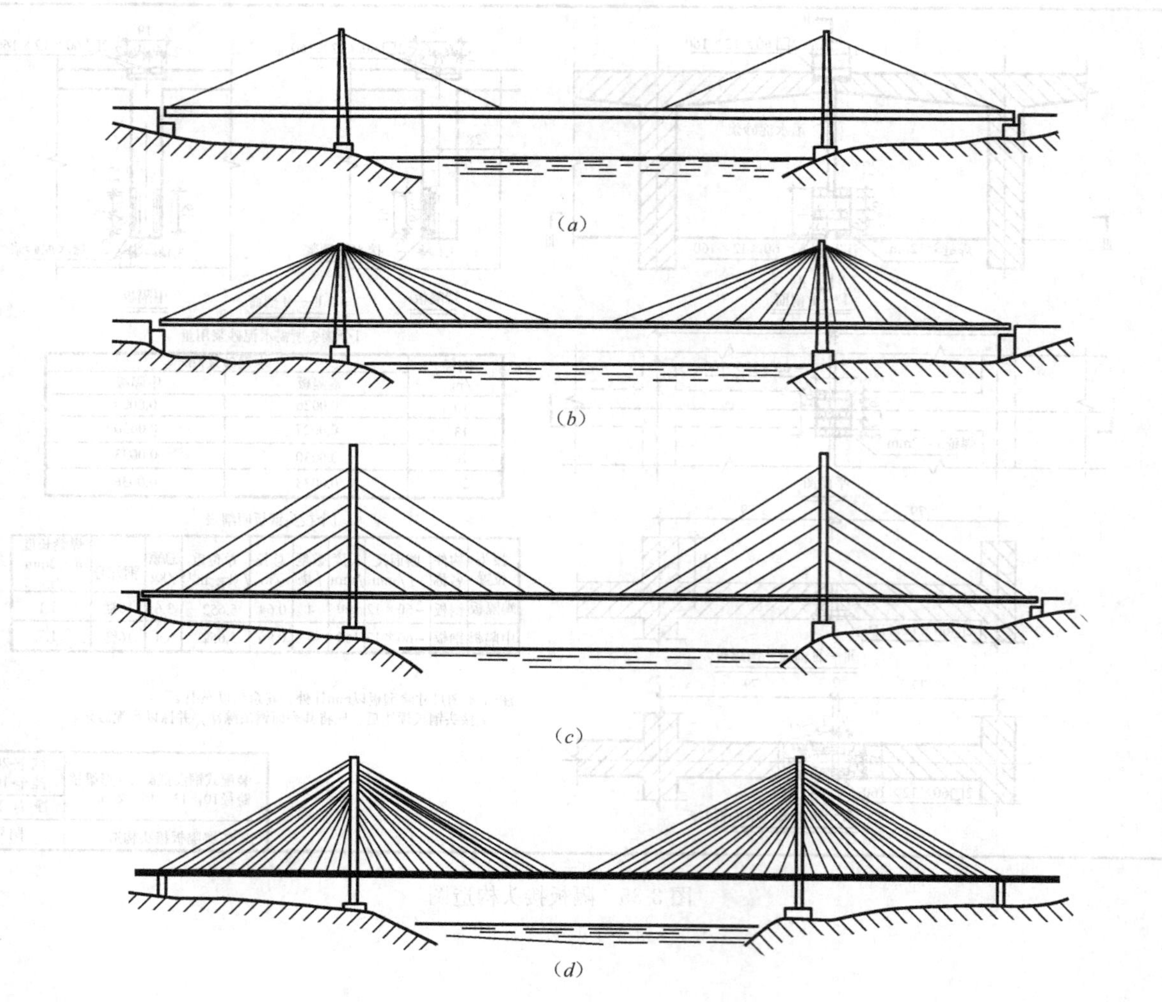

图 3-36 斜拉桥的斜拉索布置形式

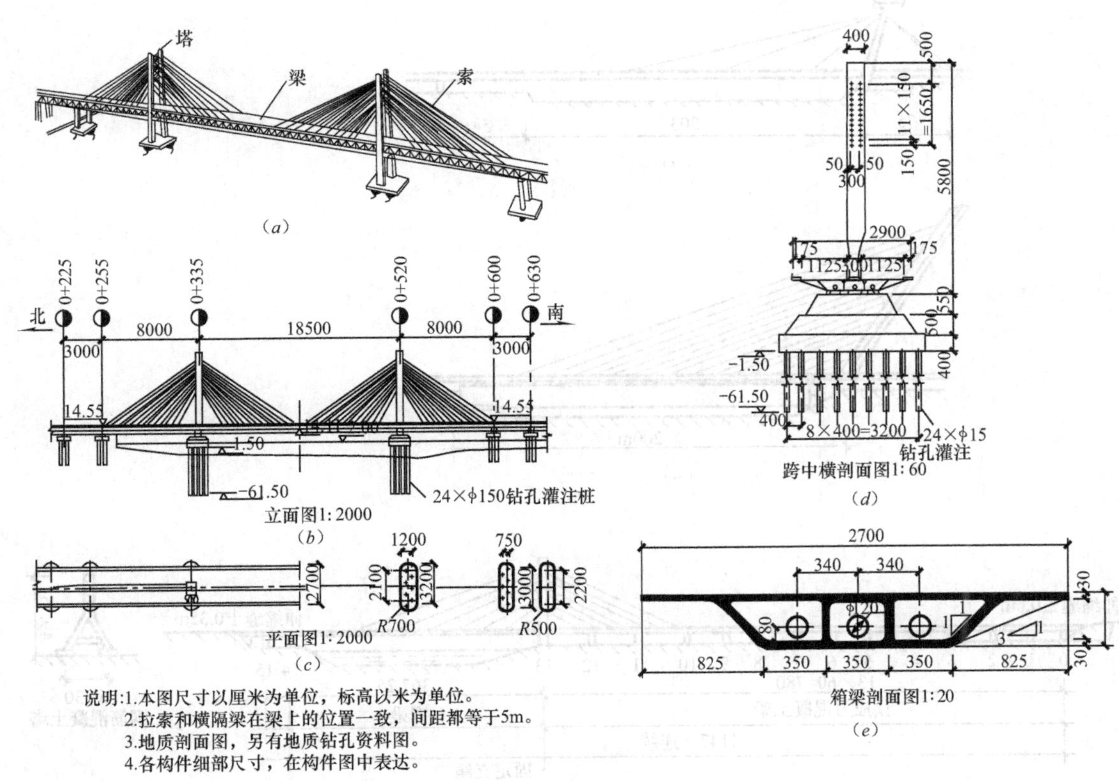

图 3-37 斜拉桥透视图

【例 3-30】 识读某斜拉桥透视图。

主梁、索塔、拉索、锚固体系和支承体系是构成斜拉桥的五大要素，如图 3-37（*a*）所示。

（1）立面图

如图 3-37（*b*）所示，为一座双塔单索面钢筋混凝土斜拉桥。立体图反映了河床起伏及水文情况，根据标高尺寸可知钻孔灌注桩直径，基础的深度，梁底、桥面中心和通航水位的标高尺寸。

（2）平面图

如图 3-37（*c*）所示，以中心线为界，左半边画外形，显示了人行道和桥面的宽度，并显示了塔柱断面和拉索。右半边是把桥的上部分揭去后，显示桩位的平面布置图。

（3）横剖面图

如图 3-37（*d*）所示，梁的上部结构，桥面总宽为 29m，两边人行道包括栏杆为 1.75m，车道为 11.25m，中央分隔带为 3m，塔柱高为 58m。同时还显示了拉索在塔柱上的分布尺寸、基础标高和灌注桩的埋置深度等。

（4）箱梁剖面图

如图 3-37（*e*）所示，显示单箱三室钢筋混凝土梁的各主要部分尺寸。

【例 3-31】 识读独塔式斜拉桥图例。

如图 3-38 所示为几种独塔式斜拉桥示意图。其中，图 3-38（*a*）为 1972 年捷克在布拉迪斯拉发建造的多瑙河桥，此桥塔柱后倾，背索陡面前拉索较平缓，使人有斜拉索拉得紧而有力的生动感觉。图 3-38（*b*）所示是位于西班牙塞维利亚市的阿拉米罗桥。这是一座设计大胆、结构独特新颖的单跨斜拉桥。此桥完全没有背索，作为纪念碑象征的后倾式巨型桥塔，不仅依靠自重来平衡斜拉索的拉力，而且耸立在都市中与周围环境相协调。图 3-38（*c*）为德国于 1979 年所建跨越莱茵河的弗勒埃桥。它是独塔单索面混合主梁斜拉桥，由于主跨采用较轻的钢箱梁，使单侧跨度达到 367.25m。

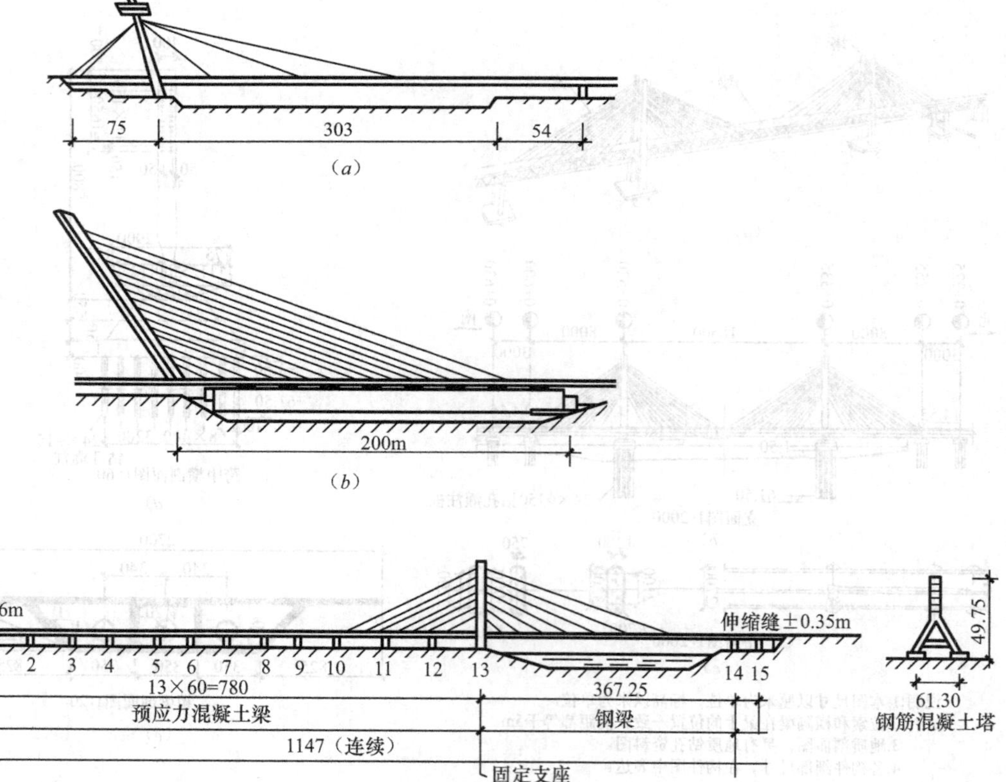

图 3-38 独塔式斜拉桥

【例 3-32】 识读某拱桥结构图。

如图 3-39 所示为拱桥结构示意图。图 3-39（*a*）为实腹式拱桥示意图，其构造简单、自重大，适用于中小跨度；图 3-39（*b*）为空腹式拱桥示意图，其结构合理，自重轻，利于泄洪，是大中跨度拱桥的常用形式。

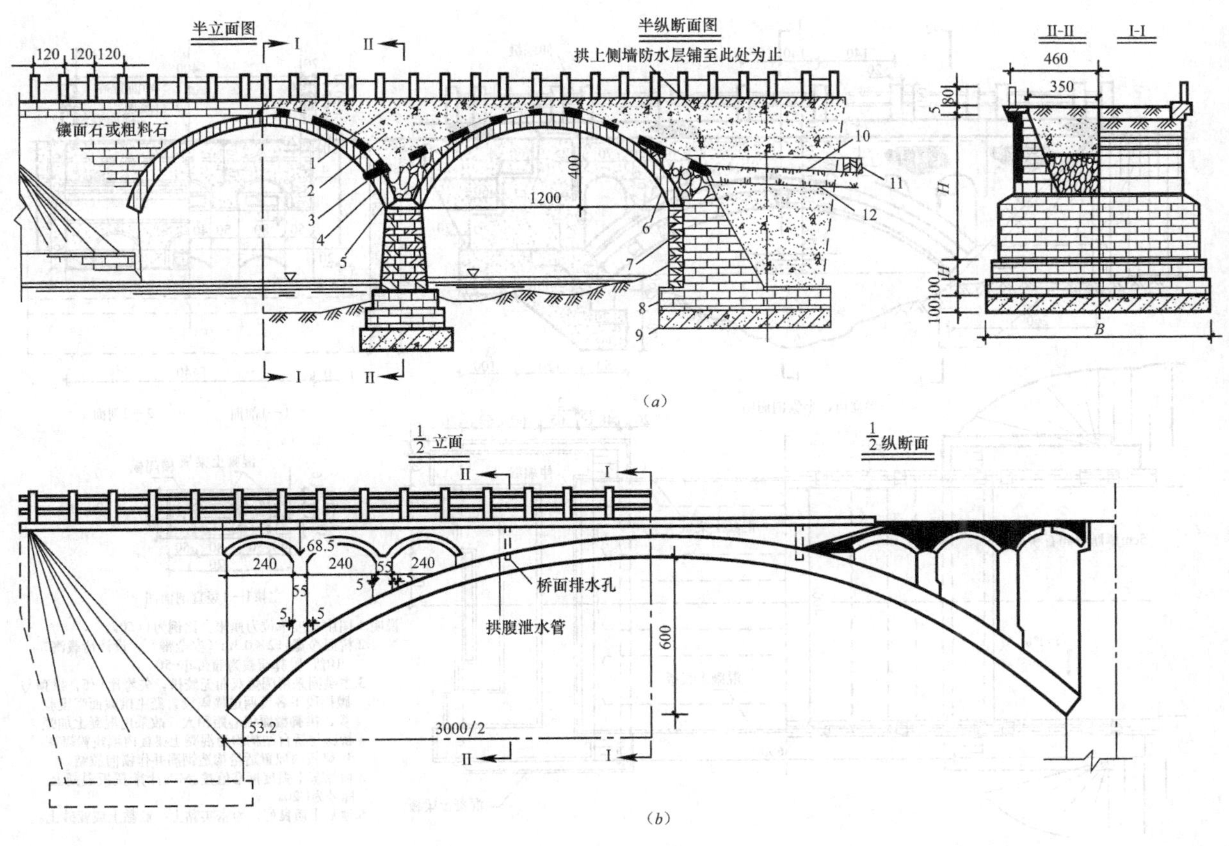

图 3-39 拱桥结构示意图

【例 3-33】 识读某拱桥平、立、剖面图。

(1) 立面图

如图 3-40 所示为一座跨径 $L=$ 6m 空腹式悬挂线双曲无铰拱桥。左半立面图表示，左侧桥台、拱、人行道栏杆及护坡等主要部分的外形视图；右半纵剖面图是沿拱桥中心线纵向剖开而得到的，右侧桥台、拱和桥面均应按剖开绘制。主拱圈采用圆弧双曲无铰拱，矢跨比 1/5，拱顶与拱腹墩下各设两道横系梁，拱座采用 C20 混凝土。桥跨与桥台结构均为混凝土壳板内填筑粉煤灰土。

(2) 平面图

左半平面图是从上向下投影得到的桥面俯视图，主要画出了车行道、栏杆等位置，由所注尺寸可知桥面净宽为 4.00m，横坡为 2%；右半剖面图画出了混凝土壳板、伸缩缝及桥台尺寸。

(3) 剖面图

根据立面图中所注的剖切位置可以看出 1—1 剖面是在中跨位置剖切的，2—2 剖面是在左边位置剖切的。

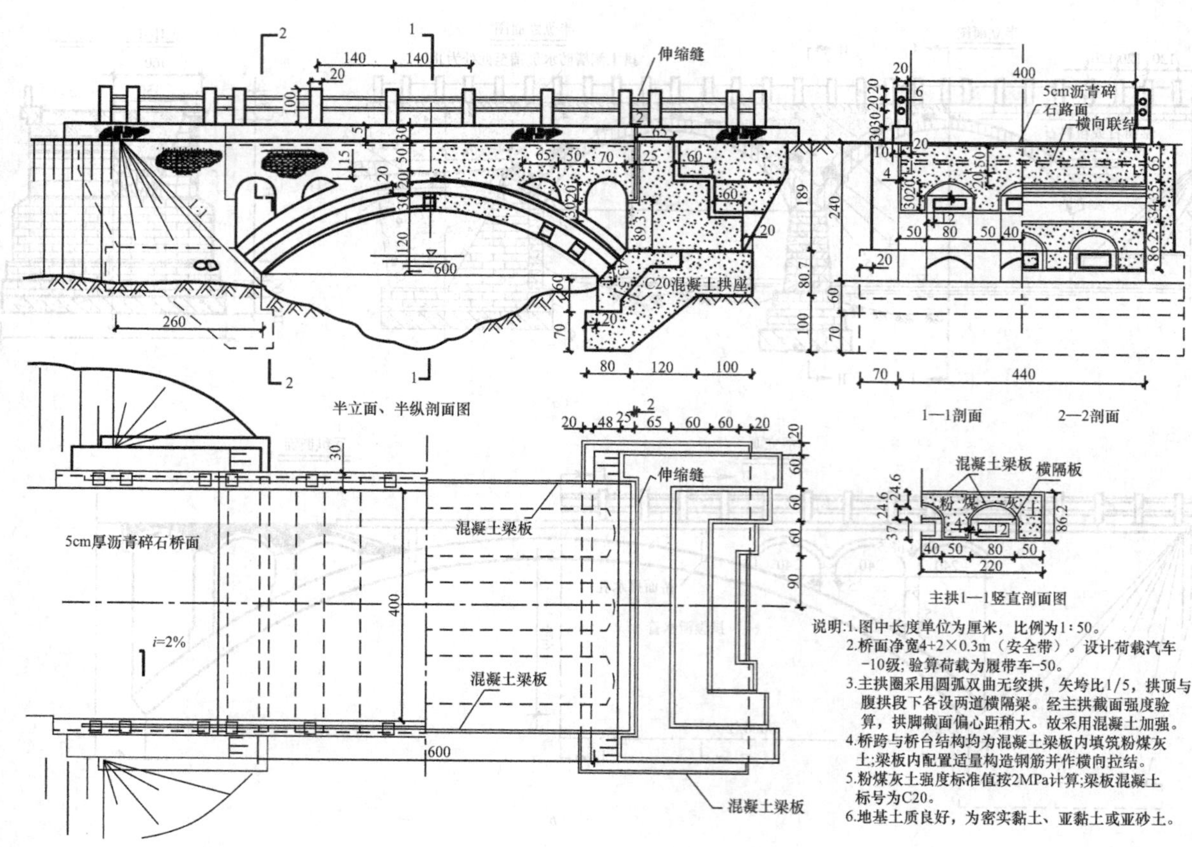

图 3-40　拱桥平、立、剖面图

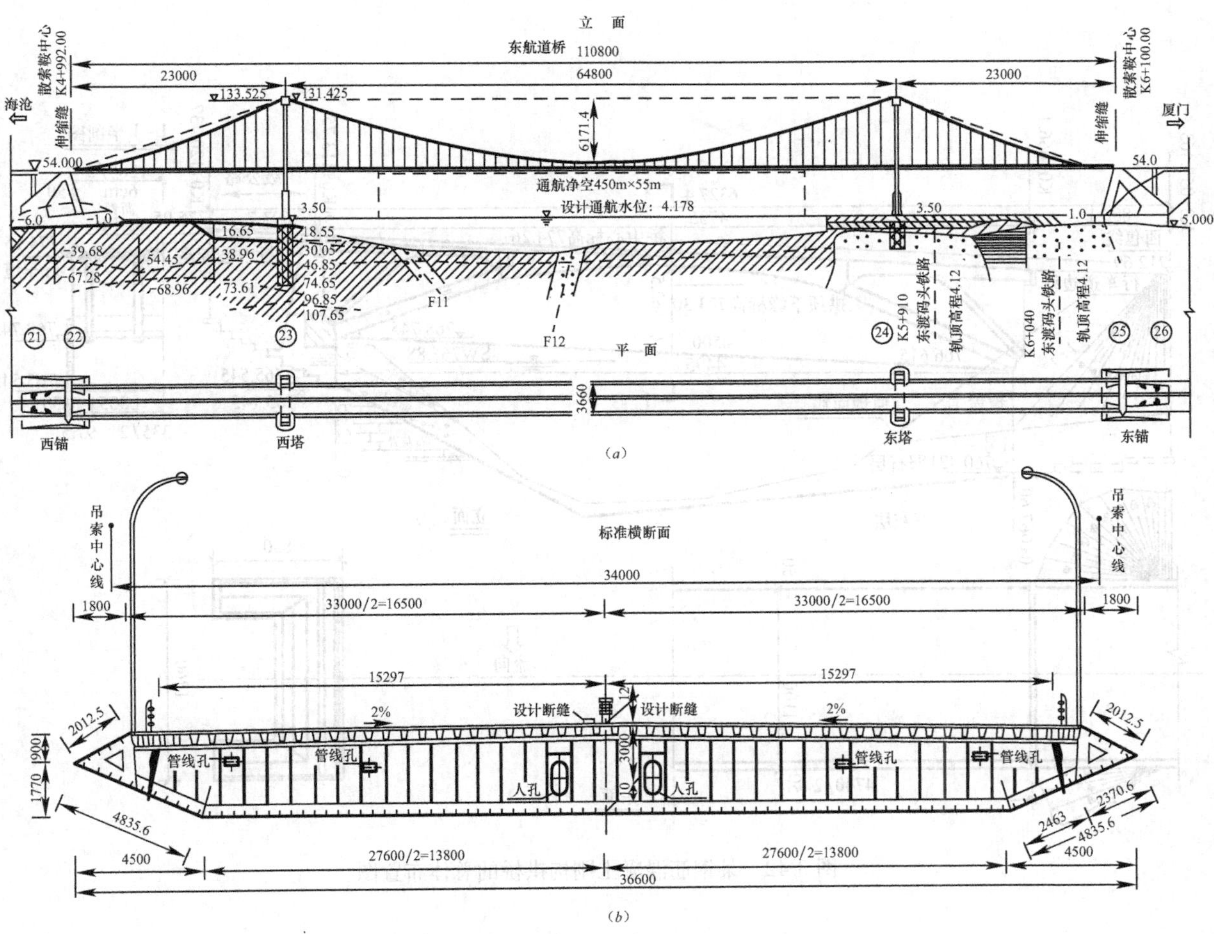

图 3-41 悬索桥总体布置图（单位：cm）

（a）总体布置图；（b）加劲梁一般构造图

【例 3-34】 识读某悬索桥总体布置图。

悬索桥也称吊桥，主要由主缆、锚碇、索塔、加劲梁、吊索组成，细部构造还有主索鞍、散索鞍、索夹等，如图 3-41 所示。

（1）立面图

如图 3-41 所示，为一座连续加劲钢箱梁悬索桥，主跨为 648m，两边边跨各为 230m 设边吊杆，中跨矢跨比为 1/10.5，边跨矢跨比为 1/29.58，塔顶主缆标高为 131.425m，散索鞍中主梁标高为 66.711m。

（2）平面图

显示锚碇和索塔等，并显示桥总宽为 36.60m。

（3）加劲梁构造图

梁的上部结构，桥宽为 30.594m，八车道，设计横坡为 2%。显示连续加劲钢箱梁的各主要部分尺寸。

【例 3-35】 识读某钢筋混凝土刚构拱桥的总体布置图。

从图 3-42 中可以看出：

（1）立面图识读

该桥总长 63.274m，净跨径 45m，净矢高 5.625m，重力式 U 形桥台，刚架拱桥面宽 12m。立面用半个外形投影图和半个纵剖面图合成。图中反映了刚架拱桥的内外结构构造情况，在立面的半纵剖面图中，将横系梁断面，主梁、次梁侧面，主拱腿和次拱腿侧面形状表达清楚，对右桥台的结构形式及材料，左桥台的锥坡立面也作了表示。

（2）平面图识读

平面图采用半个平面和半个揭层画法，把桥台平面投影画了出来。从尺寸标注上可以看出，桥面宽 11m，两边各 50cm 防撞护栏，对照立面，可见左侧次梁与桥台相接处留有 5cm 伸缩缝。河水流向是朝向读者。

（3）剖面图识读

剖面图采用Ⅰ—Ⅰ剖面。四片刚架拱由横系梁连接而成，其上桥面铺装 6cm 厚沥青混凝土作行车部分。

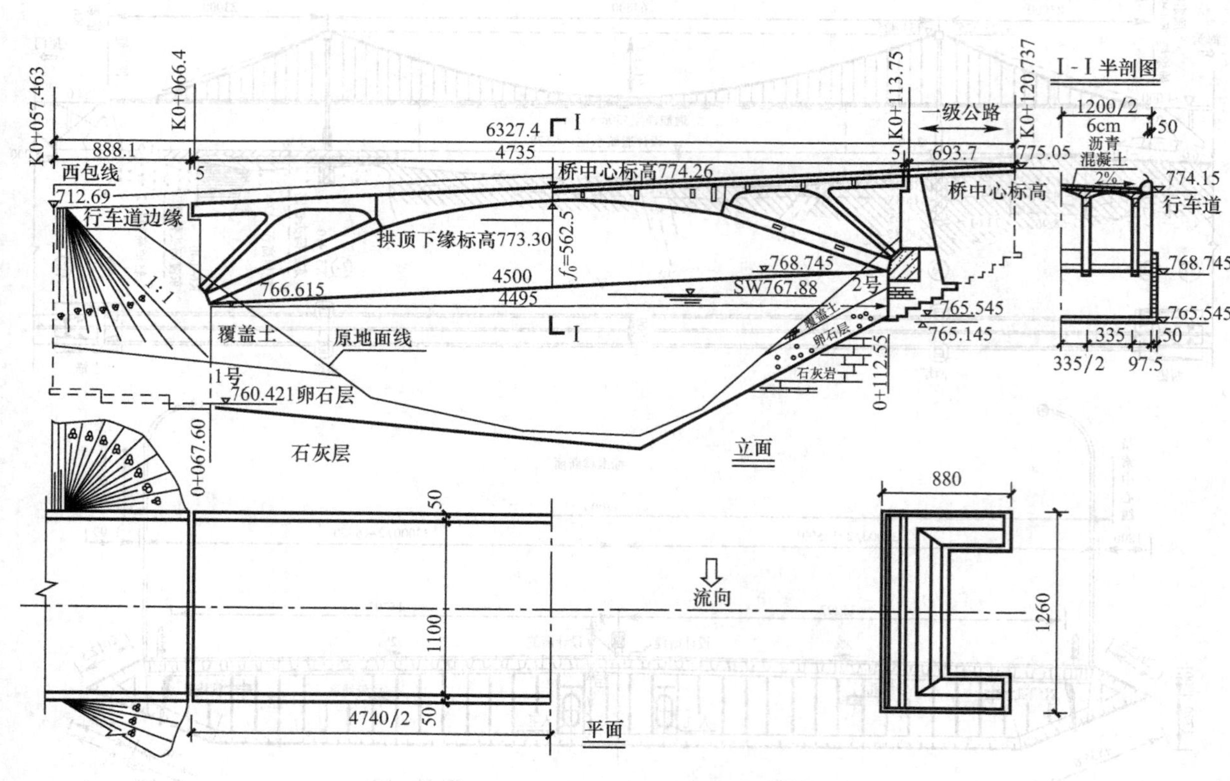

图 3-42 某钢筋混凝土刚构拱桥的总体布置图

4 识读市政隧道与涵洞工程施工图

隧道、涵洞的设计图册中，通常有布置图、结构设计图和涵洞工程数量表、过水路面设计图和工程数量表等。

在涵洞布置图中，绘出了设计涵洞处原地面线及涵洞纵向布置，斜涵应绘制有平面和进出口的立面情况、地基土质情况、各部尺寸和高程等。

对结构设计图，采用标准图的，则可能未绘制结构设计图，但在平面布置图中则注明有标准图的名称及编号；进行特殊设计的，则绘制有结构设计图；对交通工程及沿线设施所需要的预埋件、预留孔及其位置等，在结构设计图中也予以标明。

图册中应列有隧道、涵洞工程数量表，在表中列有涵洞的中心桩号、交角（若为斜交）、孔数和孔径、涵长、结构类型；涵洞的进出口形式；工程及材料数量等。

在对隧道、涵洞设计图进行阅读和理解的过程中，应重点读懂并熟悉涵洞的特定布置、结构细部、材料或工程数量、施工要求等。

隧道与涵洞工程图的识读方法如下：

首先应掌握投影原理和熟悉市政道路、桥涵、管道等构造及常用图例，其次是正确掌握识读图纸的方法和步骤，并且要耐心细致，并结合实践反复练习，不断提高识读图纸的能力。

（1）由上往下、从左往右的看图顺序是施工图识图的一般顺序。

（2）由先到后看，强调根据施工先后顺序进行。

（3）由粗到细，由大到小，先粗看一遍，了解工程概况，总体要求等，然后细看每张图，熟悉图的尺寸、构件的详图配筋等。

（4）将整套施工图纸结合起来看，从整体到局部，从局部到整体，系统看读。

4.1 识读图纸目录和施工设计说明

1. 隧道工程施工图图纸目录

表 4-1 为某市政隧道的图纸目录。

某市政隧道图纸目录　　表 4-1

工程名称：某市政隧道　　工程号：　　专业：市政

序号	图名	备注
01	图纸目录	
02	隧道施工图设计说明	
03	隧道洞口总体平面布置图	
04	隧道地质纵断面设计图	
05	建筑界限及内轮廓设计图	
06	隧道北洞口洞门设计图	
07	洞门设计大样图	
08	北端明洞设计图	
09	南端明洞设计图	
10	明洞衬砌配筋设计图	
11	Ⅴ级围岩复合衬砌设计图	
12	Ⅴ级围岩复合衬砌配筋设计图	
13	Ⅴ级围岩初期支护钢支撑设计图	
14	洞口长管棚设计图	
15	洞口长管棚套拱配筋设计图	
16	超前小导管设计图	
17	隧道路面结构设计图	
18	隧道防排水设计图	

某市政隧道施工图设计总说明

（1）设计依据

1）《××市公园南路市政工程初步设计》（××工程设计建设有限公司）；

2）关于《龙泉市公园南路市政工程初步设计》项目评审会议纪要；

3）甲方委托设计合同，工程范围地形图；

4）《××市公园南路工程地质勘探报告》（××省综合工程勘察测绘院）。

（2）设计标准

1）《公路工程技术标准》JTG B01—2014；

2）《城市道路工程设计规范》CJJ 37—2012；

3）《公路隧道设计规范》JTG D70—2004；

4）《锚杆喷射混凝土支护技术规范》GB 50086—2001；

5）《地下工程防水技术规范》GB 50108—2008；

6）《建筑设计防火规范》GB 50016—2014；

7）《建筑灭火器配置设计规范》GB 50140—2005。

（3）初步设计批复意见及执行

1）初步设计评审提出的意见主要有：

① 进一步优化明洞设计，尽量减短明洞长度；

② 解决北段道路坡度较大问题，并做好与北山路交叉口衔接；

③ 适当降低洞口端墙基底承载力要求；路面结构沥青类型改为F型；

④ 不考虑北段人行道的行道树位置。

2）执行情况：

① 原明洞设计范围考虑西侧山体坡度较大，若不采取明洞设计或过多缩短明洞长度，改为大开挖施工，则开挖方量较大，放坡范围需放坡至山顶，不仅破坏山体整体效果，而且需采取永久性有效的防滑移和塌方措施，徒增投资费用，综合优化比较后维持原明洞范围不变；

② 调整道路纵坡，并保证与北山路路口处纵段不大于3.0%；

③ 经验算适当放大端墙基础尺寸以降低基底承载力要求；路面结构沥青类型改为F型。

2. 隧道工程施工图设计说明

左栏为市政隧道施工图设计总说明。

1. 隧道工程图的内容

(1) 正立面图

图 4-1 (*a*) 所示为端墙式隧道洞门三投影图，正立面图反映洞门墙的式样，洞门墙上面高出的部分为顶帽，它是由两个不同半径（$R=385$cm 和 $R=585$cm）的三段圆弧和两直边墙所组成，拱圈厚度为 45cm。洞口净空尺寸高为 740cm，宽为 790cm；洞门墙的上面有一条从左往右方向倾斜的虚线，并注有 $i=0.02$ 箭头，表明洞口顶部有坡度 2%的排水沟，用箭头表示流水方向。其他虚线反映了洞门墙和隧道底面的不可见轮廓线。

(2) 平面图

图 4-1 (*b*) 表现了洞门墙顶帽的宽度，洞顶排水沟的构造及洞门口门外两边沟的位置。

(3) 剖面图

图 4-1 (*c*) 中可以看到洞门墙倾斜坡度为 10∶1，洞门墙厚度为 60cm，排水沟的断面形状、拱圈厚度及材料断面符号等。

(4) 隧道工程设计

隧道工程设计的主要内容包括：净空断面、洞门及明洞衬砌设计、衬砌设计、辅助施工设计、结构计算、隧道防排水设计、监控量测设计、隧道施工、建筑材料、隧道消防、隧道照明及隧道通风等。

4.2 识读隧道工程图

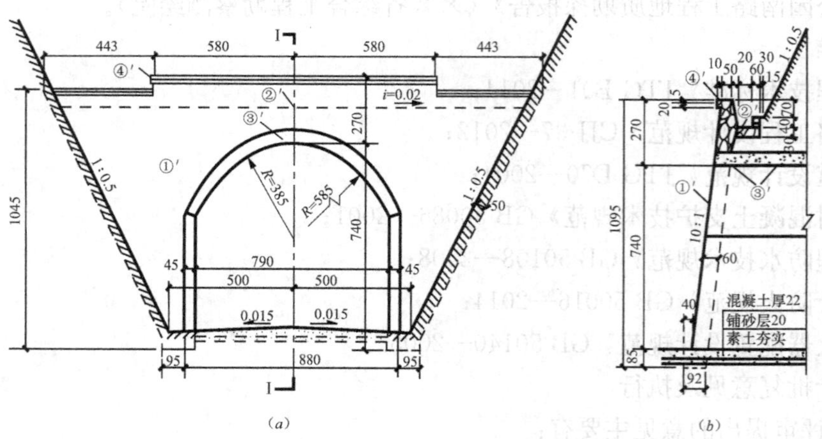

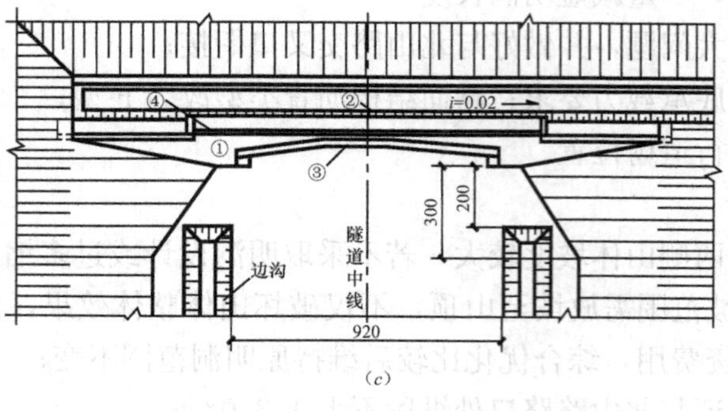

图 4-1 隧道洞门图

(*a*) 正立面图；(*b*) Ⅰ—Ⅰ剖面；(*c*) 平面图

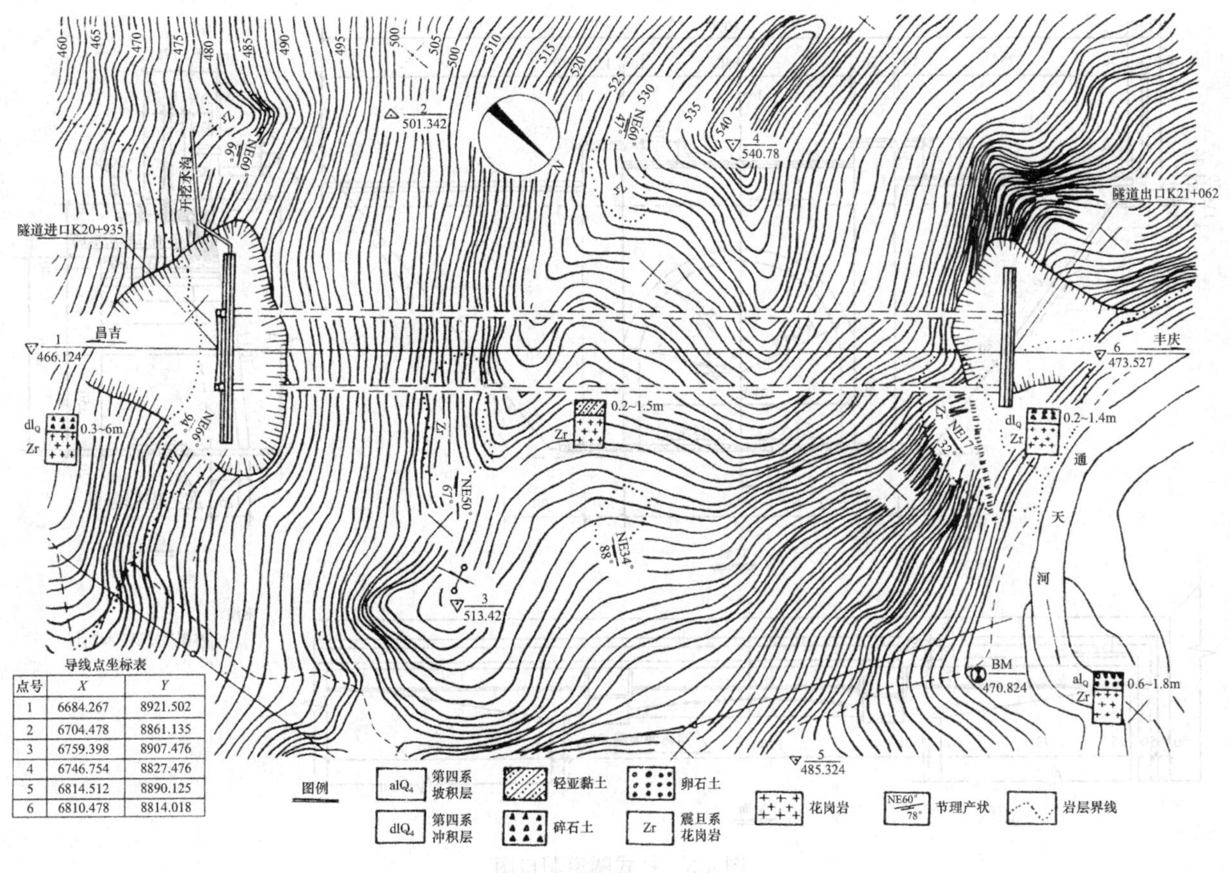

导线点坐标表

点号	X	Y
1	6684.267	8921.502
2	6704.478	8861.135
3	6759.398	8907.476
4	6746.754	8827.476
5	6814.512	8890.125
6	6810.478	8814.018

图 4-2 隧道平面示意图

2. 隧道工程图的识读实例

【例 4-1】 识读某隧道平面示意图。

隧道是道路穿越山岭或水底的工程建筑物，主要应用于交通工程的有铁路隧道、公路隧道、地铁隧道、海底隧道等。一般隧道工程图包括四大部分，即地质图、线形设计图、隧道工程结构构造图及有关附属工程图。图 4-2 所示为某隧道平面示意图。

【例 4-2】 识读某柱式隧道洞口图。

隧道洞门图一般包括隧道洞门的立面图、平面图和剖面图、断面图等。图 4-3 是用于公路的柱式隧道洞门。

其中，立面图主要表示洞口衬砌的形状和尺寸、端墙的高度和长度、端墙及立柱与衬砌的相对位置，以及端墙顶水沟的坡度等。对于翼墙式洞门还应表示出翼墙的倾斜度、翼墙顶排水沟与端墙顶水沟的连接情况等，如图 4-3 所示。

平面图是隧道洞门的水平投影，用来表示端墙顶帽和立柱的宽度、端墙顶水沟的构造和洞门处排水系统的情况等。

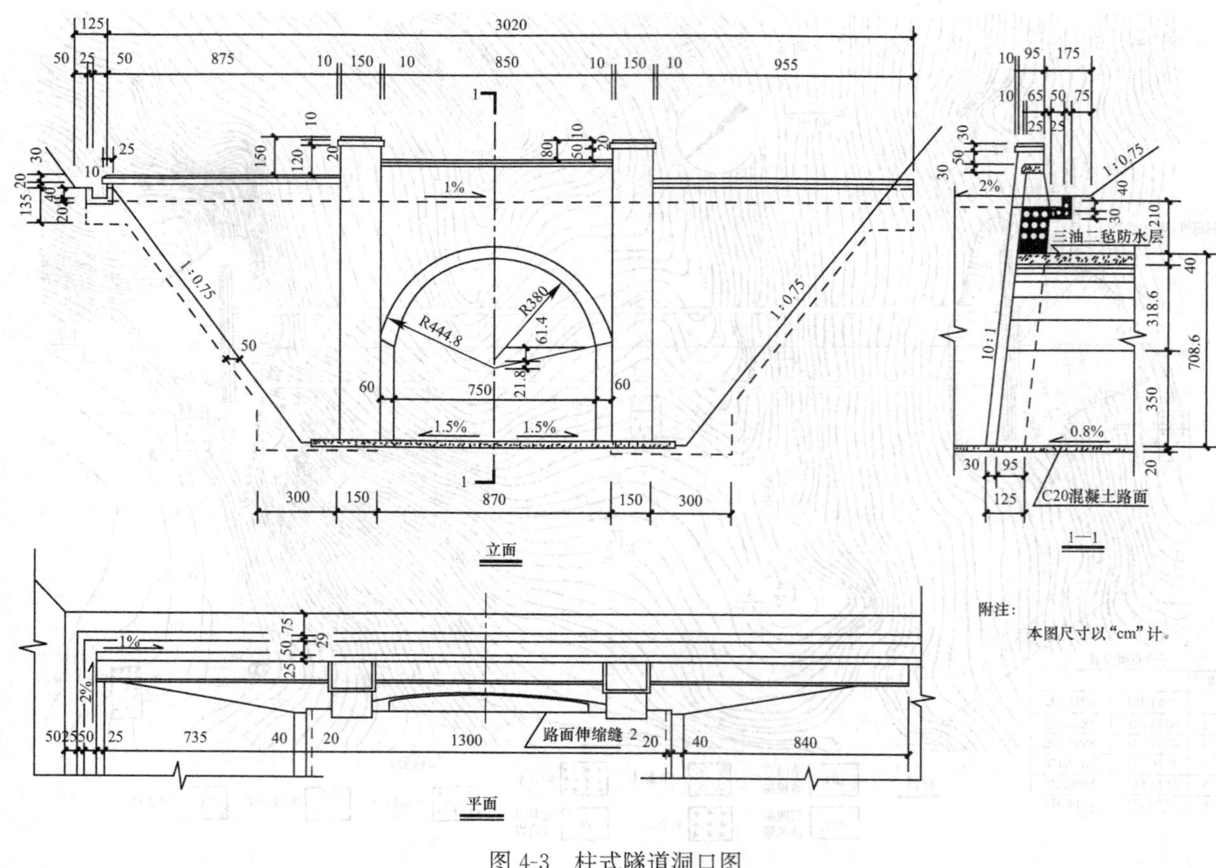

图 4-3　柱式隧道洞口图

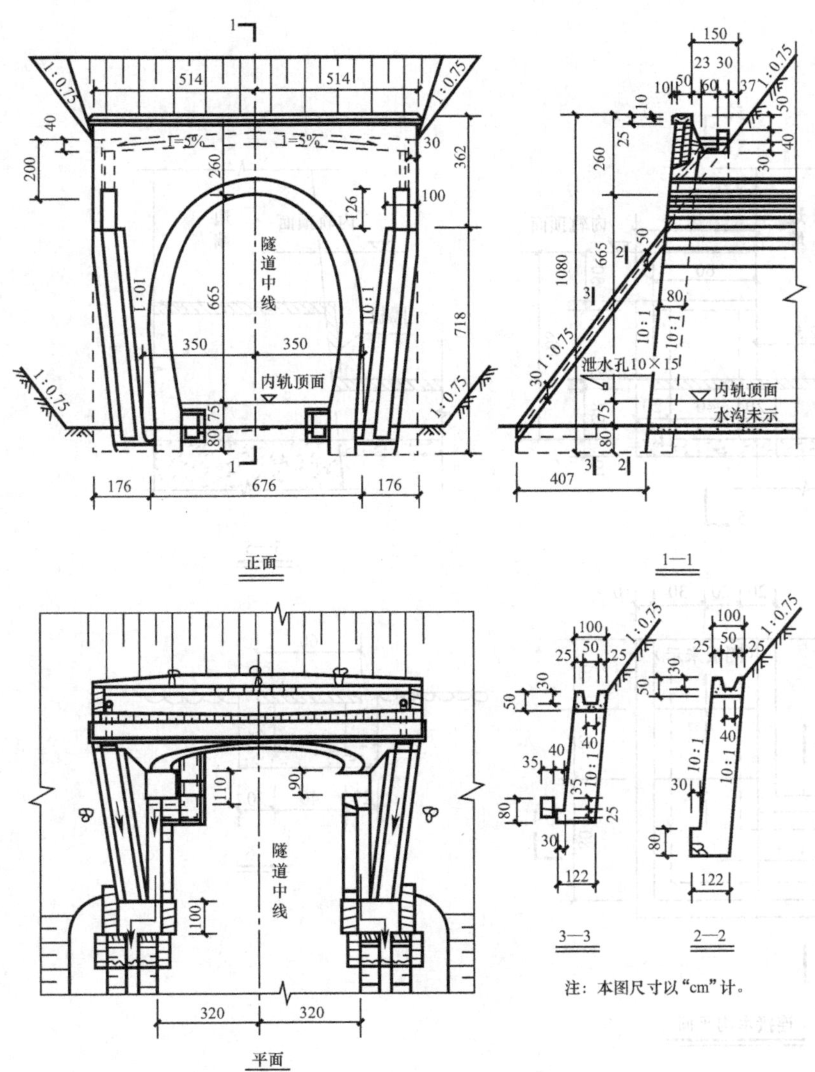

图 4-4　翼墙式隧道洞门示意图

【例 4-3】 识读某公路工程带翼墙的隧道洞门图。

图 4-4 所示是某公路工程带翼墙的隧道洞门图。

隧道门是由五个图形组成，除了正面图和平面图之外，还画出了1—1 剖面图和 2—2、3—3 两个断面图。1—1 剖面图的剖切位置示于正面图中，是沿隧道中线剖切后向左投射得到的剖面图。2—2 和 3—3 断面的剖切位置示于 1—1 剖面图中，是剖切后向前投射得到的图形。

（1）端墙和端墙顶水沟

1）参考正面图和 1—1 剖面图可以看出，洞门端墙是一堵靠山坡倾斜的墙，倾斜度为 10∶1。端墙长 1028cm，墙厚在水平方向上为 80cm。墙顶设有顶帽、墙顶的背后有水沟。

2）从平面图可看出，端墙顶水沟的两端有厚为 30cm 的挡墙，用来挡水。从正面图的左边可得知挡墙高 200cm，其形状用虚线示于 1—1 剖面图中。

3）埋设在墙体内的水管会将沟中的水排送到墙面上的凹槽里，然后流入翼墙顶部的排水沟中。

4）由于洞口顶部的排水洞坡度为 5%，所以它与洞顶 1∶0.75 的仰坡面相交产生两条一般位置直线，平面图中最上面的那两条斜线就是这两交线的水平投影。

5）沟岸和沟底的倾斜面在平面图中与隧道中线重合。

（2）翼墙

1）从正面图中可以看出端墙两边各有一堵翼墙，它们分别向路堑两边的坡倾斜，坡度为 10∶1。

2）结合 1—1 剖面图可以看出，翼墙的形状大体上是一个三棱柱。从 3—3 断面图可以得知翼墙的厚度、基础的厚度和高度，以及墙顶排水沟的断面形状和尺寸。

3）从 2—2 断面图中可看出此处的基础高度有所改变，而墙脚处还有一个宽 40cm、深 35cm 的水沟。1—1 剖面图中，翼墙中下部有一个 10cm×15cm 的泄水孔，用它来排出翼墙背面的积水。

【例 4-4】 识读隧道内外侧沟连接平面图。

(1) 图 4-5 中的连接水沟平面图就是图 4-4 平面图中洞门左侧部分放大重画的。它与 4—4、5—5 剖面图和 6—6 断面图一起表示了隧道内外侧沟的连接情况。

(2) 由连接水沟平面图中可看出，洞内侧沟的水是经过两次直角转弯后流入翼墙脚的侧沟内的。洞内外侧沟的断面均为矩形，由 4—4、5—5 剖面图可看出，内外侧沟的底在同一平面上，沟宽为 40cm，洞内沟深为：108cm－30cm＝78cm，洞外为 33cm，沟上均有钢筋混凝土盖板。

(3) 在洞口处侧沟边墙高度变化的地方有隔板封住，以防道砟掉入沟内。

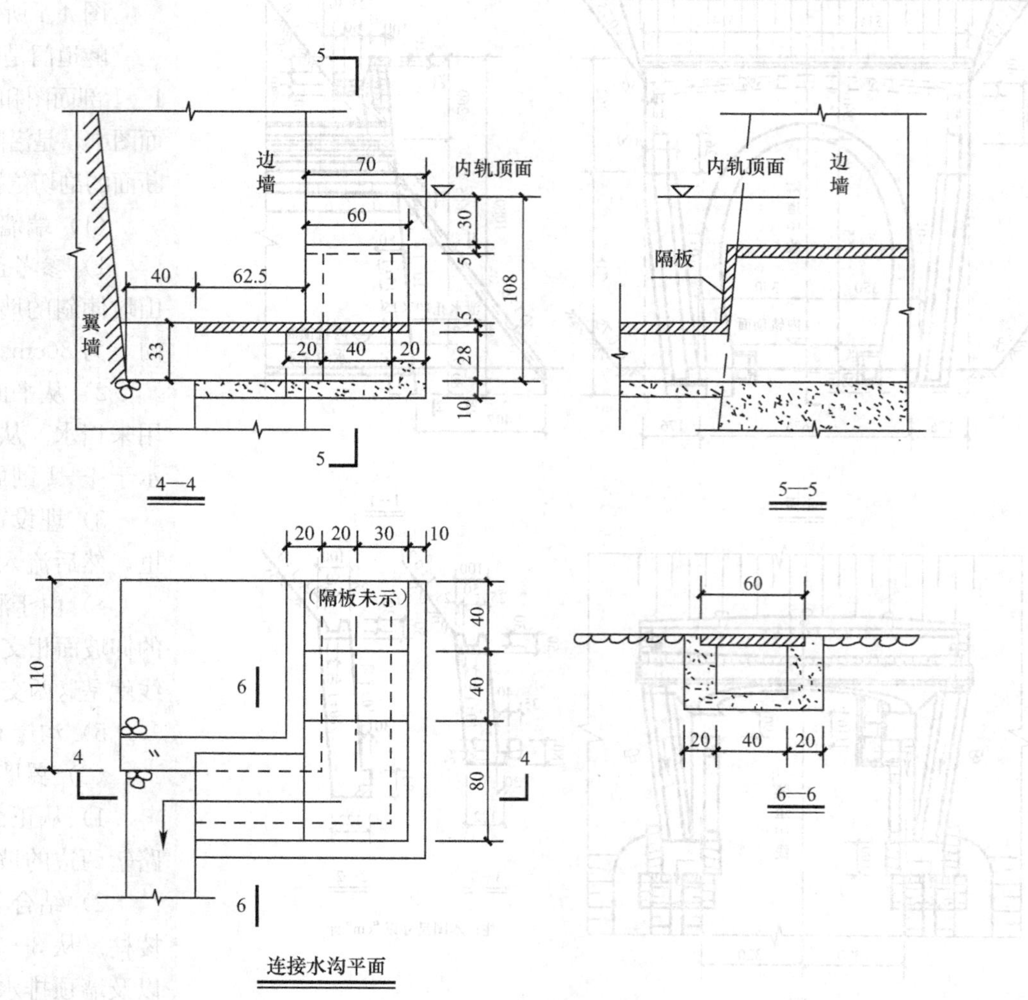

图 4-5 隧道内外侧沟连接平面图

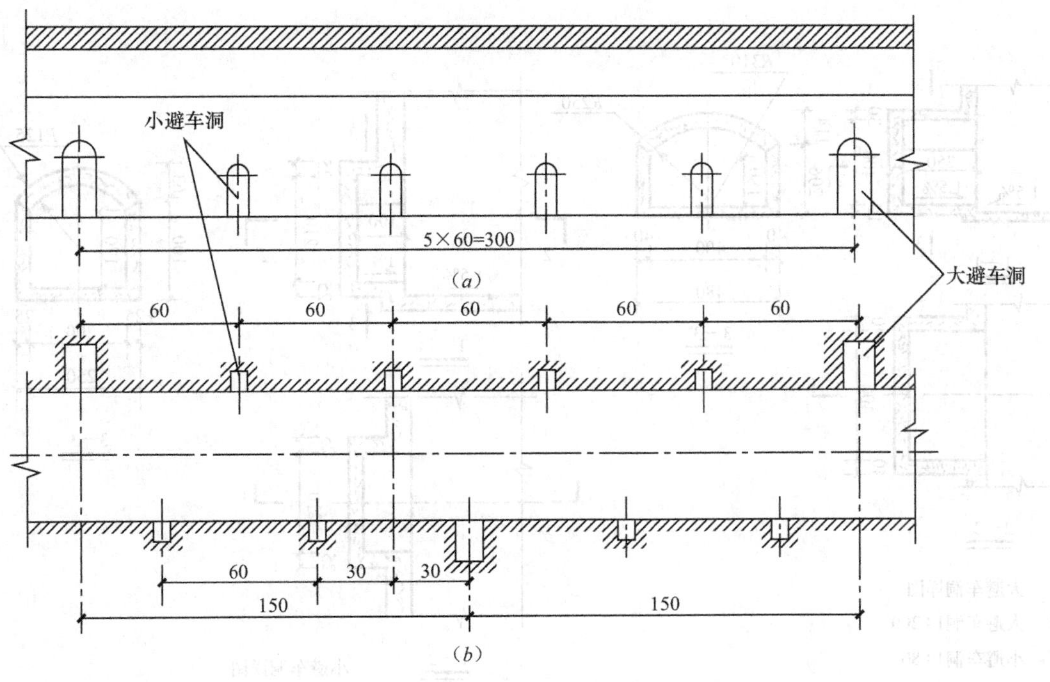

图 4-6　避车洞的纵剖面图（单位：m）
(*a*) 纵剖面图；(*b*) 平面图

【例 4-5】 识读隧道内的避车洞图。

避车洞图包括：纵剖面图、平面图、避车洞详图。为了绘图方便，纵向和横向采用不同的比例。

（1）纵剖面图

纵剖面图表示大、小避车洞的形状和位置，同时也反映了隧道拱顶的衬砌材料和隧道内轮廓情况。图 4-6（*a*）所示为避车洞的纵剖面图。

（2）平面图

平面图主要表示大、小避车洞的进深尺寸和形状，并反映了避车洞在整个隧道中的总体布置情况（一般情况下，横向比例为 1∶200，纵向比例为 1∶2000）。图 4-6（*b*）所示为避车洞的平面图。

（3）详图

将形状和尺寸不同的大、小避车洞绘制成图4-7所示的详图，避车洞底面两边做成斜坡，以供排水用。

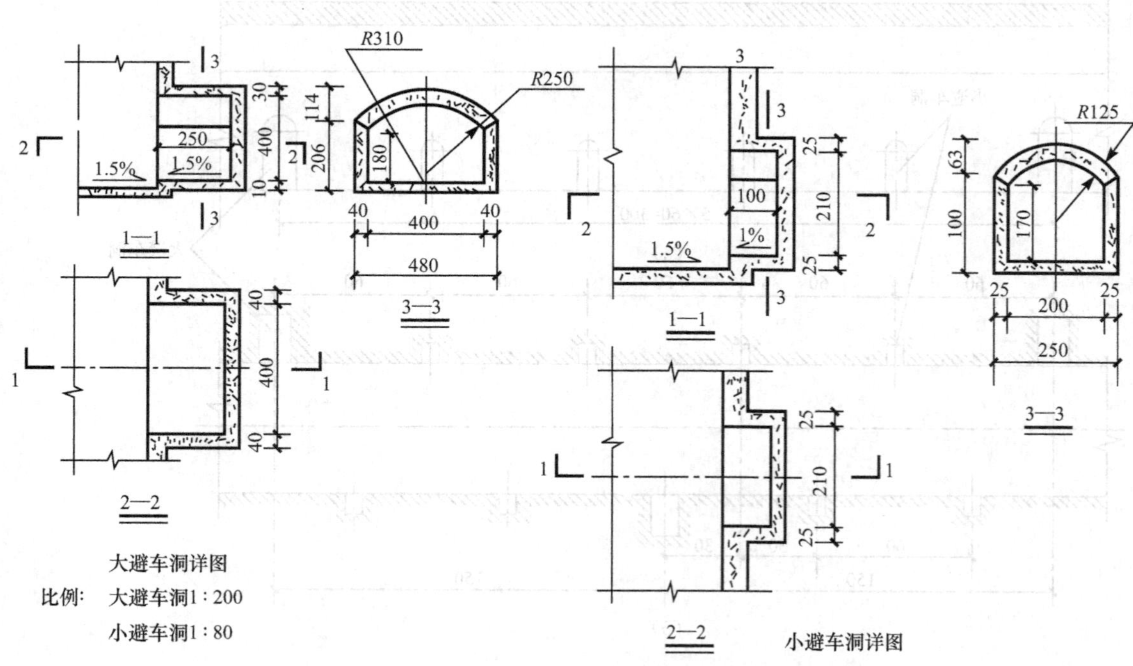

图4-7　避车洞详图

4.3 识读涵洞工程图

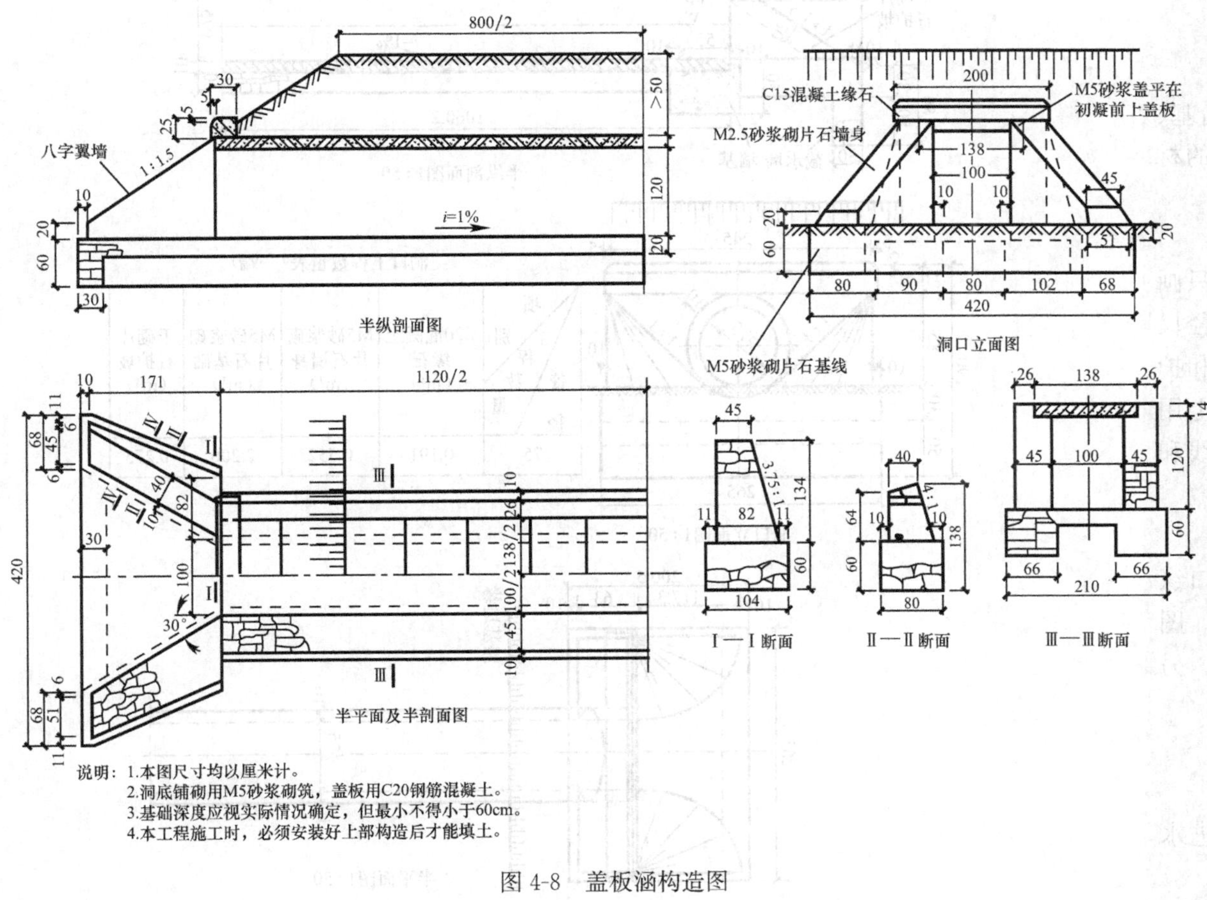

图 4-8 盖板涵构造图

1. 涵洞工程图的内容

（1）钢筋混凝土盖板涵

图 4-8 所示为单孔钢筋混凝土盖板涵构造图。由于其构造对称所以采用半纵剖面图、半剖平面图和侧面图等表示。

1）半纵剖面图

图 4-8 可以看出坡度为 1∶1.5 的八字翼墙和洞身的连接关系以及洞高 120cm、洞底铺砌 20cm、基础纵断面形状、设计流水坡度 1%。基础和盖板所用的建筑材料也用图例表示出来。

2）半平面及半剖面图

洞口两侧为八字翼墙，净跨 100cm，总长 1482cm，图中详细标出涵洞的墙身宽度、八字翼墙的位置及其他细部尺寸。为了反映翼墙墙身、基础等详细尺寸又另作Ⅰ—Ⅰ、Ⅱ—Ⅱ、Ⅲ—Ⅲ断面图。

3）侧面图

侧面投影图是洞口的正面投影图，故称洞口立面图。本图反映缘石、盖板、八字翼墙、基础等的相应位置、侧面形状和具体尺寸。

（2）钢筋混凝土圆管涵

图 4-9 所示为钢筋混凝土圆管涵洞。

1）半纵剖面图

图中标出各部分尺寸，截水墙、墙基、洞身基础、缘石、防水层等各部分所用的材料均于图中表达出来。

2）半平面图

半平面图与半纵剖面图上下对应，只画出左侧一半涵洞平面图。图中表示出管径尺寸、管壁厚度、洞口基础、端墙、缘石和护坡的平面形状和尺寸。图中路基边缘线上用示坡线表示路基边坡；锥形护坡用图例线和符号表示。

3）侧面图

图中主要表示圆管孔径和壁厚、洞口缘石、端墙、锥形护坡的侧面形状和尺寸。图中还标出锥形护坡横向坡度为 1∶1 等。另外，图中还附有一端洞口工程数量表。

说明：

1）图中尺寸以厘米为单位。

2）洞口工程数量指一端，即一个进水口或一个出水口。

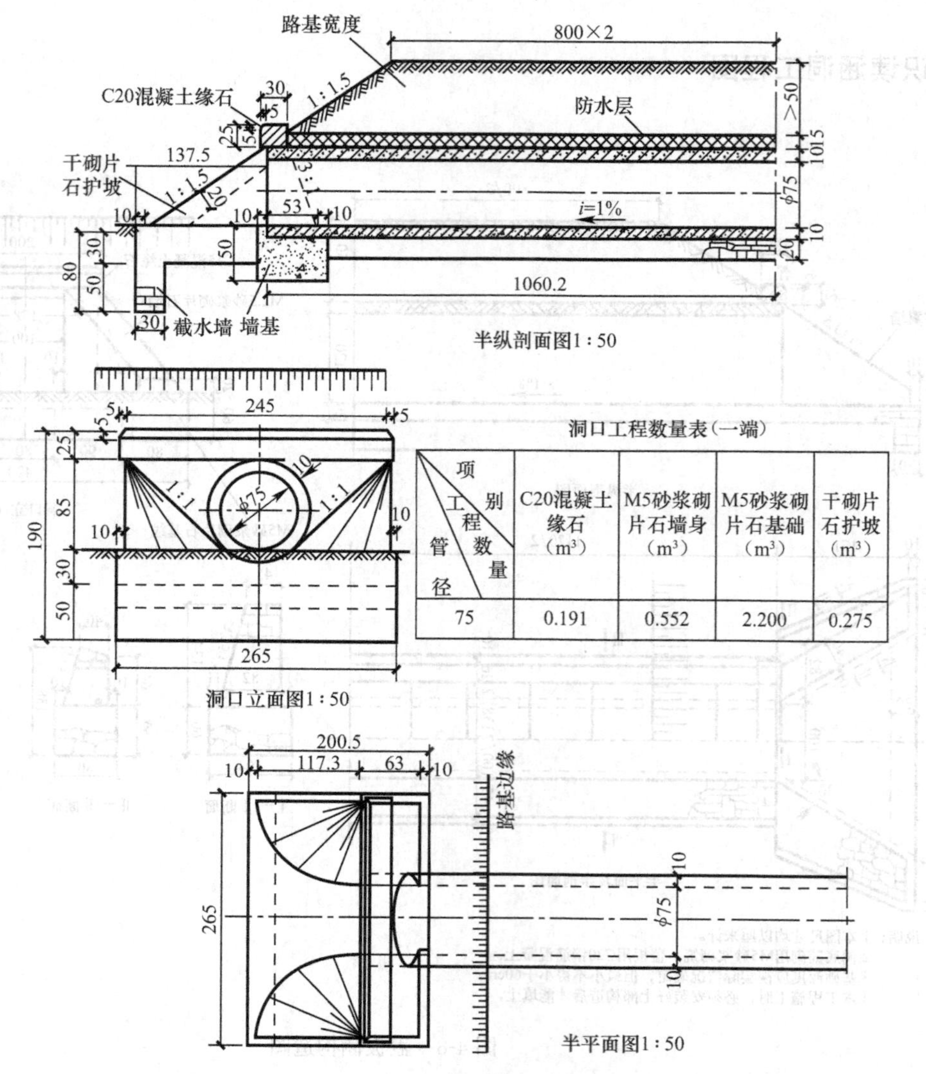

洞口工程数量表（一端）

项别 工程数量 管径	C20混凝土缘石（m³）	M5砂浆砌片石墙身（m³）	M5砂浆砌片石基础（m³）	干砌片石护坡（m³）
75	0.191	0.552	2.200	0.275

图 4-9　钢筋混凝土圆管涵洞构造图

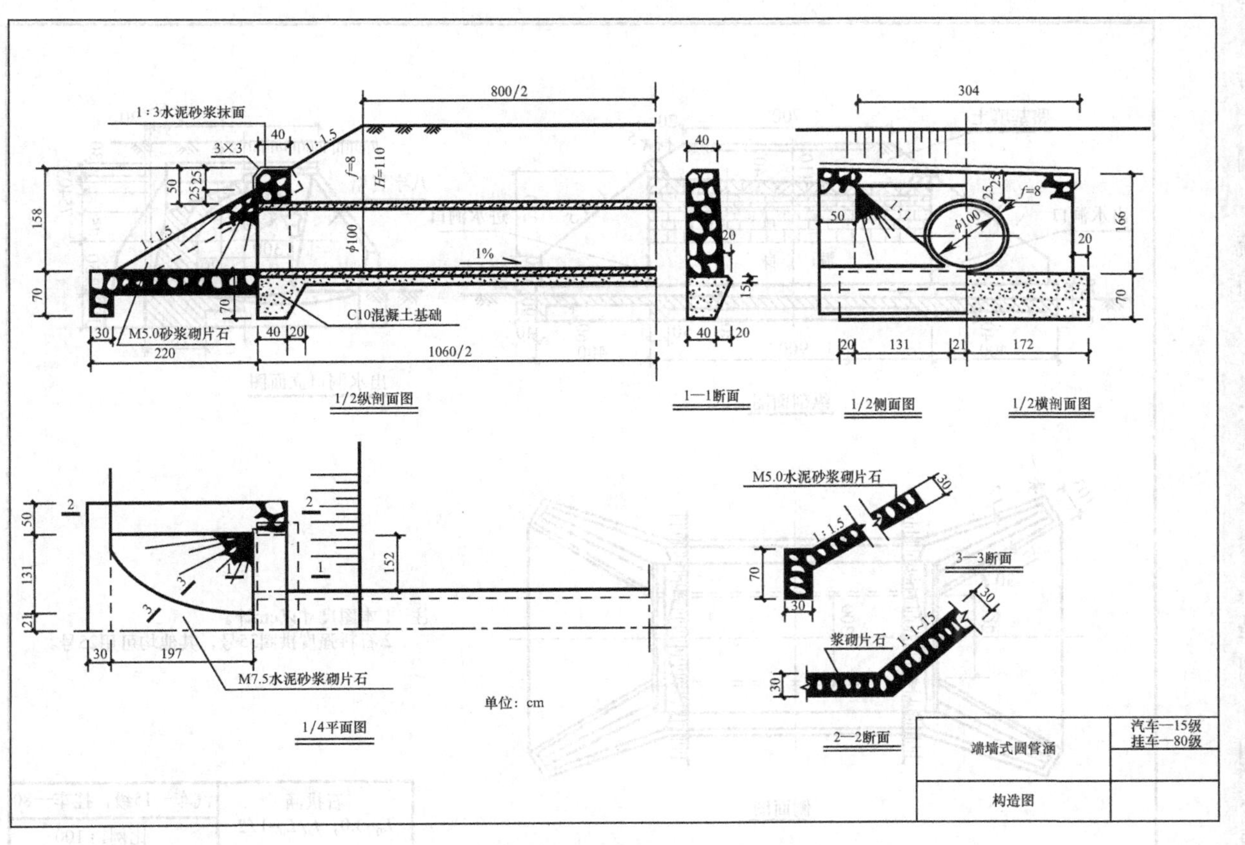

图 4-10 钢筋混凝土端墙式圆管涵构造图

2. 涵洞工程图的识读实例

【例 4-6】 识读端墙式圆管涵洞构造。

图 4-10 所示为端墙式圆管涵洞构造图，洞口为端墙式洞口，端墙的洞口两侧有 30cm 厚 M5.0 砂浆片石铺面的锥体护坡，涵管内径为 ϕ100cm，壁厚 f 为 8cm。涵管长为 1060cm，加两侧洞口铺砌长共计涵洞的总长为 1500cm，涵管管节可用 200cm 或 150cm 两种规格。由于其构造对称，故采用 1/2 纵剖面图、1/4 平面图、1/2 侧面图和 1/2 横剖面图来表示。

【例 4-7】 识读石拱涵构造。

如图 4-11 所示为单孔石拱涵构造图。

纵剖面图是沿涵洞纵向轴线进行全剖，表达了洞身的内部结构、洞高、洞长、翼墙坡度、基础纵向形状和洞底流水坡度。为了显示拱底为圆柱面，故每层拱圈石投影的厚度不一，下疏而上密。在路基顶部示出了路面断面形状，但未注出尺寸。

立面图表达的是洞身内部结构，包括洞高、半洞长、基础形状、截水墙等形状，本图的特点在于拱顶与拱顶上的两端侧墙的交线均为椭圆弧，画椭圆时，这一交线须按投影关系绘出。从图上还可看出，八字翼墙与上述盖板涵有所不同，盖板涵的翼墙是单面斜坡，端部为侧平面，而本图则是两面斜坡，端部为铅垂面。

侧面图采用了半侧面图和半横剖面图，半侧面图反映洞身拱顶洞底、基础的结构、材料及尺寸，同时也表达了洞身与基础的连接方式。从图上还可看出洞口顶面的构造是一个曲面。

当涵洞在两孔或两孔以上或者跨径较大时，也可选取洞口作为立面图。

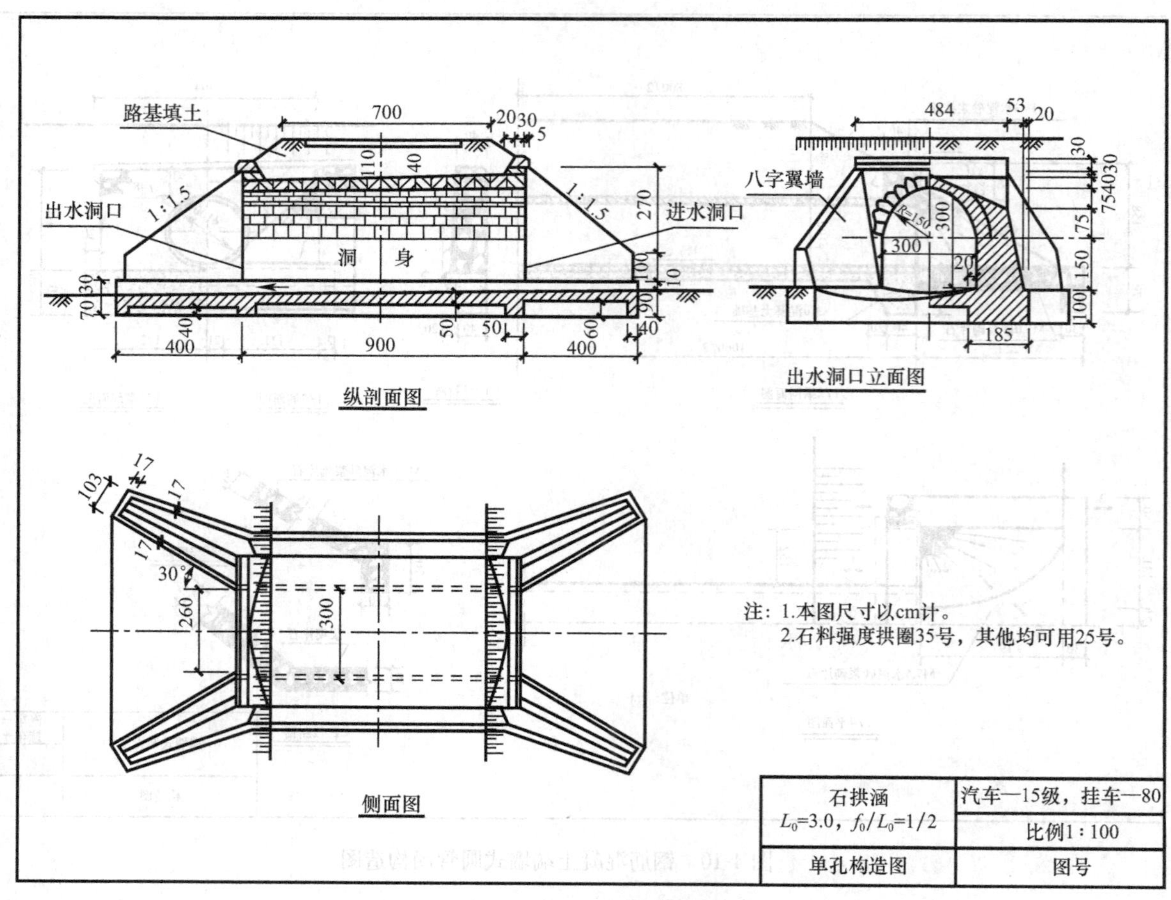

图 4-11 石拱涵构造图

4.4 识读城市通道工程图

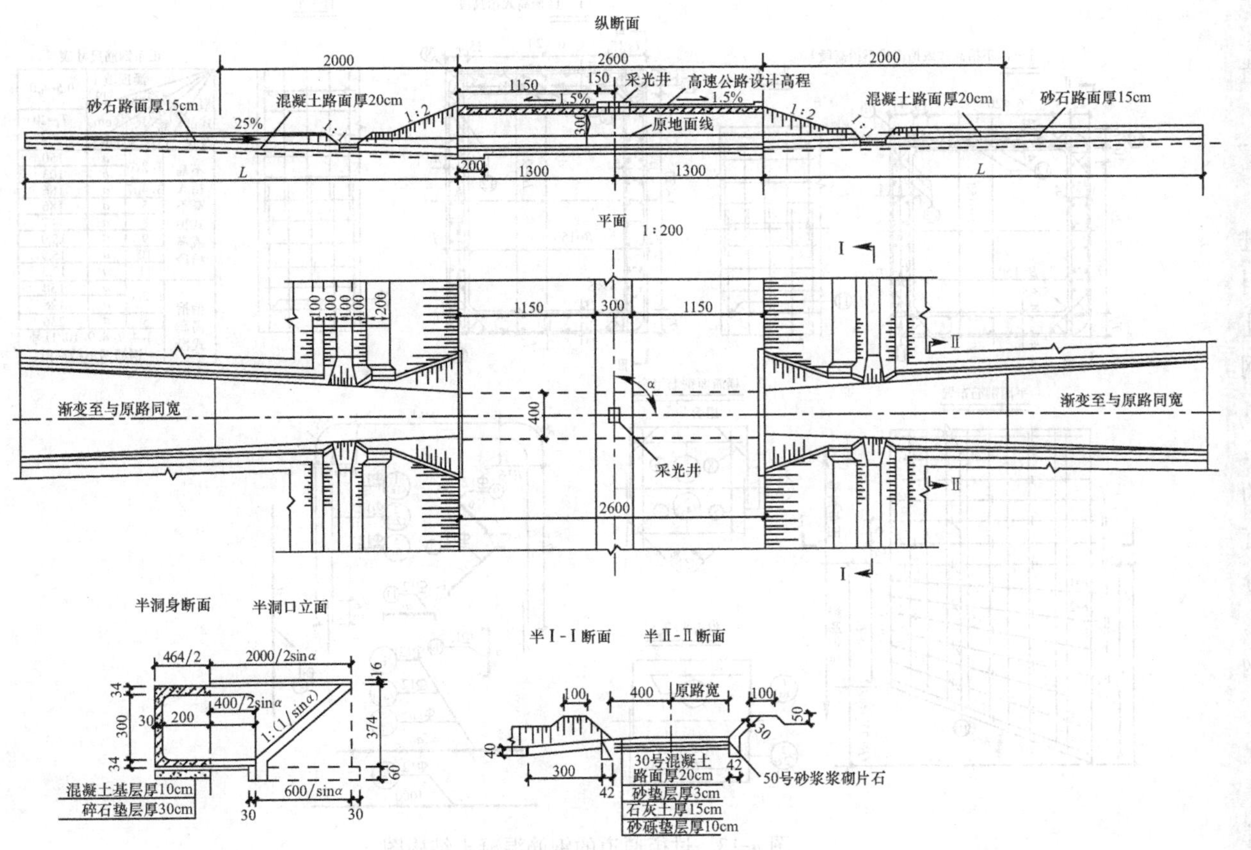

图 4-12 某城市过街通道布置图

1. 城市通道工程图的内容

图 4-12 所示为某城市的过街通道布置图。

从图上可以看出，立面图用纵断面取而代之，高速公路路面宽 26m，边坡采用 1∶2，通道净高 3m，长 26m，与高速路同宽，属明涵形式。

平面图与立面对应，反映了通道宽度与支线路面宽度的变化情况，还反映了高速路的路面宽度及与支线道路和通道的位置关系。

在图纸最下边还给出了半Ⅰ—Ⅰ、半Ⅱ—Ⅱ的合成剖面图，显示了右侧洞口附近剖切支线路面及附属构造物断面的情况。

2. 城市通道工程图的识读实例

【例 4-8】 识读过街通道的钢筋混凝土结构图。

过街通道的洞身钢筋混凝土构造表示方法如图 4-13 所示。

（1）图中尺寸除钢筋直径以“mm”计外，其余均以“cm”为单位。

（2）本图表示同一净空箱涵的进水口为抬高式和不抬高式的正涵和斜涵的涵身构造。钢筋组合代号Ⅰ、Ⅱ表示正布钢筋，$Ⅰ_x$、$Ⅱ_x$表示斜布钢筋。只标一个不带脚码编号的钢筋，表示斜布钢筋与正布钢筋尺寸相同；标有不带脚码和带有脚码两个编号的钢筋表示斜布钢筋与正布钢筋尺寸有区别（图中斜布钢筋的编号和尺寸分别带有脚码 x 和 i，并均加有括号）。除钢筋大样中已标的尺寸外，正布钢筋尺寸见本图“正布钢筋尺寸表”。

（3）9 号钢筋仅在组合Ⅰ或$Ⅰ_x$布设。

（4）两种钢筋组合按图示次序排列：在洞口和变形缝附近应适当调整数排钢筋的间距、并将边排换成组合Ⅰ或$Ⅰ_x$。

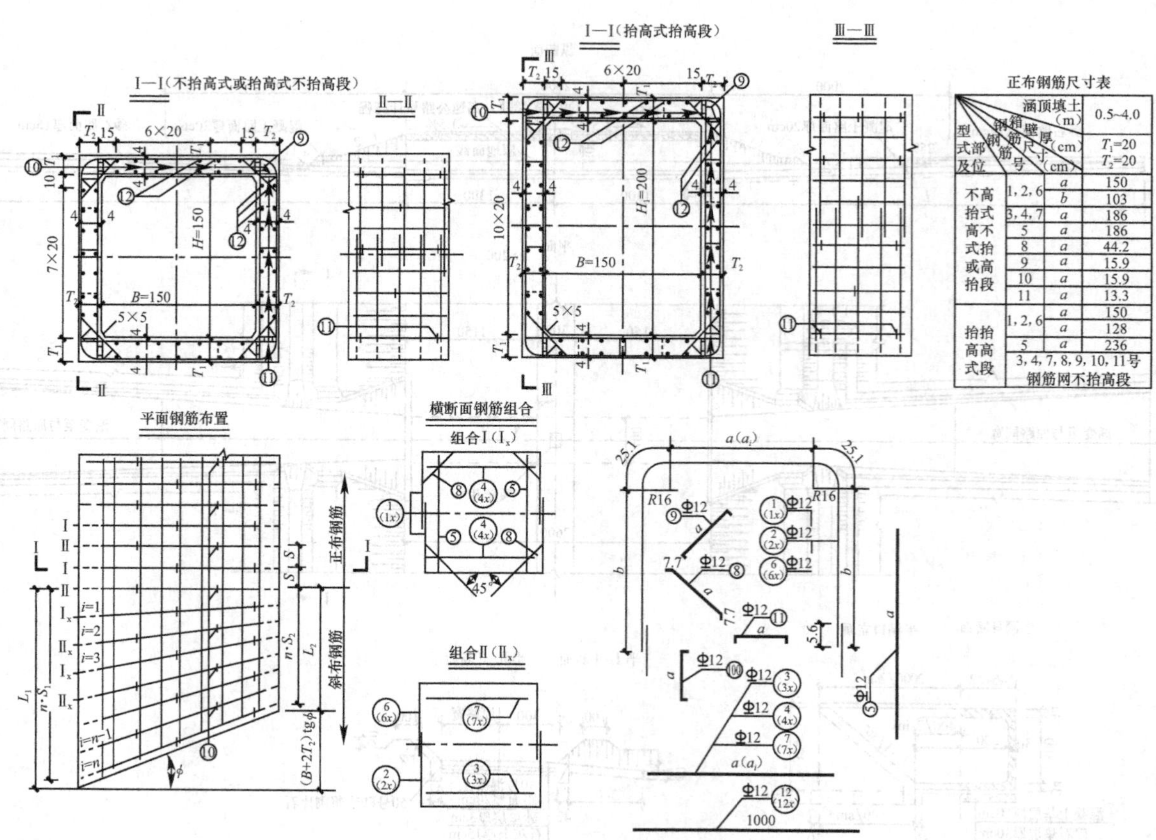

图 4-13　过街通道的钢筋混凝土结构图

5 识读市政给水排水工程施工图

给水和排水施工图按其内容大致可分为：

(1) 室内给水和排水工程施工图

表示一栋房屋的给水和排水系统，如民用建筑当中的厨房、卫生间或者厕所的给水和排水。主要包括：给水和排水工程平面图、给水排水工程系统图、设备安装详图和其他详图等。

(2) 室外给水和排水工程施工图

表示一个区域的给水和排水系统，由室外给水排水平面图、管道纵断面图以及附属设备（如泵站、检查井、闸门）等施工图组成。

(3) 水处理构筑物及工艺图

主要包括水厂、污水处理厂等各种水处理的构筑物（如澄清池、过滤池、蓄水池等）的全套施工图。包括平面布置图、流程图及工艺设计图和详图等。

排水工程图的识读要求如下：

(1) 看目录表，了解图纸的组成。

(2) 看设计说明，了解排水施工图的主要文字部分。

(3) 识读平面图，了解平面图上面污水管道的布置、管径、排向、坡度、标高等。

(4) 识读纵断面图，了解排水管道的管径、坡度、标高等，并与平面图相对应。

(5) 识读排水结构图，了解排水检查井、雨水口等结构构造。

5.1 识读图纸目录和施工设计说明

1. 给排水工程施工图图纸目录

图纸目录主要用于帮助使用者查找图纸。表5-1为某市政排水（常规开挖施工）的图纸目录。

某市政排水（常规开挖施工）图纸目录 **表5-1**

工程名称：某市政排水（常规开挖施工） 工程号：________ 专业：市政

序号	图名	备注
01	图纸目录	
02	排水施工图设计说明	
03	管位图	
04	排水平面图	
05	雨水纵断面图	
06	污水纵断面图	
07	排水结构施工图设计说明	
08	d800～d1200 承插管 135°钢筋混凝土基础	
09	单箅式雨水口平、剖面图	
10	单箅式雨水口主要工程量及钢筋表	

某市政排水（常规开挖施工）施工图设计总说明

（1）本次施工图依据以下资料进行设计：

1）甲方委托我院的工程设计合同；

2）本院现场踏勘和收集的资料；

3）《室外排水设计规范》GB 50014—2006；

4）《城市工程管线综合规划规范》GB 50289—1998；

5）国家工程建设强制性条文——给水排水部分；

6）某工程N期河道水系、竖向、排水专项规划。

（2）图中尺寸单位：除管径、检查井平面尺寸以毫米计外，其余均以米计。

（3）图中雨、污水管道里程桩与道路里程桩一致；检查井顶面标高为本处管道中心轴线位置的路面标高，是根据道路横断面设计图推算，施工时以道路设计图为准，有出入时井深可相应调整。位于道路红线范围外的检查井井顶标高须与规划街坊地坪标高一致（若无规划街坊地坪标高，近期暂按人行道外侧标高加0.05m控制）。

（4）管材：本工程雨水管 *D*e300～*D*e600管采用承插式HDPE缠绕管，环刚度不小于8kN/m^2；*d*800～*d*1200管采用离心工艺制作的Ⅱ级承插式钢筋混凝土排水管（离心管）。

（5）钢筋混凝土管和HDPE管均采用承插式接口，“（　　）”形橡胶圈密封，由管材供货商配套提供，生产厂家应通过ISO 9000质量体系认证。

（6）雨、污水街坊预留井设置于道路红线外1.0m，预留井内管道延伸方向留孔，孔内暂用水泥砂浆砖砌封堵。街坊管的数量、位置、管径及接管标高可根据实际需要经设计同意后进行调整。除另注外，雨水街坊预留井均加设0.50m落底。

（7）雨水口采用砖砌偏沟式单箅雨水口，平面尺寸510×390，雨水口连接管 *D*e225采用HDPE管，坡度为1%；道路最低点采用双箅雨水口，平面尺寸1270×390，雨水口连接管 *D*e300采用HDPE管。雨水口连管坡度一般采用0.5%。

（8）施工至交叉口前，须提前对已建或在建雨、污水管管道及检查井标高进行复测核实，或与相交路段的雨污水管道设计和施工进行衔接。若与本设计图有较大出入，请及时与设计联系。

（9）管道施工至已建路口前须摸清沿线已有地下管线，施工时须采取必要的保护措施。

（10）在施工前和施工过程中若有相交道路与本工程有关的最新资料（如施工图和工程联系单）请及时返提设计以便复核交叉口的污水管道设计，以免因相互间的缺、漏、错、碰造成交叉口的返工。

（11）本工程施工及验收执行《给水排水管道工程施工及验收规范》GB 50268—2008，未尽之处执行所在省份现行的行业标准和有关规定。

2. 给排水工程施工图设计说明

设计说明是通过文字对设计思想和艺术效果进行进一步的表达，或起到对图纸内容补充说明的作用，另外对于图纸中需要强调的部分以及未尽事宜也可以用文字进行说明。左栏为市政排水（常规开挖施工）施工图设计总说明。

室外给水与排水施工图主要表示某个小区范围内的各种室外给水排水管道的布置，与室内管道的引入管、排出管之间的连接，以及这些管道敷设的坡度、埋深与交接等情况。

1. 室外给水排水平面图的内容

图 5-1 所示为某小区室外给水排水平面图，表示了新建学生宿舍附近的给水、污水、雨水等管道的布置，及其与新建学生宿舍内给水排水管道的连接。

图 5-1 中，为了让图形清晰可见，采用了自设比例：新建给水管用粗实线表示，新建污水管用粗点画线表示，雨水管用粗虚线表示。管径都直接标注在相应的管道旁边：给水管一般采用铸铁管，以公称直径 *DN* 表示；雨水管、污水管一般采用混凝土管，则以内径 *d* 来表示。

5.2 识读室外给水排水工程图

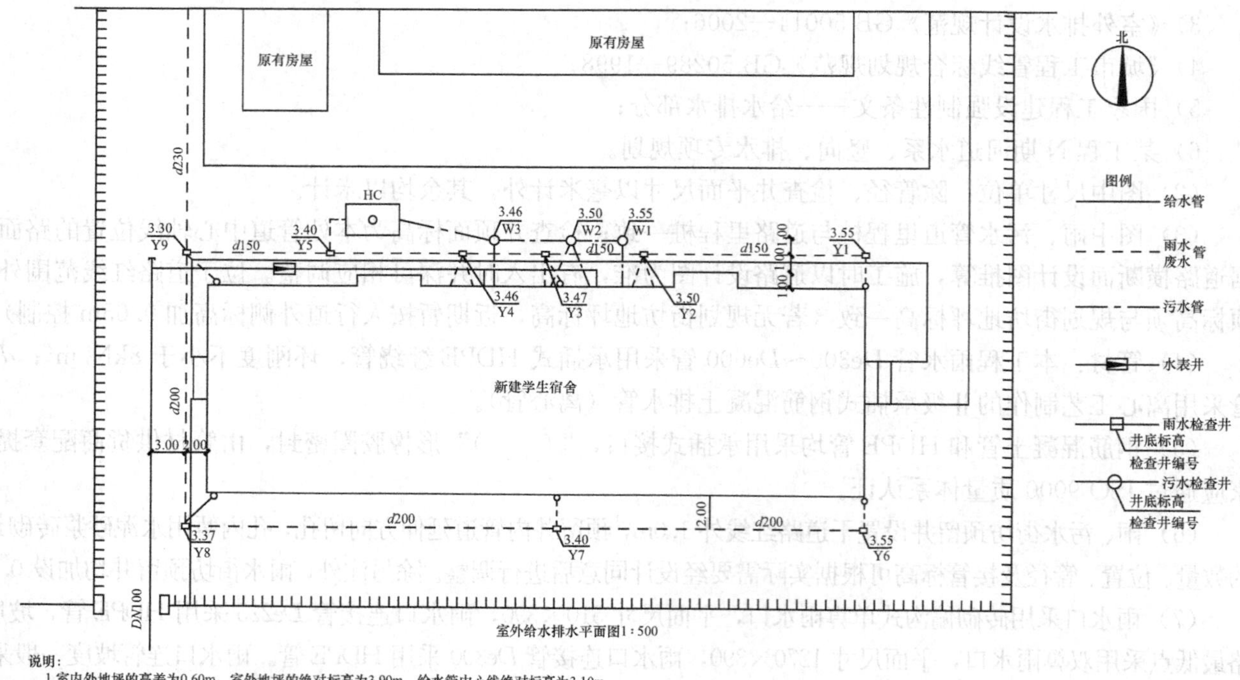

图 5-1　某小区室外给水排水平面图

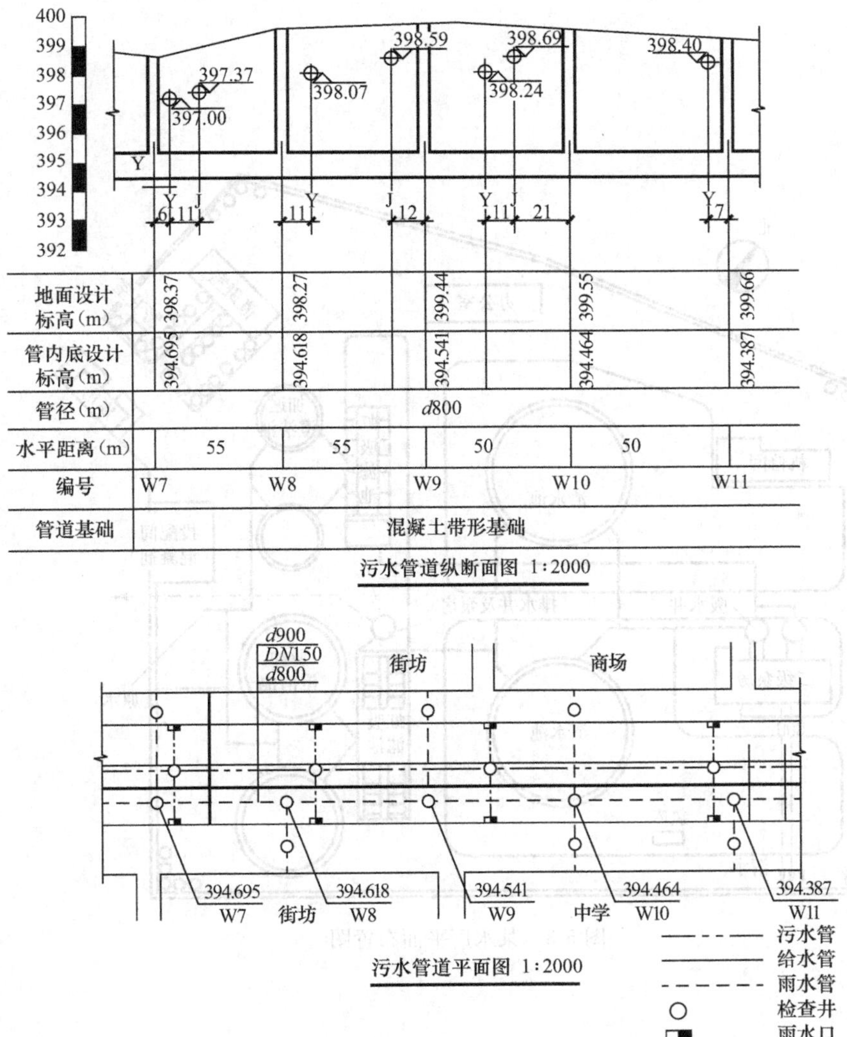

图 5-2 某街道给水排水平面图和污水管道纵断面图

2. 室外给水排水管道纵断面图的内容

图 5-2 是某街道给水排水平面图和污水管道纵断面图，它是沿干管轴线铅垂剖切后画出的断面图，压力流管道用单粗实线绘制，重力流管道用双粗点画线和粗虚线绘制；地面、检查井、其他管道的横断面等用细实线绘制。图中还在其他管道的横断面处，标注了管道类型的代号、定位尺寸和标高。在断面图下方，用表格分项列出该干管的各项设计数据，例如：设计地面标高、设计管内底标高（指重力管）、管径、水平距离等内容。此外，还常在最下方画出管道的平面图，与管道纵断面图对应，便可补充表达出该污水干管附近的管道、设施和建筑物等情况。同时，这条街道下面的给水干管、雨水干管，标注出了管径，标注了它们之间以及与街道的中心线、人行道之间的水平距离；各类管道的支管和检查井以及街道两侧的雨水井；街道两侧的人行道，建筑物和支管道口等。

3. 识读实例

【例 5-1】 识读某水厂平面布置图。

图 5-3 所示为某水厂平面布置图，它是由生产构筑物、辅助构筑物和合理的道路布置等组成。

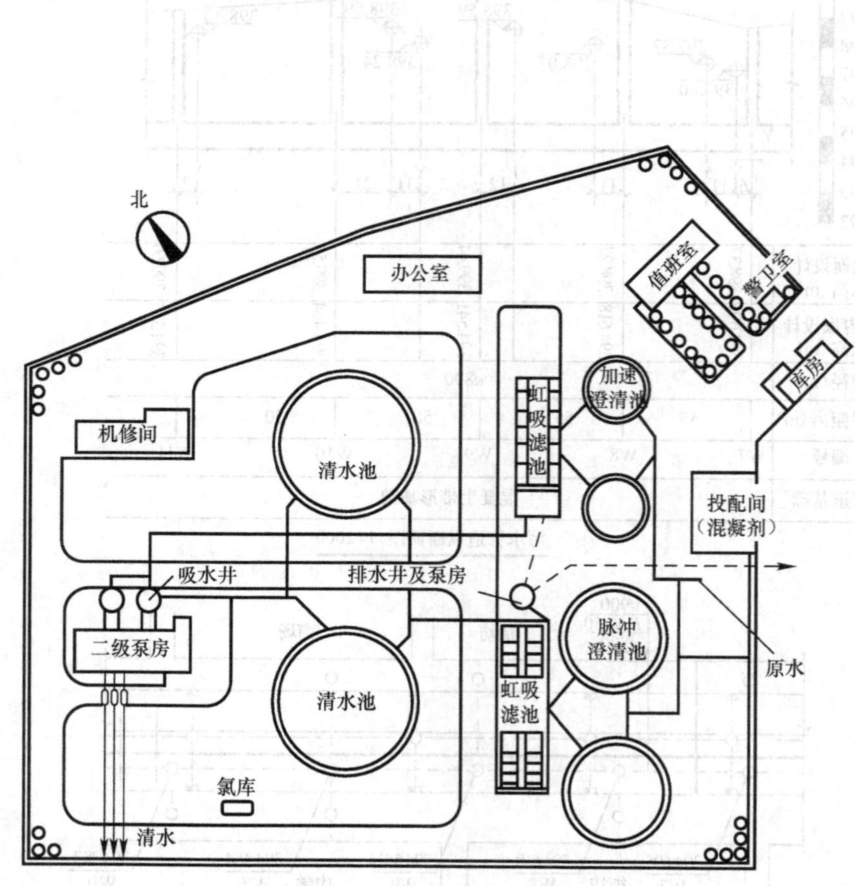

图 5-3　某水厂平面布置图

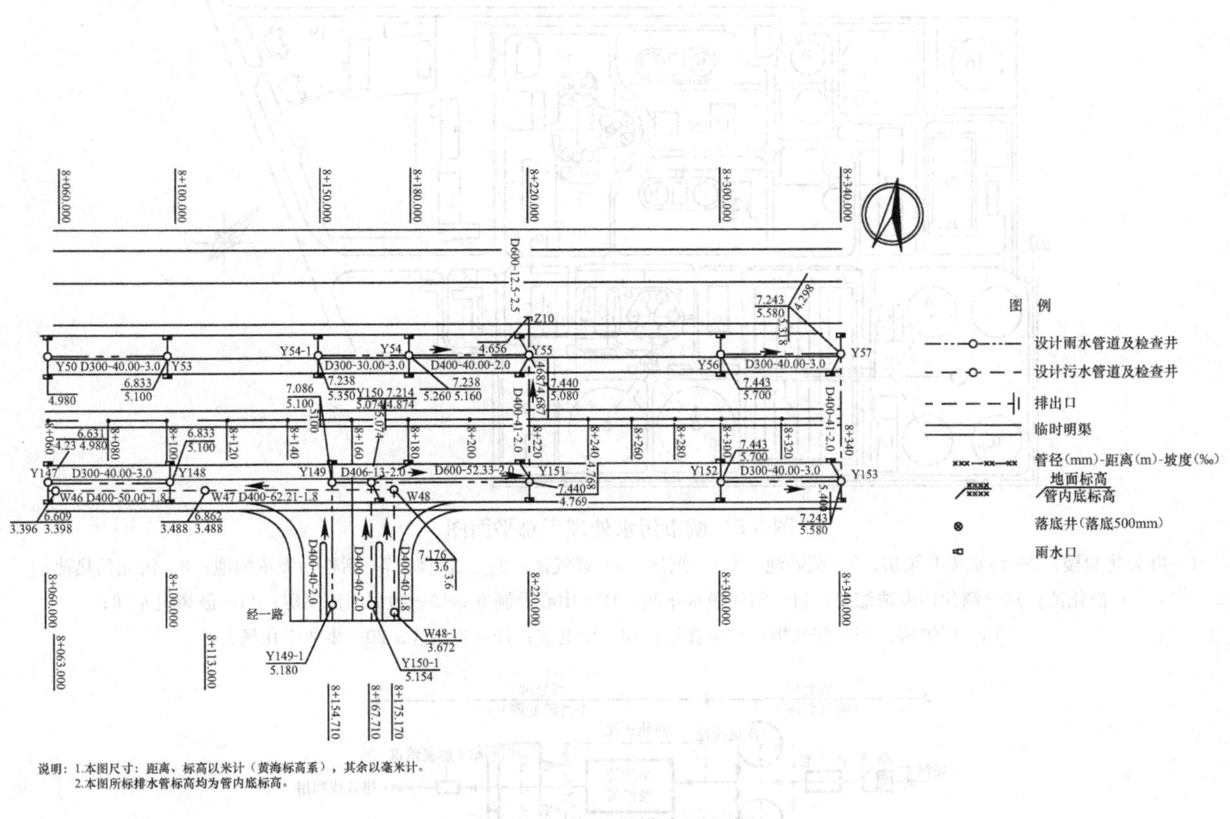

图 5-4 某工程排水平面图

【例 5-2】 识读某工程排水平面图。

图 5-4 所示为某工程排水平面图，表现的内容有：排水管布置位置、管道标高、检查井布置位置、雨水口布置情况等。图中雨水管采用粗点画线、污水管道采用粗虚线表示，并在检查井边标注“Y”、“W”分别表示雨水、污水井代号；排水平面图上画的管道均为管道中心线，其平面定位即管道中心线的位置；排水平面图中标注应表明检查井的桩号、编号及管道直径、长度、坡度、流向和检查井相连的各管道的管内底标高。

【例 5-3】 识读某城市污水处理厂总平面图。

城市污水处理厂总平面图如图 5-5 所示，污水处理的典型流程图如图 5-6 所示。

从图中我们可以看到，一级处理属于物理处理，二级处理属于生物处理，而污泥处理采用厌氧生物处理即消化。为缩小污泥消化池的容积，两个沉池的污泥在进入消化池前需要进行浓缩。经处理后的污泥可进行综合利用，污泥气可做化工原料或燃料使用。

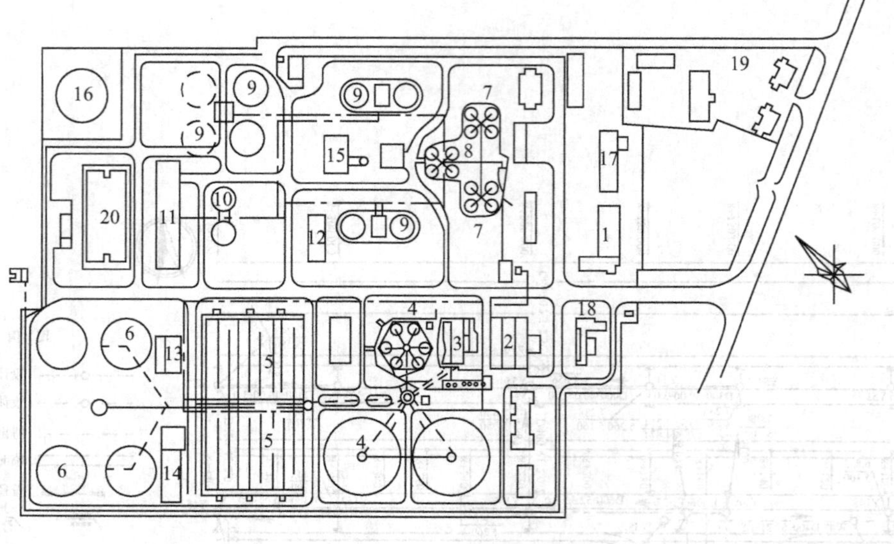

图 5-5 城市污水处理厂总平面图

1—办公化验楼；2—污水提升泵房；3—沉砂池；4—一沉池；5—曝气池；6—二沉池；7—活性污泥浓缩池；8—污泥预热池；9—消化池；10—消化污泥浓缩池；11—污泥脱水车间；12—中心控制室；13—污泥回流泵房；14—鼓风机车间；15—锅炉房；16—储气柜；17—食堂；18—变电室；19—生活区；20—事故干化场

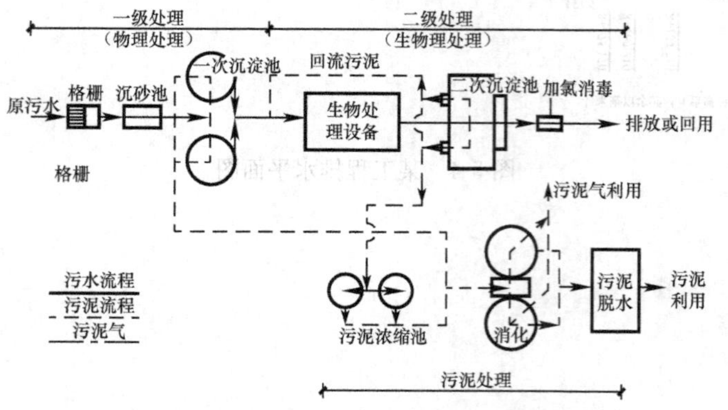

图 5-6 城市污水处理的典型流程图

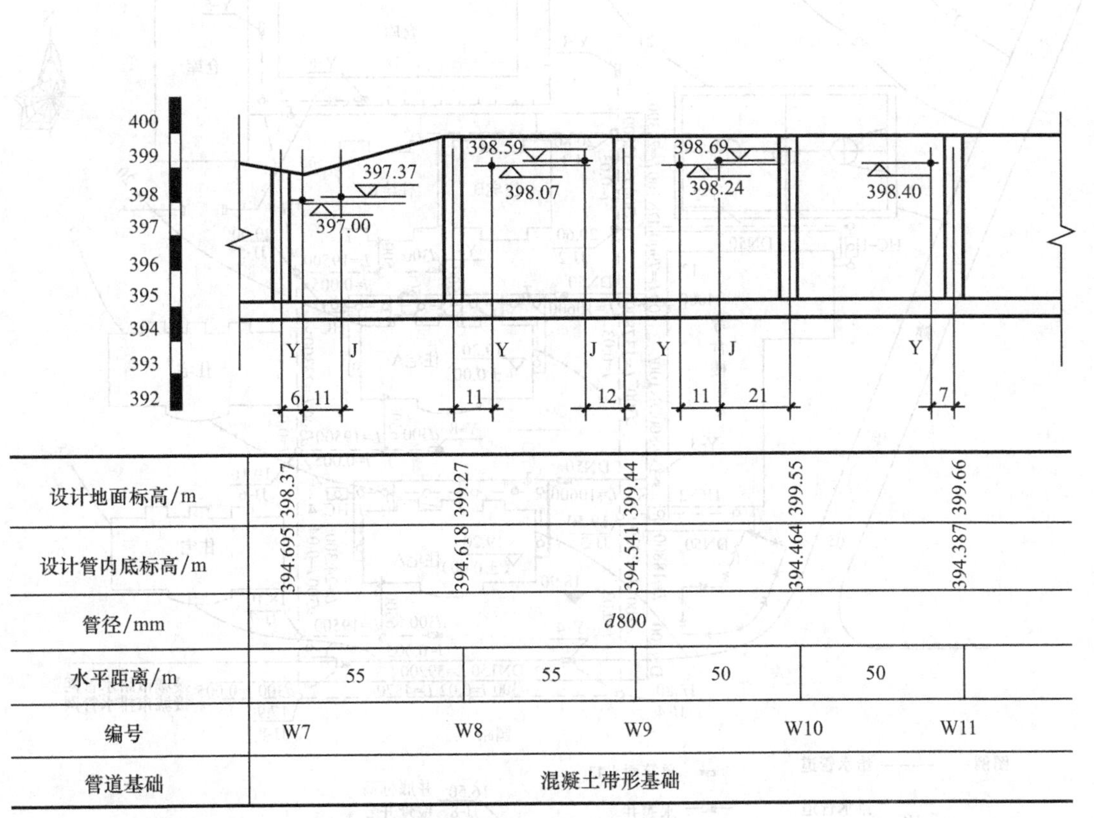

设计地面标高/m	398.37	399.27	399.44	399.55	399.66
设计管内底标高/m	394.695	394.618	394.541	394.464	394.387
管径/mm	d800				
水平距离/m	55	55	50	50	
编号	W7	W8	W9	W10	W11
管道基础	混凝土带形基础				

图 5-7 某给排水管道纵断面图（1∶2000）

【例 5-4】 识读某工程给排水平面图。

图 5-7、图 5-8 所示为某给排水工程管道纵断面图和平面图。从图上可以清楚地看到设计地面标高和管底标高，管道埋设深度，管道的管径、坡度、长度，检查井的编号以及检查井的距离，所铺设管道的管材、基础形式及接口形式等内容。

(1) 给水管道系统的识读

原有给水管道由东南角的城市水管网引入，管径 *DN*100。给水管一直向北再折向东。沿途分别设置两支管接入综合楼、住宅B和仓库，并分别在综合楼和仓库前设置了一个室外消火栓。

新建A型住宅楼的给水管道从综合楼东面的原有引水管引入，管中心与住宅楼北阳台外墙距离为 2.5m，管径为 *DN*50，其上先装一个阀门及水表，以控制整栋楼的用水，并进行计量。而后接 4 条干管至房间，每一单元有两条干管。每栋楼的西北角设置了一个室外消火栓。

（2）排水管道系统的识读

从图中可以看出污水和雨水两个系统结合在一起排放，所以工程采用的是合流制。东路接纳东北角仓库的污水和雨水，西路接纳综合楼和住宅B的污水和雨水。综合楼和住宅B的污水经过化粪池简单处理后排入排水干管。图中新建住宅A的排水管位于楼的北边，距离楼的北外墙2.8m处，接纳住宅A的污水汇集到化粪池HC，排入东边的排水干管，最后排入城市给水管网。

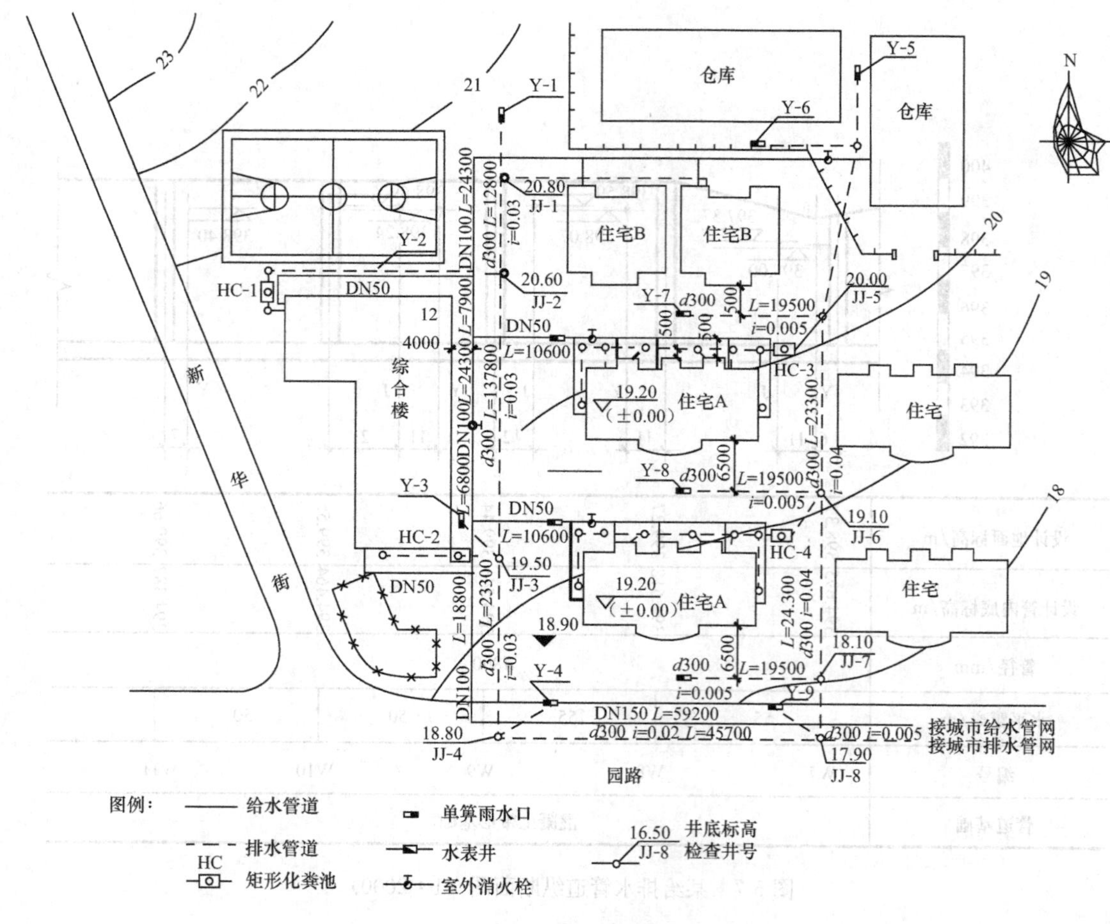

图5-8 某给排水平面图

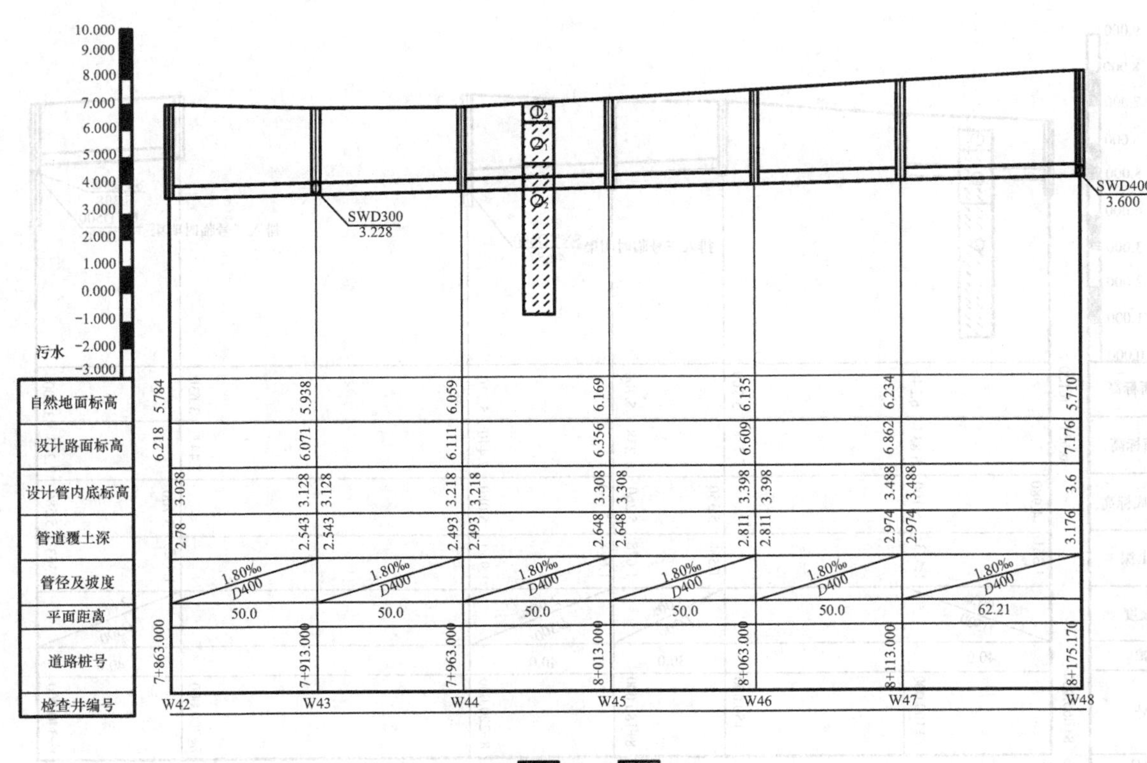

图 5-9　道路北侧雨水纵断图

【例 5-5】 识读某排水工程纵断面图。

如图 5-9、图 5-10 所示，排水工程纵断面图中主要表示：管道敷设的深度、管道管径及坡度、路面标高及相交管道情况等。纵断图中水平方向表示管道的长度、垂直方向表示管道直径及标高，通常纵断面图中纵向比例比横向比例放大 10 倍；图中横向粗实线表示管道、细实线表示设计地面线、两根平行竖线表示检查井，雨水纵断面图中若竖线延伸至管内底以下的则表示落底井；图中可了解检查井支管接入情况以及与管道交叉的其他管道管径、管内底标高、与相近检查井的相对位置等，如支管标注中“SYD400”分别表示“方位（由南向接入）、代号（雨水）、管径（400mm）”。

以雨水纵断图中 Y54～Y55 管段为例说明图中所示内容：

(1) 自然地面标高：指检查井盖处的原地面标高，Y54 井自然地面标高为 5.700m。

(2) 设计路面标高：指检查井盖处的设计路面标高，Y54 井设计路面标高为 7.238m。

(3) 设计管内底标高：指排水管在检查井处的管内底标高，Y54 井的上游管内底标高为 5.260m，下游管内底标高为 5.160m，为管顶平接。

(4) 管道覆土深：指管顶至设计路面的土层厚度，Y54 处管道覆土深为 1.678m。

(5) 管径及坡度：指管道的管径大小及坡度，Y54～Y55 管段管径为 300mm，坡度为 2‰。

(6) 平面距离：指相邻检查井的中心间距，Y54～Y55 平面距离为 40m。

(7) 道路桩号：指检查井中心对应的桩号，一般与道路桩号一致，Y54 井道路桩号为 8+180.000。

(8) 检查井编号：Y54、Y55 为检查井编号。

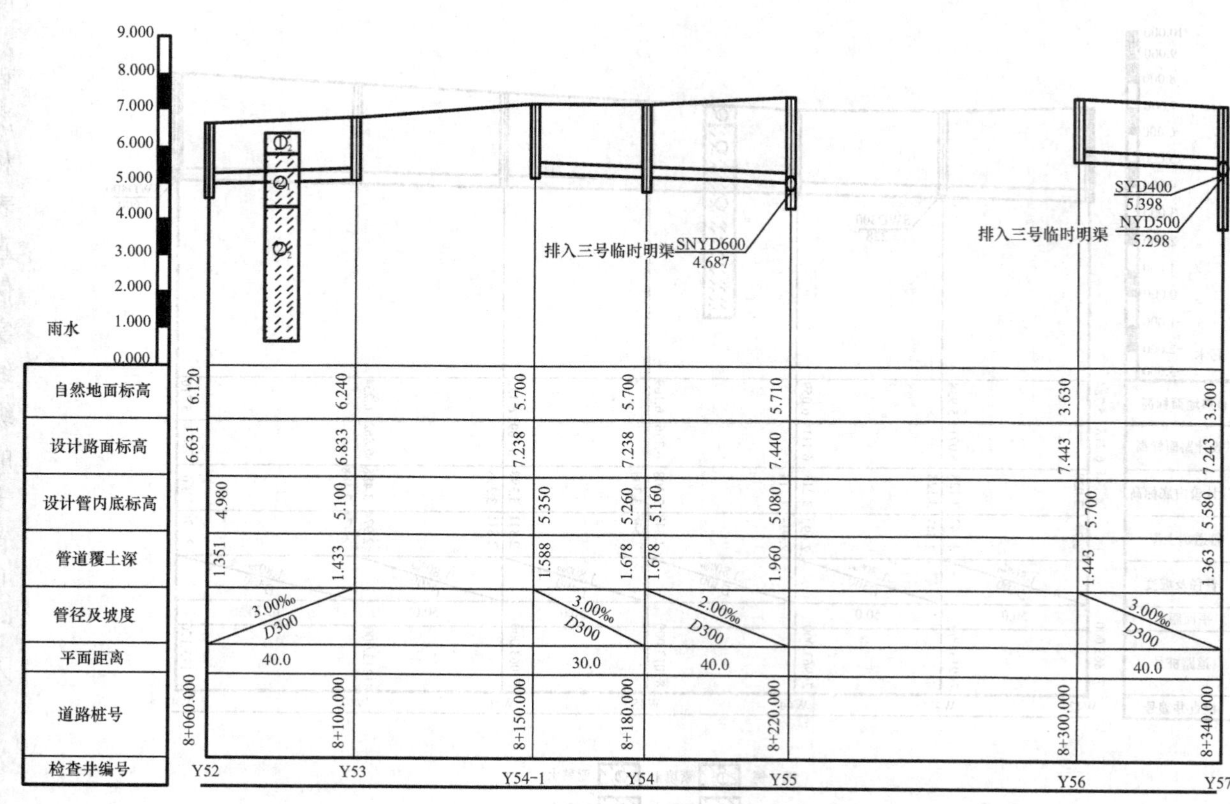

	Y52	Y53	Y54-1	Y54		Y55	Y56	Y57
自然地面标高	6.120	6.240	5.700	5.700		5.710	3.630	3.500
设计路面标高	6.631	6.833	7.238	7.238		7.440	7.443	7.243
设计管内底标高	4.980	5.100	5.350	5.260	5.160	5.080	5.700	5.580
管道覆土深	1.351	1.433	1.588	1.678	1.678	1.960	1.443	1.363
管径及坡度	3.00‰ D300		3.00‰ D300		2.00‰ D300		3.00‰ D300	
平面距离	40.0		30.0		40.0		40.0	
道路桩号	8+060.000	8+100.000	8+150.000	8+180.000		8+220.000	8+300.000	8+340.000
检查井编号	Y52	Y53	Y54-1	Y54		Y55	Y56	Y57

图 5-10　污水纵断图

5.3 识读给水排水管道各部件工程图

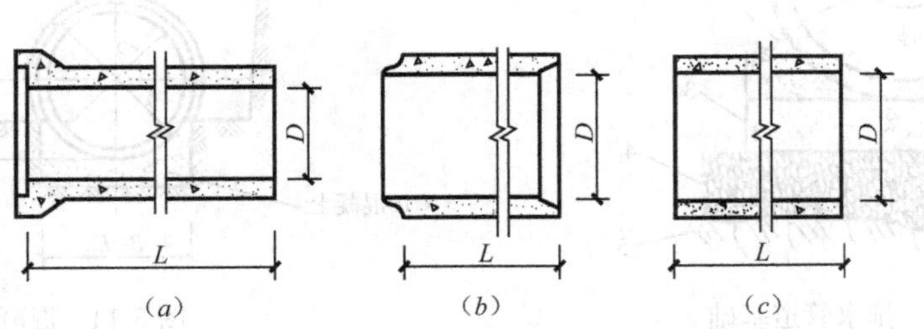

图 5-11 混凝土管和钢筋混凝土管

(*a*) 承插式；(*b*) 企口式；(*c*) 平口式

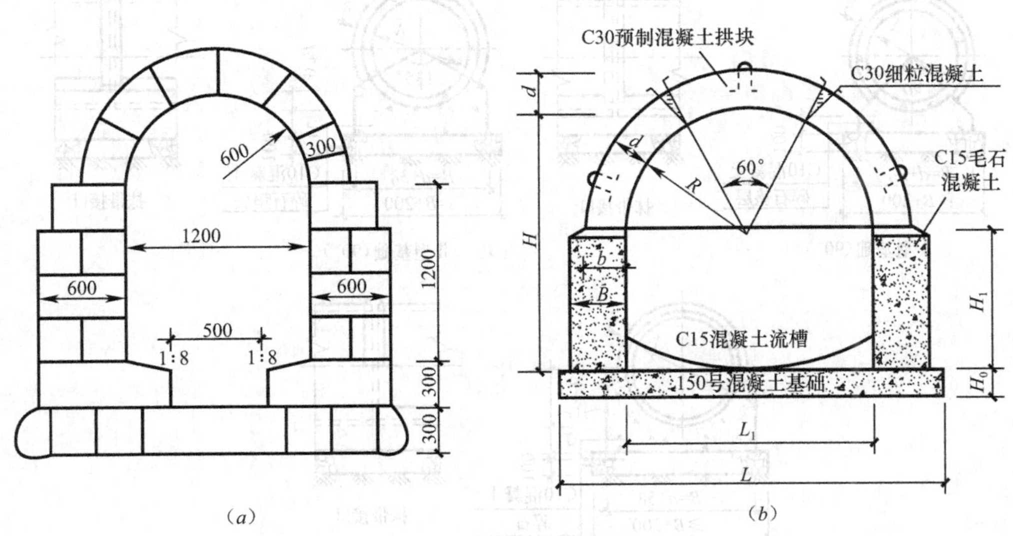

图 5-12 排水渠道

(*a*) 石砌渠道；(*b*) 预制混凝土块拱形渠道

1. 排水管口形式

承插式、平口式、企口式等，排水管口可用混凝土管和钢筋混凝土材质的管材，如图 5-11 所示。

2. 排水渠道构造图

排水渠道一般有砖砌、石砌、钢筋混凝土渠道，断面形式有圆形、矩形、半椭圆形等，如图 5-12 所示。

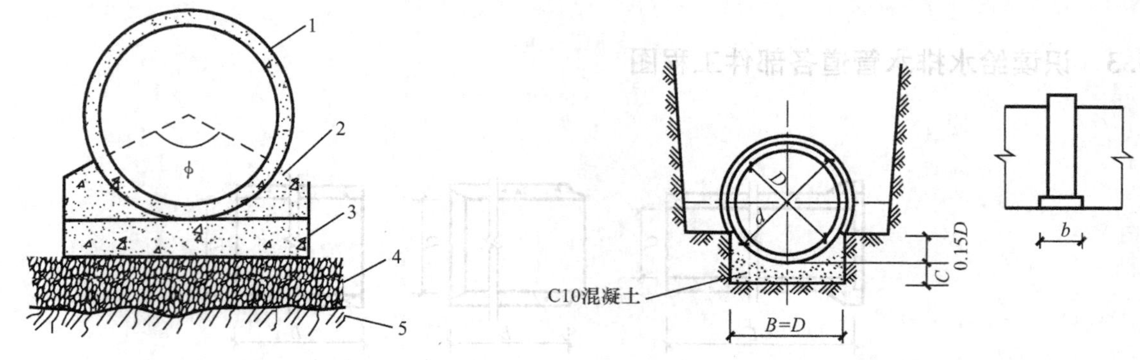

图 5-13 排水管道基础

1—管道；2—管座；3—基础；4—垫层；5—地基

图 5-14 混凝土枕基

3. 排水管道基础图

排水管道的基础包括地基、基础和管座三部分，如图 5-13 所示。通常情况下，排水管道有沙土基础、混凝土枕基（图 5-14）、混凝土带形基础（图 5-15）三种。

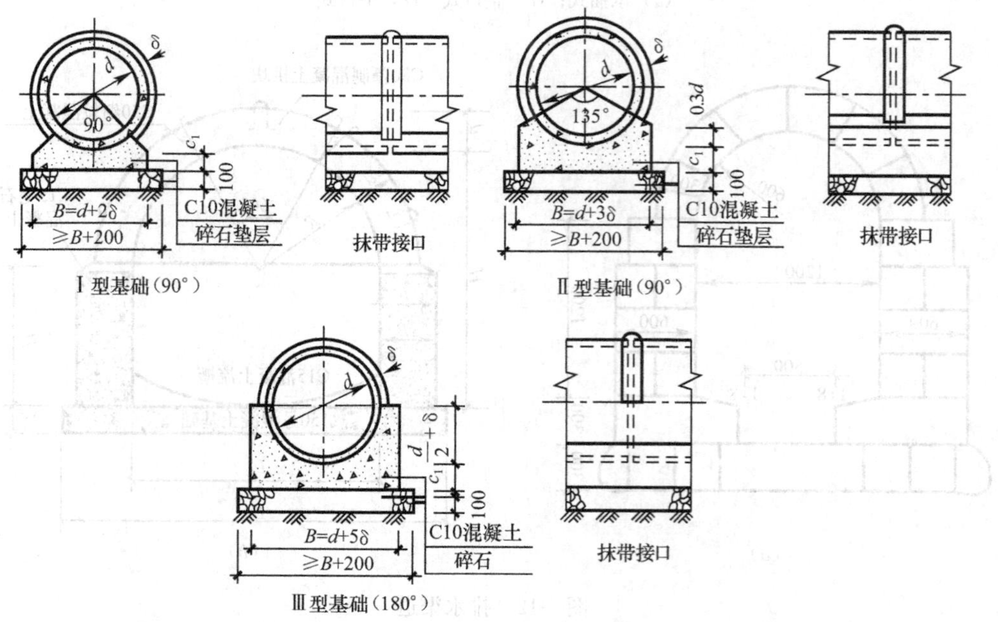

图 5-15 混凝土带形基础

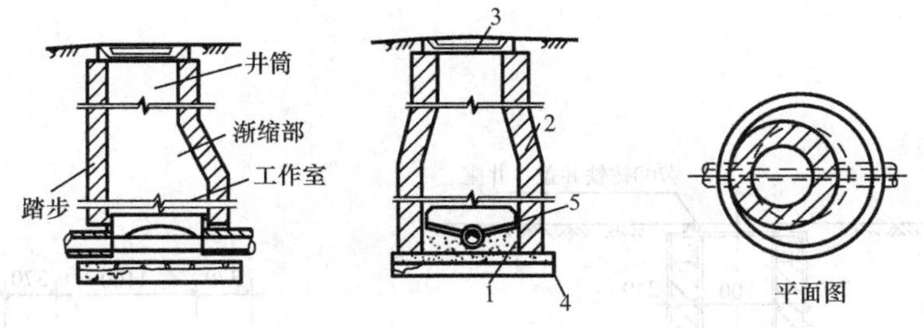

图 5-16　检查井

1—井底；2—井身；3—井盖及盖座；4—井基；5—沟肩

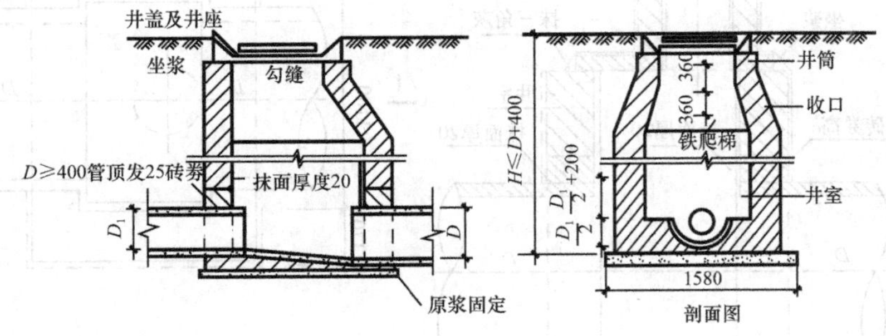

图 5-17　ϕ1000 圆形雨水检查井

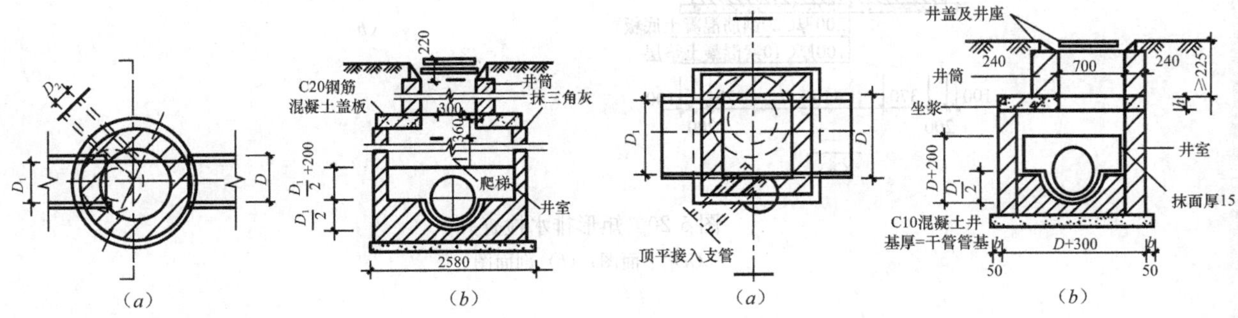

图 5-18　ϕ1500 圆形雨水检查井

（a）平面图；（b）剖面图

图 5-19　矩形直线雨水检查井

（a）平面图；（b）剖面图

4. 检查井构造图

检查井的平面形状一般为圆形。检查井由井底（包括基础）、井身和井盖（包括盖座）三部分组成，如图 5-16 所示。

几种常用检查井的构造图如图 5-17～图 5-19 所示。

排水检查井识图，如图 5-20 所示。

（1）检查井室尺寸为 1100mm，壁厚为 370mm；井筒为 ϕ700，壁厚 240mm。井盖座采用铸铁井盖、井座。

（2）图中检查井为落底井，落底井深度为 500mm。井室及井筒均为砖砌，并用水泥砂浆抹面，厚度为 20mm。

（3）基础采用 C20 钢筋混凝土底板及 C10 素混凝土垫层。

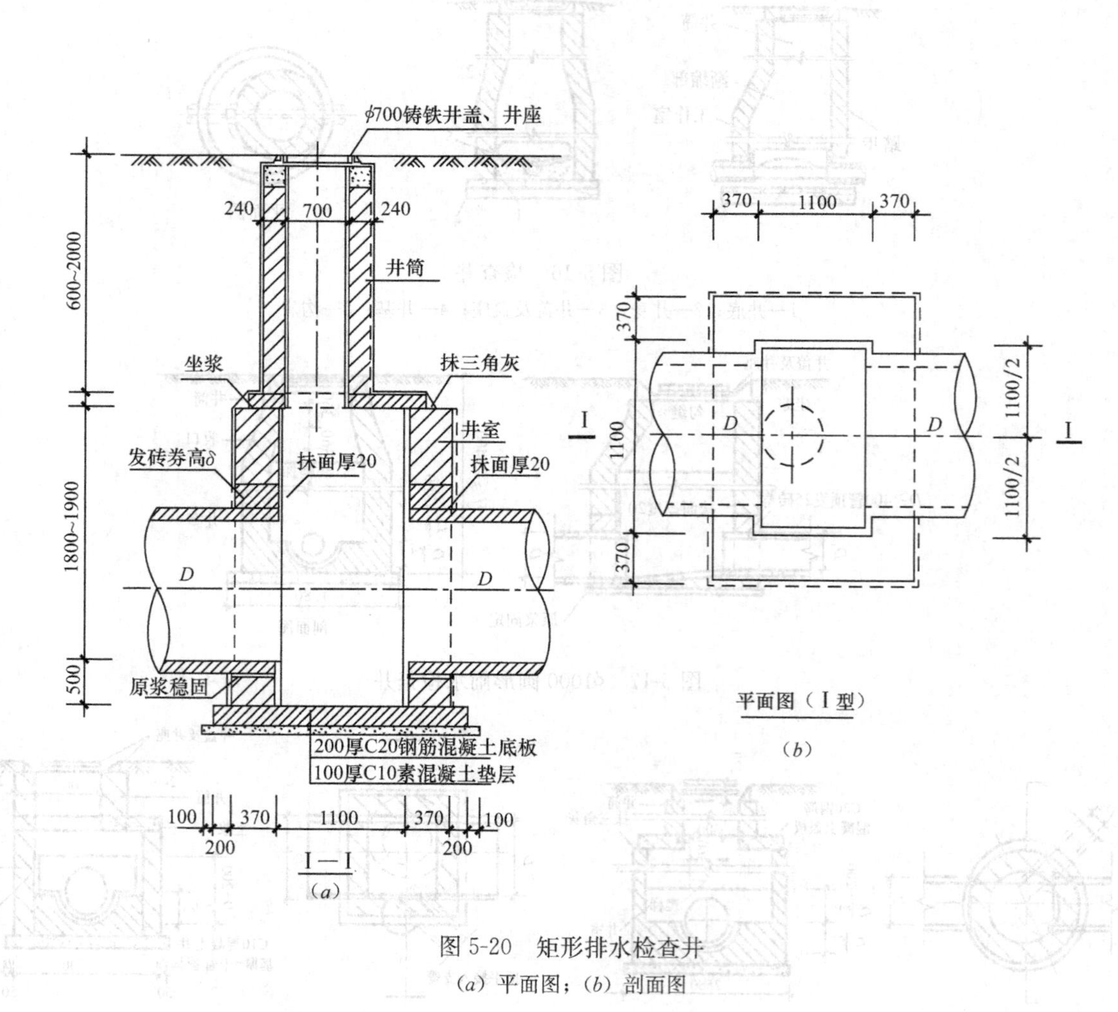

图 5-20 矩形排水检查井

(a) 平面图；(b) 剖面图

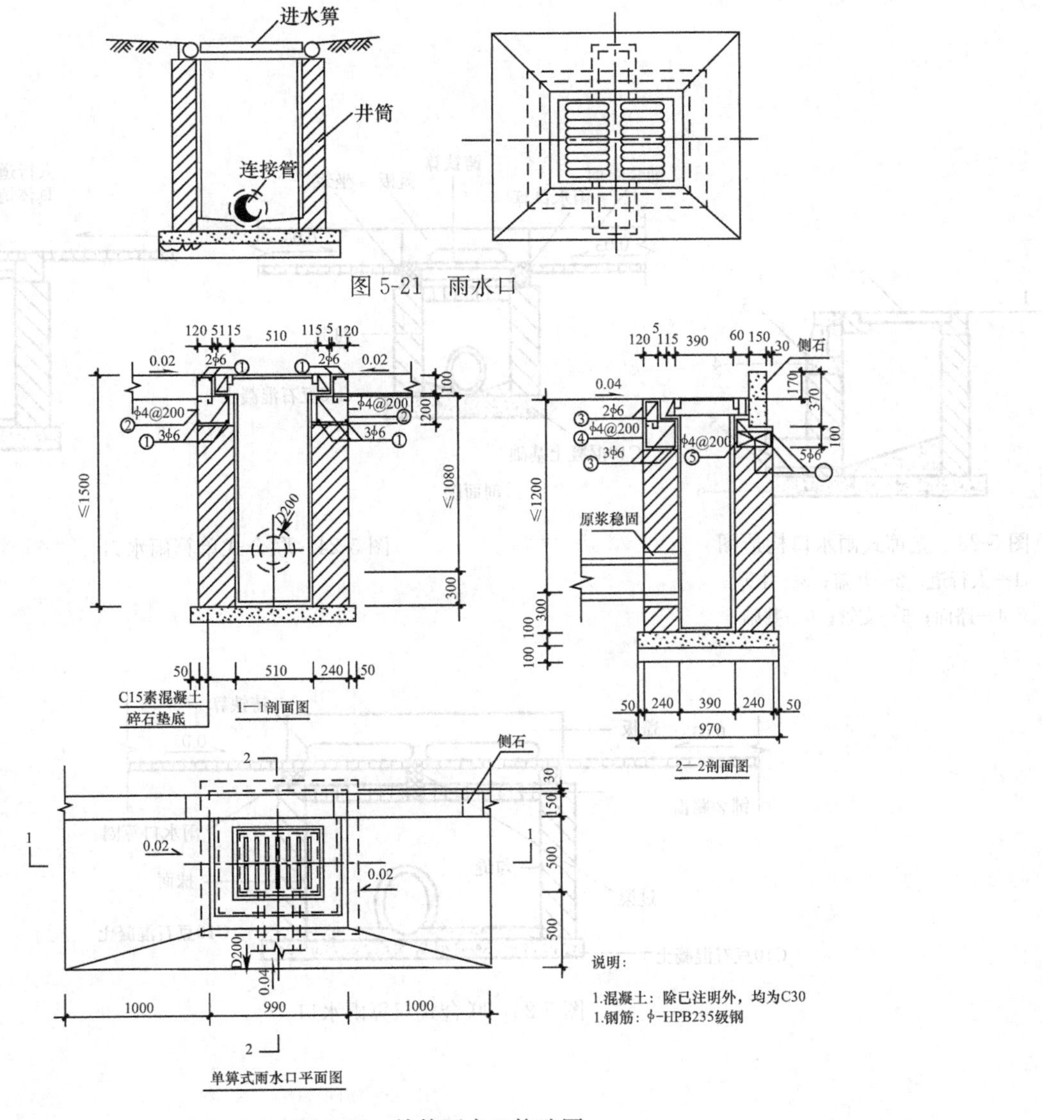

图 5-21 雨水口

图 5-22 单箅雨水口构造图

5. 雨水口构造图

雨水口的构造包括水箅、井筒和连接管三部分，如图 5-21 所示。按照集水方式不同，雨水口分为平箅式、立箅式和联合式。

（1）平箅式

雨水口的收水井箅呈水平状态设在道路或道路边沟上，收水井箅与雨水流动方向平行。平箅式雨水口又分为单箅和双箅。图 5-22 为单箅雨水口构造图。

（2）立箅式

雨水口的收水井箅呈竖直状态设在人行道的侧缘石上。井箅与雨水流动方向呈正交。图 5-23 所示为立箅式雨水口构造图。

（3）联合式

联合式融合了以上两种设置方式，其两井箅成直角。联合式雨水口又分成单箅式、双箅式，如图 5-24、图 5-25 所示。

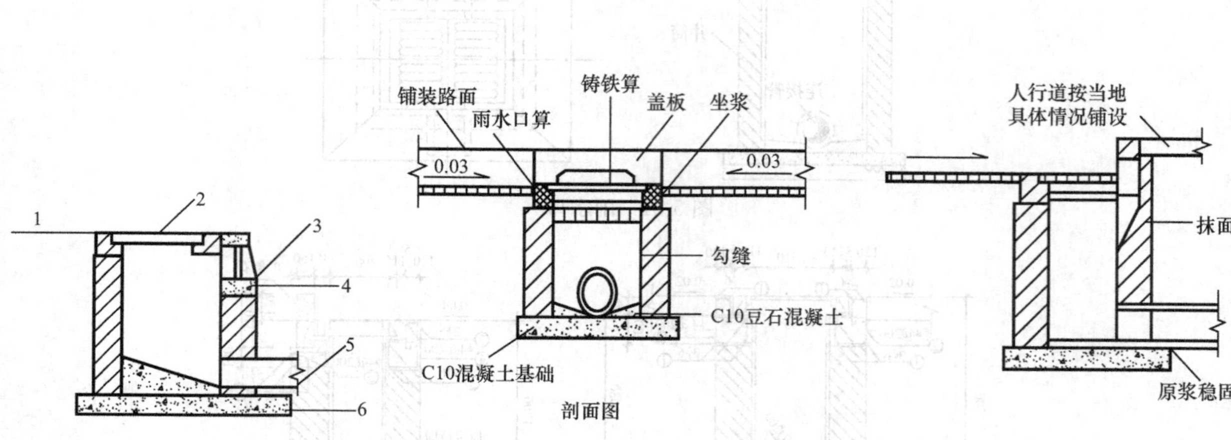

图 5-23　立箅式雨水口构造图

1—人行道；2—井盖；3—井箅；4—路面；5—支管；6—基础

图 5-24　联合式单箅雨水口

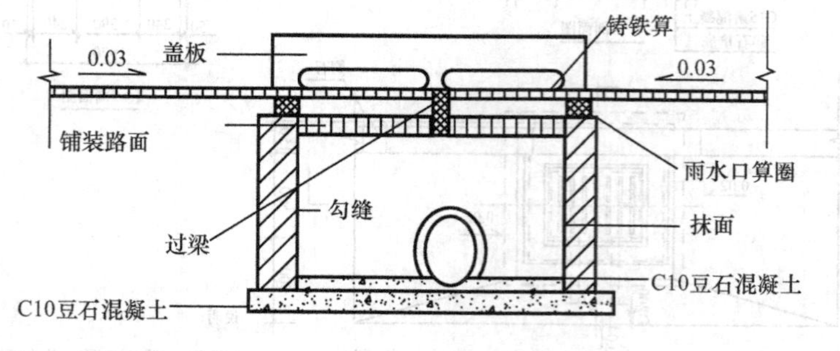

图 5-25　联合式双箅雨水口

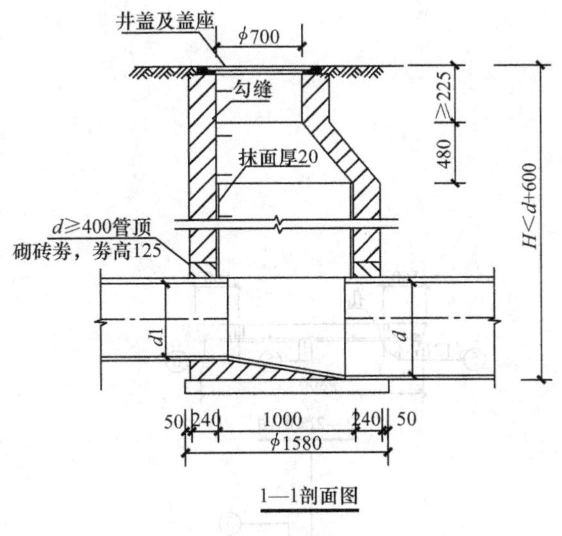

1—1剖面图

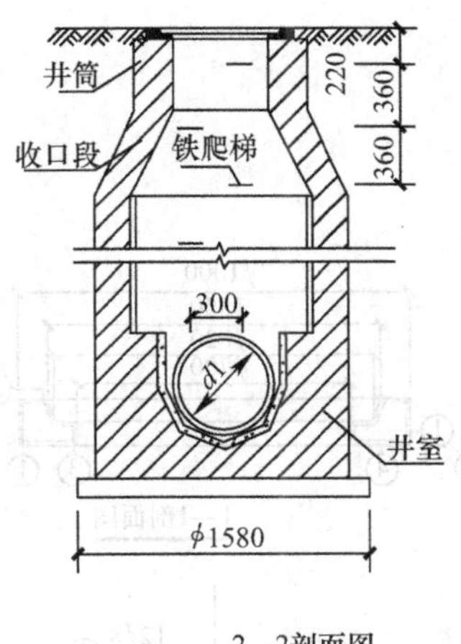

2—2剖面图

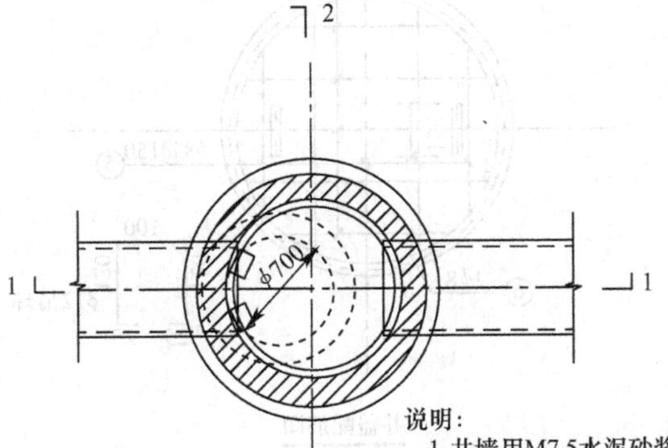

平面图

工程数量表

管径 d	砌砖体（m³）			C15混凝土（m³）	砂浆抹面（m³）
	7.62	7.62	7.62		
200	0.39	1.98	0.71	0.20	7.62
300	0.39	2.10	0.71	0.20	7.62
400	0.39	2.21	0.71	0.20	7.62
500	0.39	2.32	0.71	0.22	7.62
600	0.39	2.41	0.71	0.24	7.62

说明：

1.井墙用M7.5水泥砂浆砌MU10砖；无地下水时，可用M5混合砂浆砌MU10砖。

2.抹面、勾缝均用1:2水泥砂浆。

3.遇到地下水时，井外壁抹面至地下水位以上500mm，厚20mm，井底铺碎石，厚100mm。

4.井室高度，自井底至收口段一般为d+1800，当埋深不允许时，可酌情减少。

5.井基材料采用C15混凝土，厚度等于干管管基厚度，若干管为土基时，井基厚度为100mm。

图 5-26　室外砖砌污水检查井详图

6. 管道上的构配件详图

图 5-26 所示为室外砖砌污水检查井详图。图中，因为检查井外形简单，需要表述的只有内部干管及接入支管的连接和检查井的构造情况，所以三个投影都采用剖面图的形式。其中检查井的平面图与建筑平面图的表述方式一样，实为水平剖面图，但是其他两个剖面图中不标注剖切符号，图中的两虚线圆是上端井盖的投影。

图 5-27 所示为盖座及井盖的配筋图。

说明如下：

（1）混凝土 C25。

（2）钢筋保护层盖座 75mm，井盖 20mm。

（3）设计荷载 4kN/m，适用于人行道及车辆通行之处。

（4）构件表面和底面要求平整，尺寸误差不应超过±10mm。

（5）吊环严禁使用冷加工钢筋。

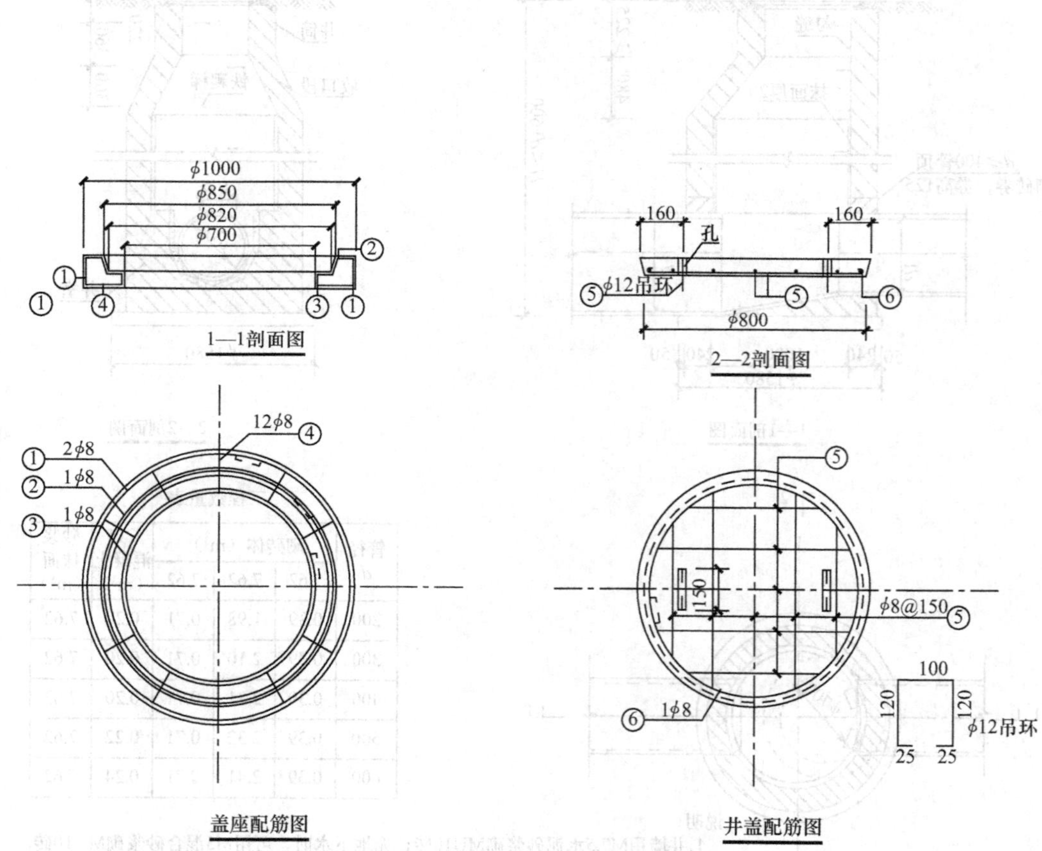

图 5-27　盖座及井盖的配筋图

5.4 识读给水管道工程施工图

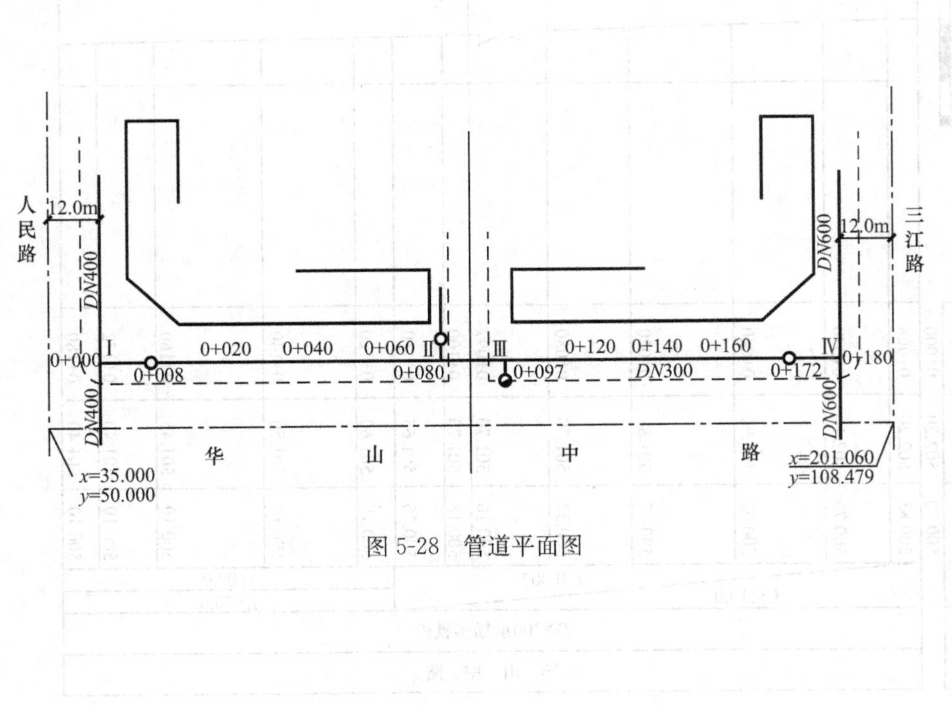

图 5-28 管道平面图

1. 给水管道工程施工图的内容

给水管道施工图一般包括平面图、纵剖面图、大样图和节点详图 4 种。

(1) 平面图识读

管道平面图主要表现管道在平面上的相对位置以及管道敷设地带一定范围内的地形、地物和地貌情况，如图 5-28 所示。

（2）纵剖面图

纵剖面图主要表现管道沿线的埋设情况，如图5-29所示。

图5-29 纵剖面图

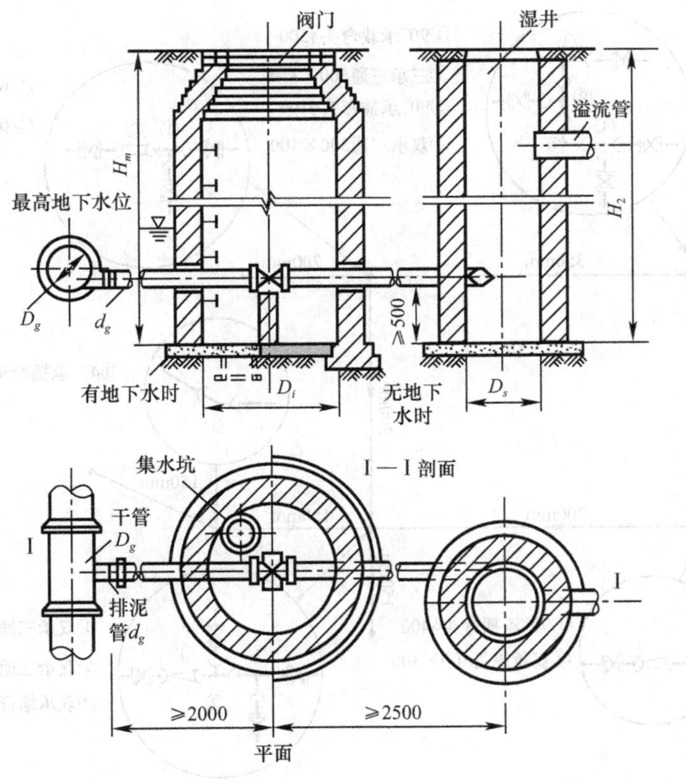

图 5-30 泄水阀井

(3) 大样图

大样图主要是指阀门井、消火栓井、排气阀井、泄水井等的施工详图，一般由平面图和剖面图组成，如图 5-30 所示的泄水阀井。

（4）节点详图

节点详图主要表现管网节点处各管件间的组合、连接情况，以保证管件组合经济合理，水流通畅，如图 5-31 所示。

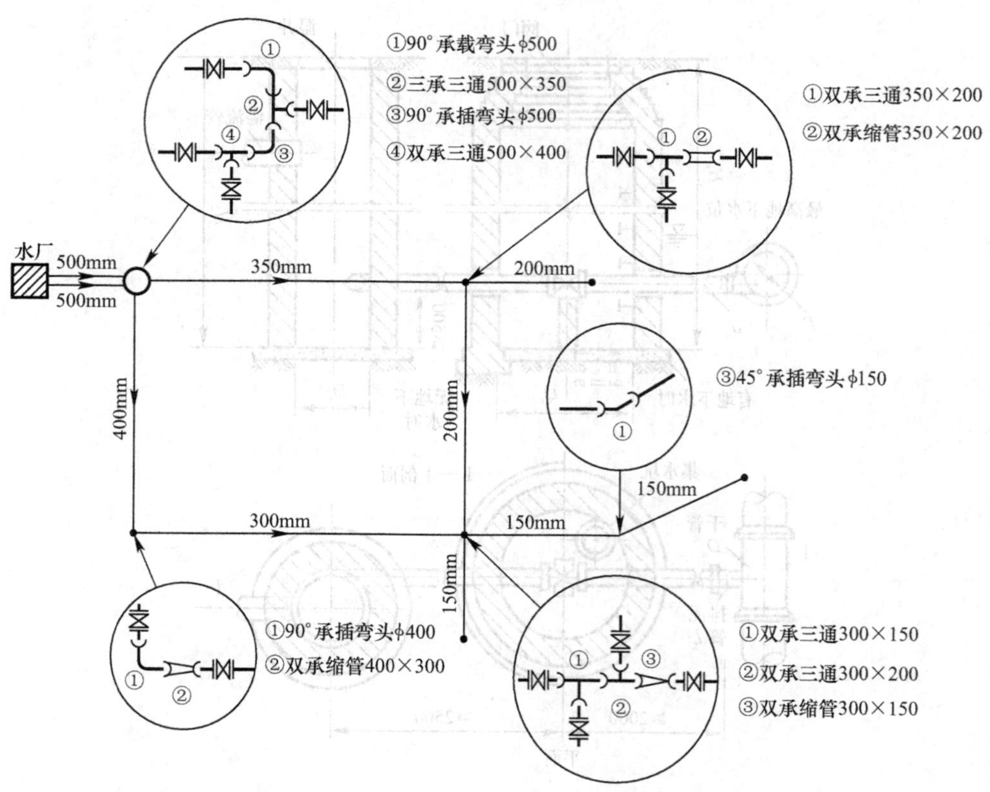

图 5-31　节点详图

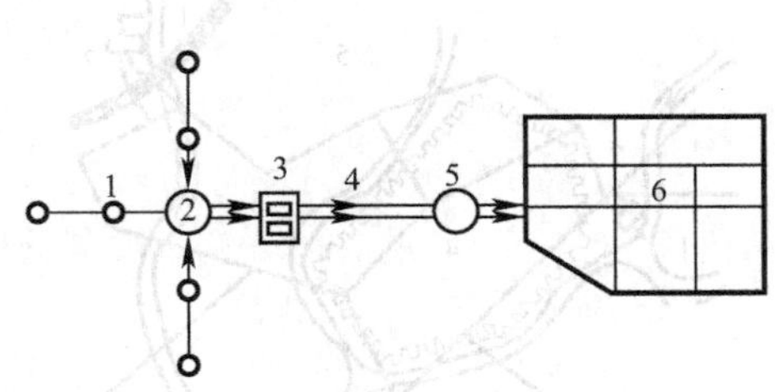

图 5-32　以地下水为水源的城市给水系统示意图

1—井群；2—吸水井；3—泵站；4—干管；5—水塔；6—管网

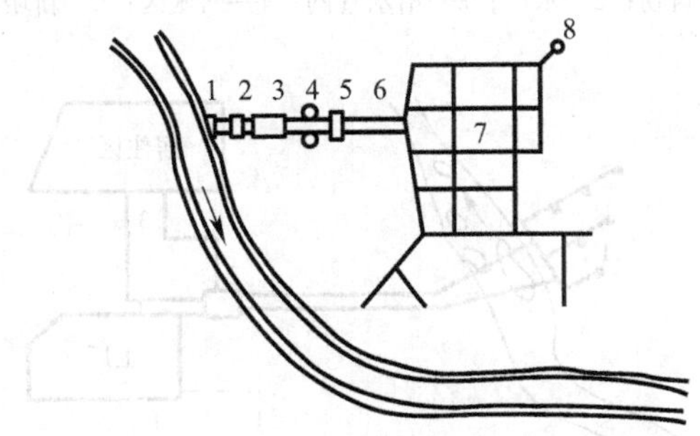

图 5-33　以地表水为水源的城市给水系统示意图

1—取水构筑物；2—一级泵站；3—处理构筑物；4—清水池；5—二级泵站；6—干管；7—管网；8—水塔

2. 识图实例

【例 5-6】 识读不同水源的城市给水系统图例。

图 5-32 所示为以地下水为水源的城市给水系统示意图。由图 5-32 可以看出，该系统主要由井群、吸水井、泵站、干管、水塔、管网组成。

图 5-33 所示为以地表水为水源的城市给水系统示意图。由图 5-33 所示可以看出，取水构筑物 1 从江河取水，经一级泵站 2 送往处理构筑物 3，处理后的清水贮存在清水池 4 中，二级泵站 5 从清水池取水，经输水干管送往管网 7 供应用户。

【例 5-7】 识读不同给水系统图。

图 5-34 所示为统一给水系统示意图。由图 5-34 可以看出，统一给水系统主要由取水构筑物、水厂、给水管网、旧城区、新城区等几部分组成。

图 5-35 所示为分质给水系统示意图。由图 5-35 可以看出，分质给水系统主要由井群、泵站、生活用水管网、生产用水管网、取水构筑物、生产用水处理构筑物等几部分组成。

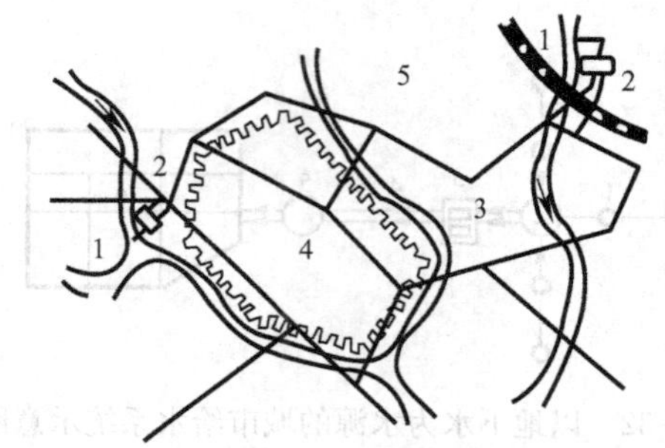

图 5-34 统一给水系统示意图

1—取水构筑物；2—水厂；3—给水管网；4—旧城区；5—新城区

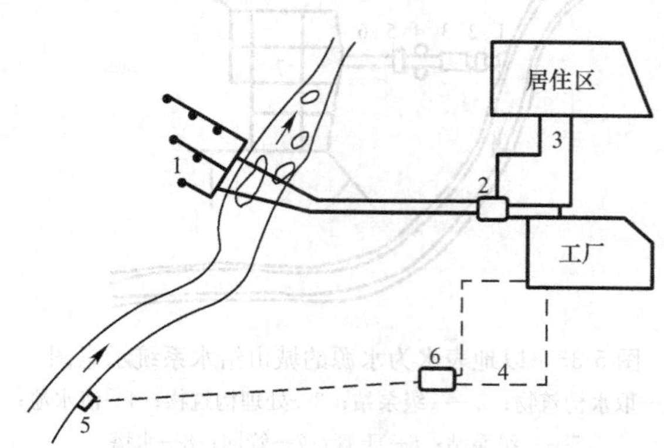

图 5-35 分质给水系统示意图

1—管井群；2—泵站；3—生活用水管网；4—生产用水管网；5—取水构筑物；6—生产用水处理构筑物

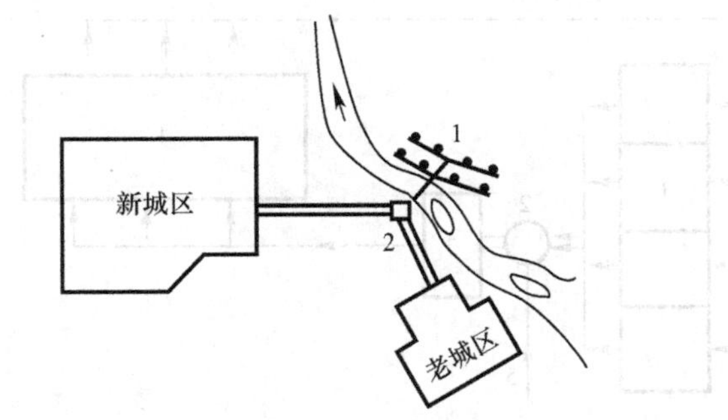

图 5-36 分区给水系统示意图

1—管井群；2—泵站

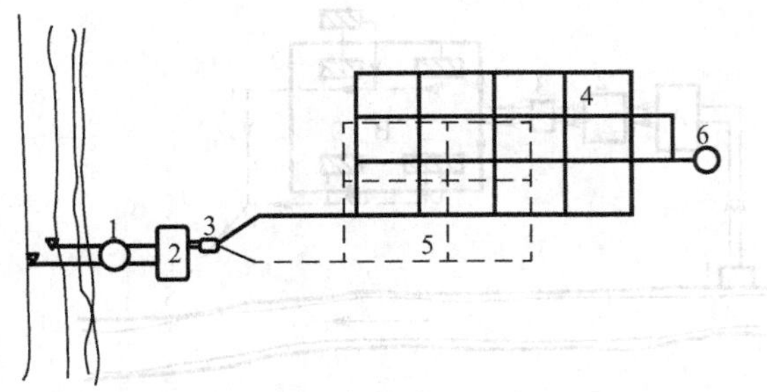

图 5-37 分压给水系统示意图

1—取水构筑物；2—水处理构筑物；3—泵站；4—低压管网；5—高压管网；6—水塔

图 5-36 所示为分区给水系统示意图。由图 5-36 所示可以看出，分区给水系统由管井群、泵站组成。

图 5-37 所示为分压给水系统示意图。由图 5-37 所示可以看出，分压给水系统由取水构筑物、水处理构筑物、泵站、低压管网、高压管网、水塔等几部分组成。

图 5-38 所示为循环给水系统示意图。由图 5-38 可以看出，循环给水系统由冷却塔、吸水井、泵站、车间、补充水组成。

图 5-39 所示为复用给水系统示意图。由图 5-39 可以看出，复用给水系统是由取水构筑物、冷却塔、泵站、排水系统、车间组成。

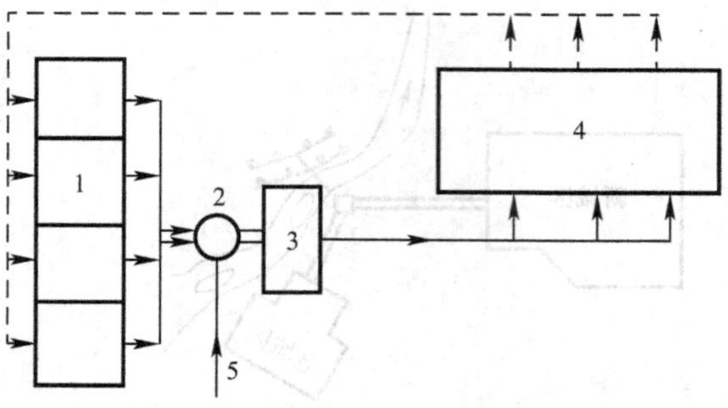

图 5-38 循环给水系统示意图

1—冷却塔；2—吸水井；3—泵站；4—车间；5—补充水

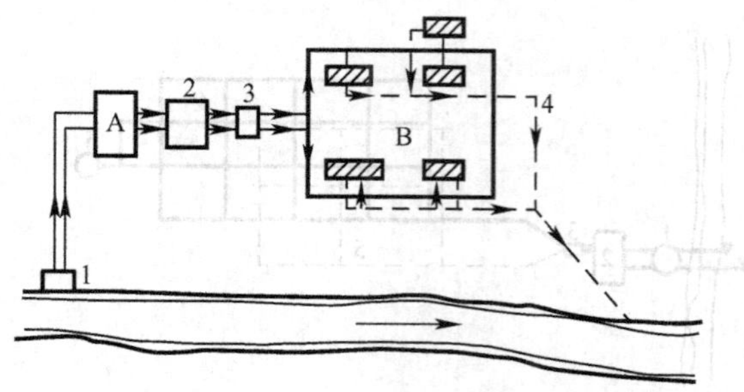

图 5-39 复用给水系统示意图

1—取水构筑物；2—冷却塔；3—泵站；4—排水系统

5.5 识读排水管道工程施工图

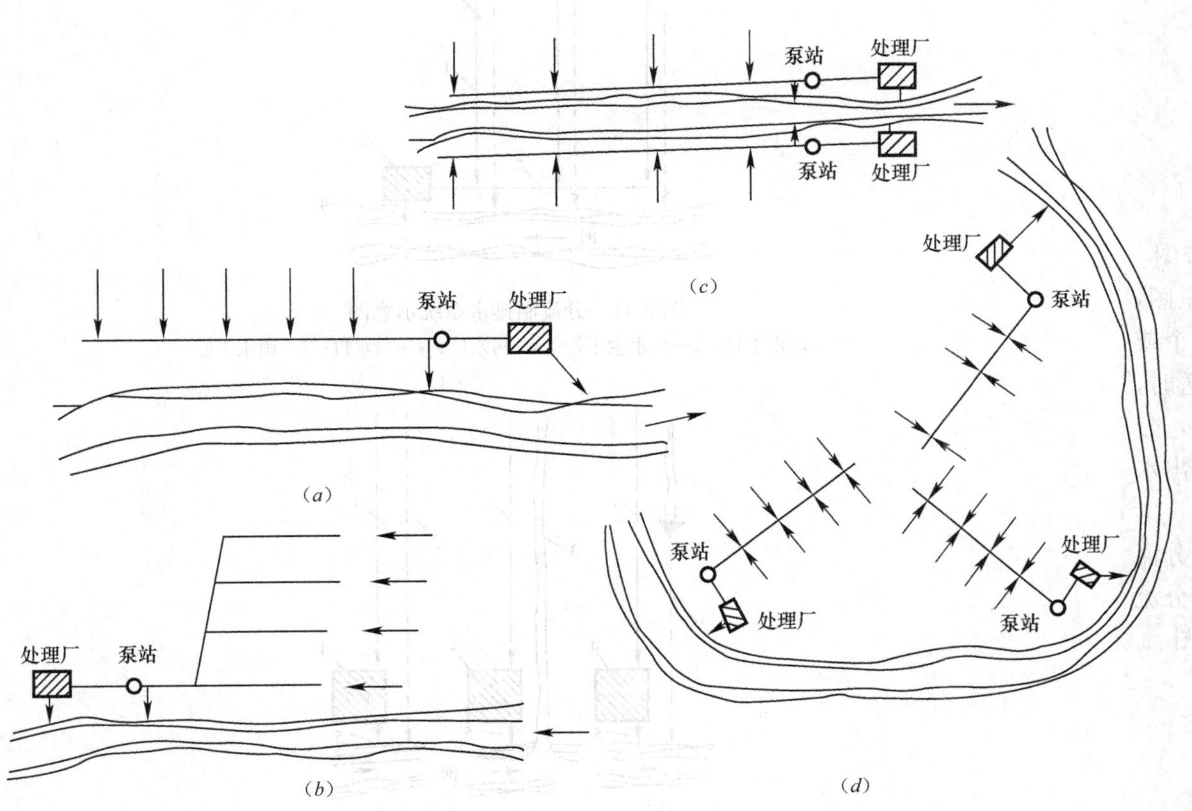

图 5-40 排水管网主干管布置示意图

(*a*) 正交截流式；(*b*) 平行式；(*c*) 分区式；(*d*) 放射式

【例 5-8】 识读某排水管网主干管布置示意图。

图 5-40 所示为排水管网主干管布置示意图，其中图（*a*）为正交截流式，即排水流域的干管与等高线垂直相交，而主干管（截流管）敷设于排水区域的最低处，且走向与等高线平行，这样既便于干管污水的自流接入，又可以减少截流管的埋设坡度；图（*b*）为平行式；图（*c*）为分区式；图（*d*）为放射式。

【例 5-9】 识读不同方式的排水系统图。

图 5-41 所示为分流制排水系统示意图，当生活污水、工业废水、降水径流用两个或两个以上的排水管渠系统来汇集和输送时，称为分流制排水系统。从图中可以看出，分流制排水系统主要由污水管、污水厂、出水口、雨水干管组成。

图 5-42 所示为完全分流制、不完全分流制排水系统示意图。其中图（*a*）为完全分流制示意图；图（*b*）为不完全分流制示意图。

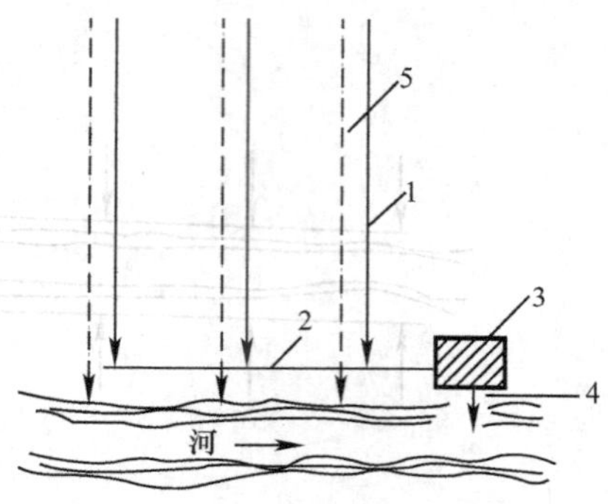

图 5-41 分流制排水系统示意图

1—污水干管；2—污水主干管；3—污水厂；4—出水口；5—雨水干管

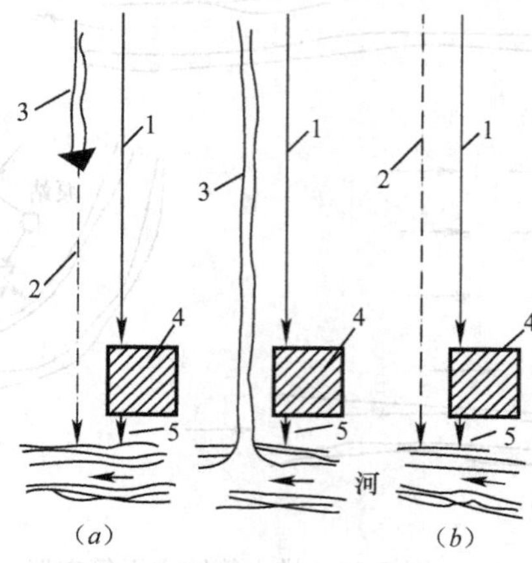

图 5-42 完全分流制、不完全分流制排水系统示意图

1—污水管道；2—雨水管渠；3—原有渠道；4—污水厂；5—出水口

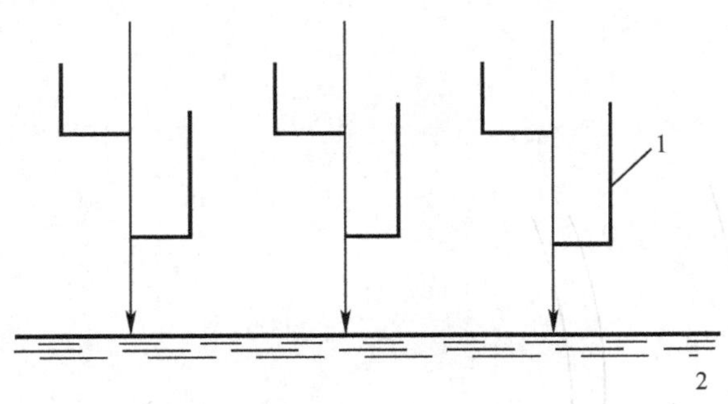

图 5-43　直泄式合流排水系统示意图

1—合流制排水管网；2—自然水体

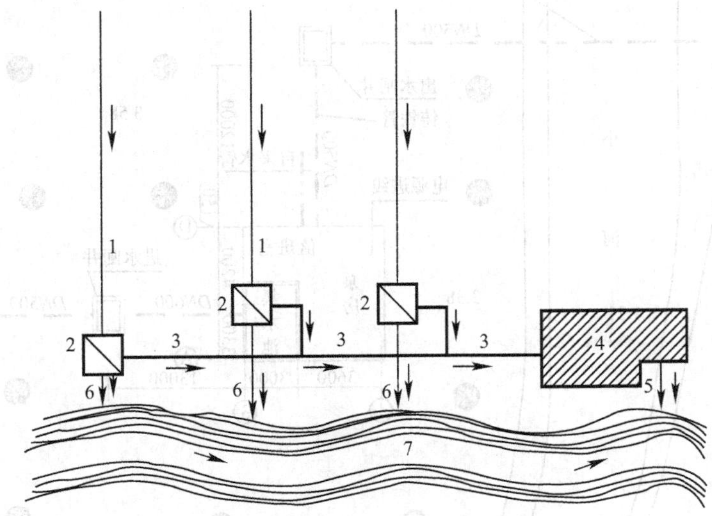

图 5-44　带溢流井的截流式合流制排水系统示意图

1—合流干管；2—溢流井；3—截流主干管；4—污水厂；5—出水口；6—溢流干管；7—河流

图 5-43 所示为直泄式合流排水系统示意图。管渠系统的布置就近坡向水体，分若干排出口，混合的污水未经处理直接泄入自然水体。

图 5-44 所示为带溢流井的截流式合流制排水系统示意图，该排水体制就是在临河岸边修建一条截流干管，同时在截流干管处设置溢流井，将排水管道中合流的生活污水、工业废水和雨水，一起排向沿河的截流干管。晴天时全部输送到污水处理厂；雨天时当雨水、生活污水和工业废水的混合水量超过一定数量时，其超出部分通过溢流井泄入水体。

5.6 识读泵站工程图

1. 泵站位置图

图 5-45 是某泵站示意图，从图中可以看出泵站位于小河以东的果树林中，污水管道通过进水闸井流向集水池，污水从泵站出来排入出水闸井通过过河管流向小河以西。

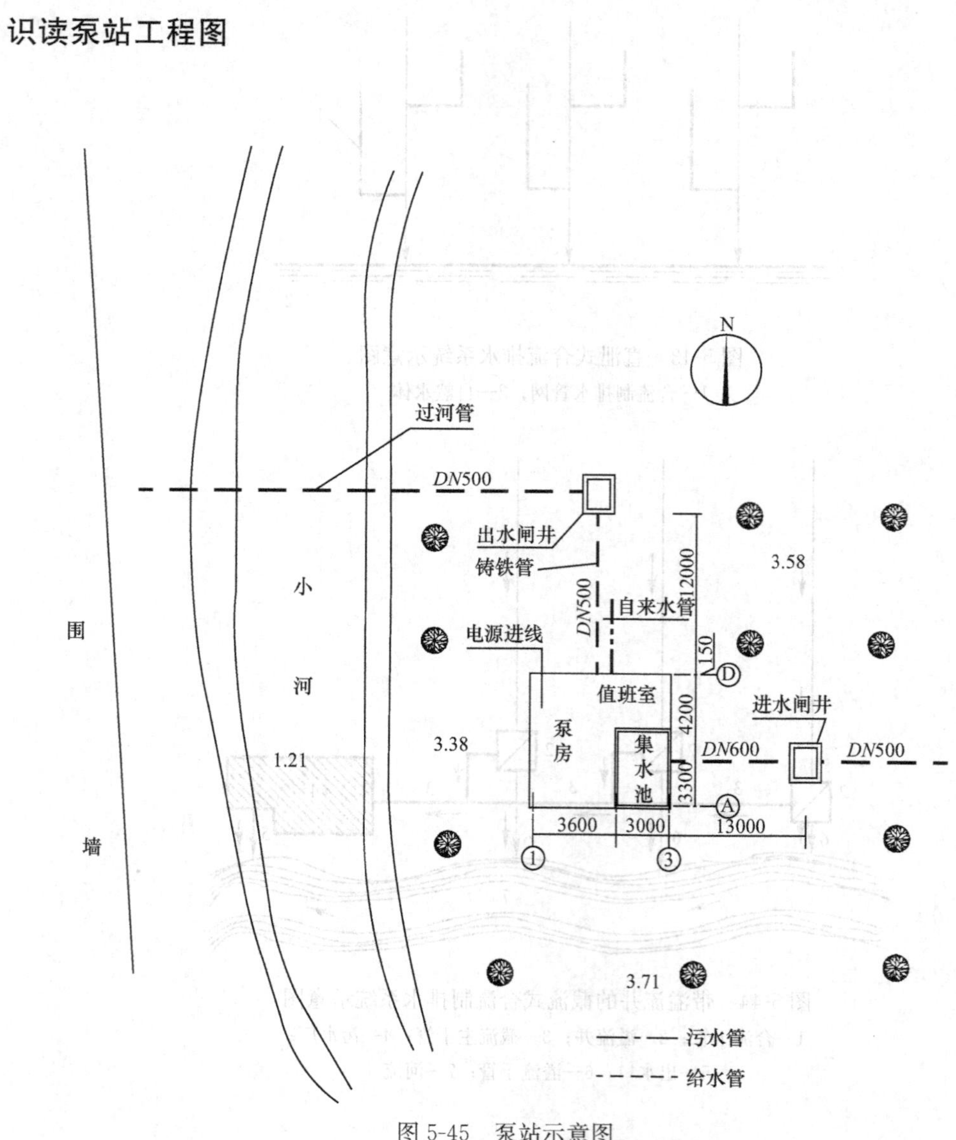

图 5-45　泵站示意图

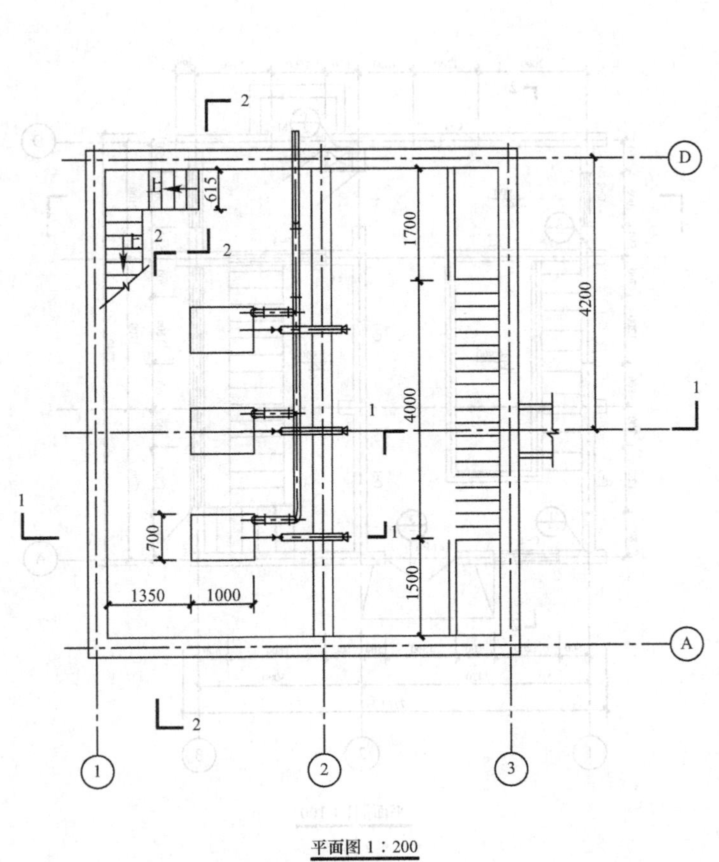

图 5-46　泵站工艺流程图

2. 泵站工艺流程图

图 5-46 所示，污水从管道穿过栅栏流向集水池，通过吸水管进入水泵抽升排出。进水管底的标高－0.320m，水泵吸水管中心标高－0.430m，集水池中的栅栏起阻挡大块污物的作用，工作台为清除杂物用。工作台、室外地坪、吊车梁处均应标注标高。

3. 泵站建筑施工图

图 5-47 是泵站的部分建筑施工图，主要由平面图、正立面图和 1-1、2-2 剖面图组成，还有一部分是局部详图。

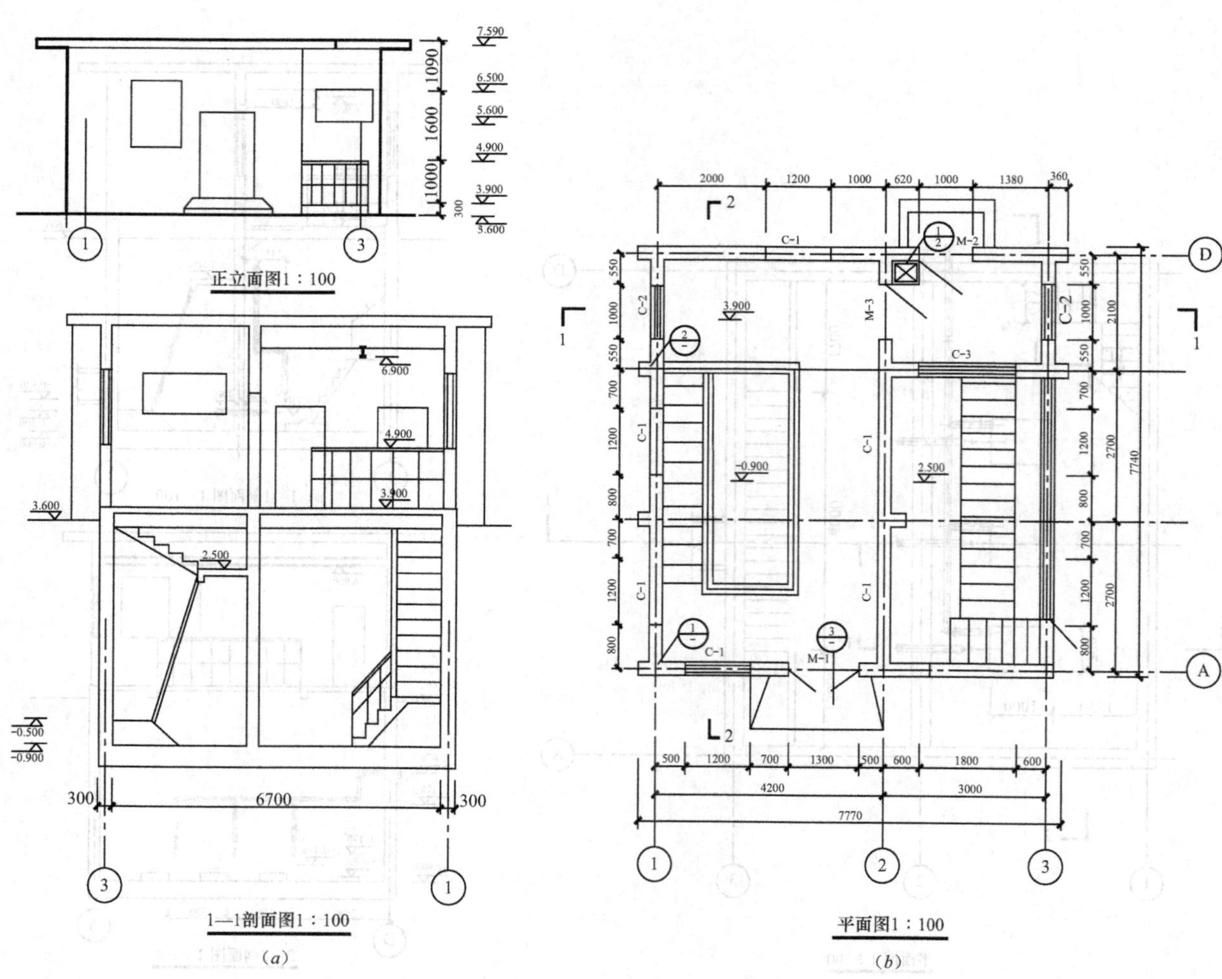

图 5-47 泵站建筑施工图（一）

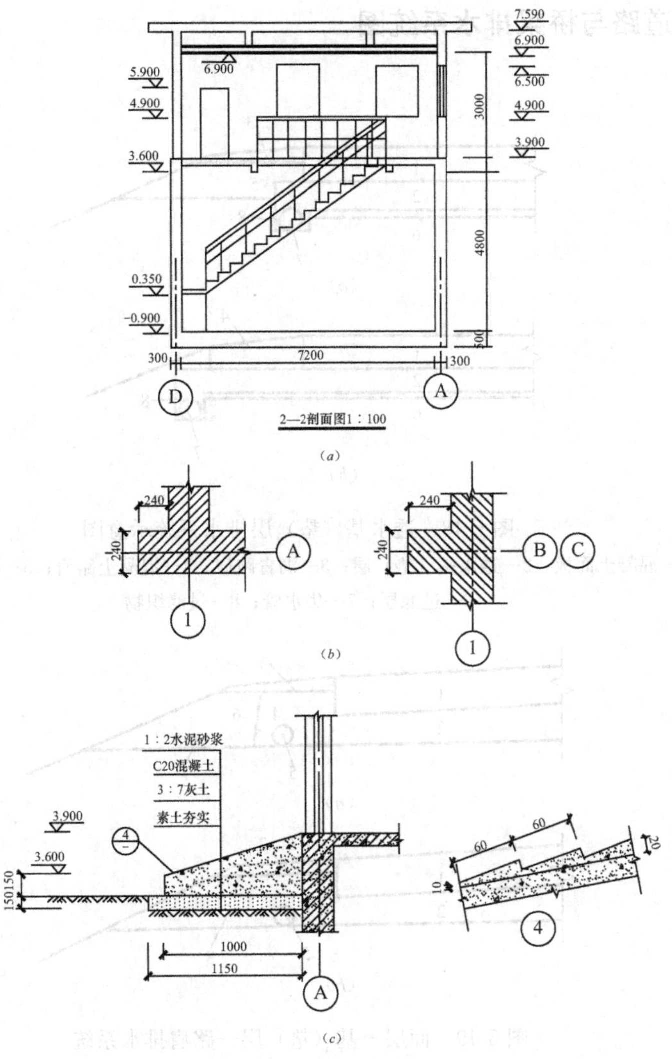

图 5-47 泵站建筑施工图（二）

泵站建筑施工图与房屋建筑施工图的特点基本相同，只是标注标高有所不同。泵站建筑施工图的标高是指绝对标高。在建筑施工图中剖切的墙壁轮廓线及工艺流程图中的管路、管件符号用粗实线表示，其他如平面图中的台阶、窗台、楼梯、工艺流程图中的墙身轮廓用中粗实线表示。

5.7 识读市政道路与桥梁排水系统图

1. 道路排水系统图识读

(1) 路面表面排水系统图

路面表面渗水和排水情况，如图 5-48 和图 5-49 所示。

从图 5-48 可知，为了防止路基土的细颗粒浸入透水基（垫）层堵塞空隙而使排水作用失效，在透水基（垫）层下设置过滤层。

图 5-49 可知，如果用密级配粒料或其他材料做成不透水基（垫）层，可在路肩下设置排水层（开级配粒料或多孔贫混凝土等），这样可以通过接缝或裂缝下渗的水沿面板和不透水基（垫）层界面流向路肩，从而排出路基之外。

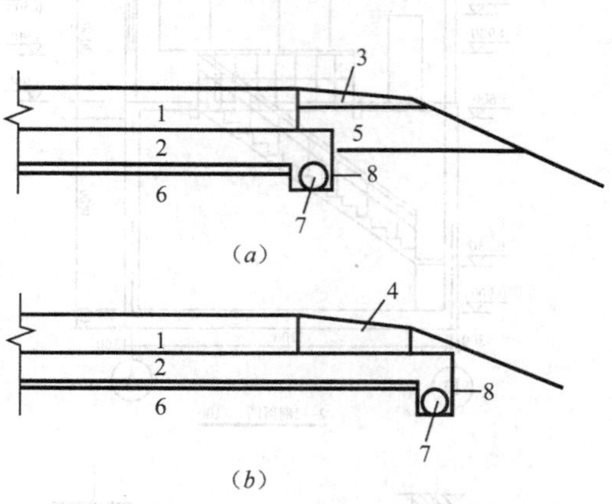

图 5-48 透水基（垫）层排水系统示意图

1—混凝土面板；2—透水基（垫）层；3—沥青路肩；4—混凝土路肩；5—路肩基层；6—过滤层；7—集水管；8—过滤织物

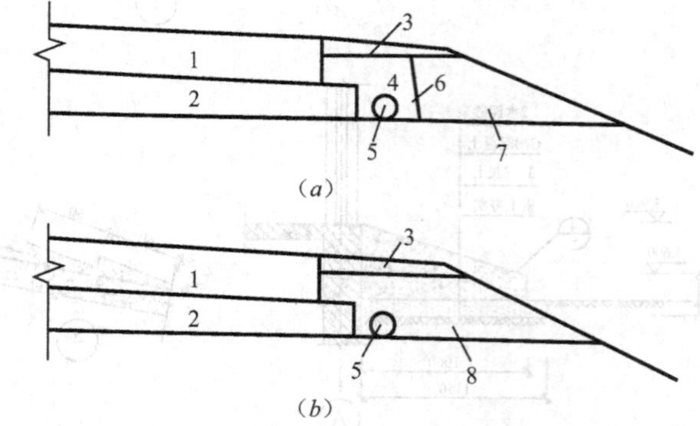

图 5-49 面层—基（垫）层—路肩排水系统

1—混凝土面板；2—基（垫）层；3—路肩；4—多孔混凝土；5—集水管；6—过滤织物；7—未处理粒料；8—透水材料

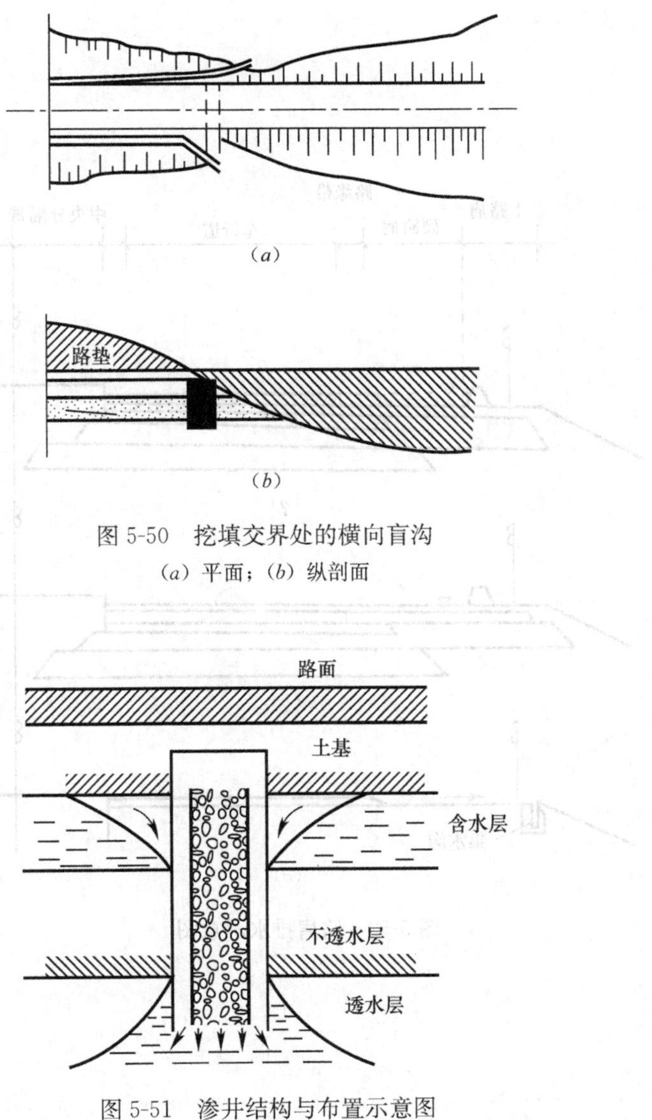

图 5-50　挖填交界处的横向盲沟

（a）平面；（b）纵剖面

图 5-51　渗井结构与布置示意图

（2）盲沟与深井排水系统图

图 5-50 所示为挖填交界处的横向盲沟，用于拦截和排除路堑下面层间水或小股泉水，保持路堤填土不受水侵蚀。

图 5-51 所示为路基内渗井结构与布置示意图。对影响路基的地下含水层较薄的地点，可考虑设置立式渗水井，向地下穿过不透水层，将上层含水引入下层渗水层，方便地下水扩散排除。

(3) 路肩排水系统

路肩排水系统由路面横坡、路缘带与硬路肩、路缘石形成的集水槽以及将地表水排除路基的泄水口和急流槽等组成，如图 5-52 所示。

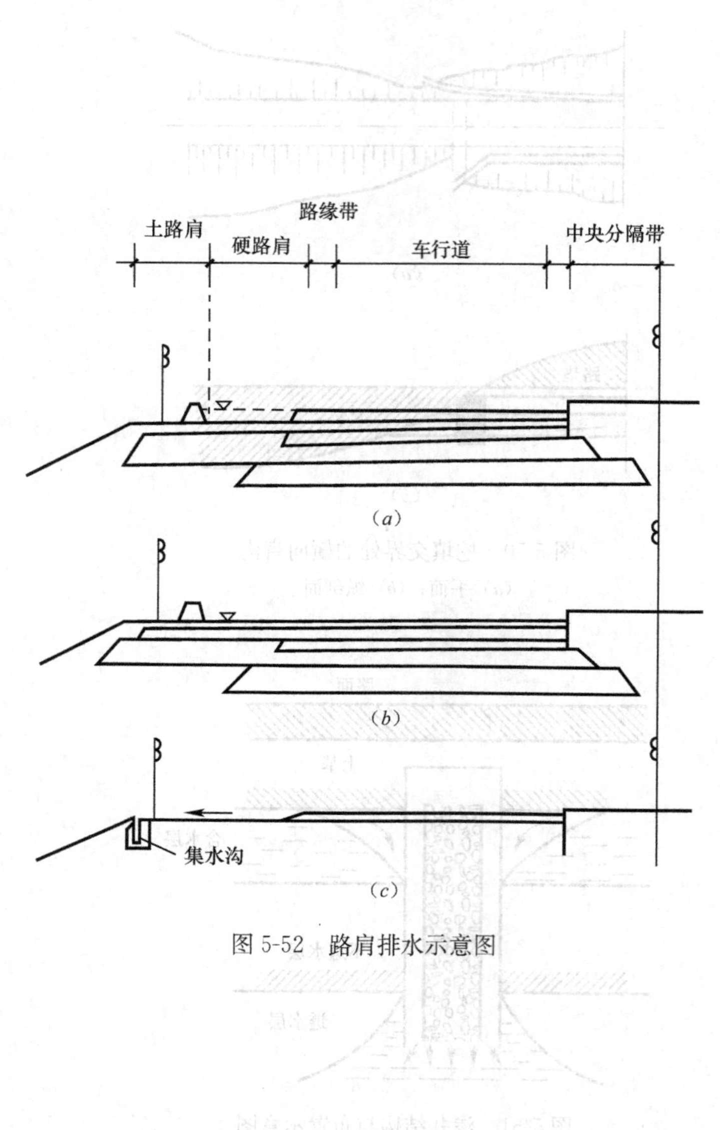

图 5-52　路肩排水示意图

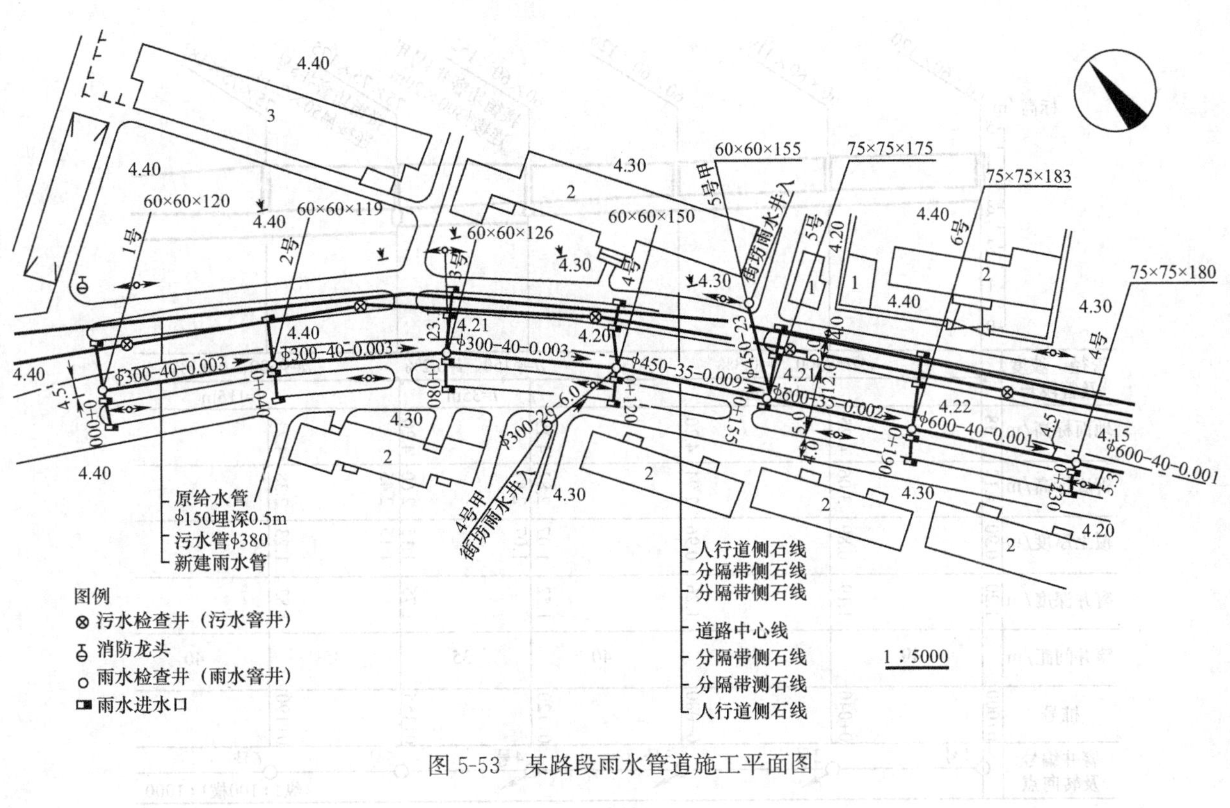

图 5-53 某路段雨水管道施工平面图

（4）道路排水系统施工图

道路排水系统施工平面图是在城市道路的基础上画出排水管线及其构造物的布置情况。某路段雨水管道施工平面图如图 5-53 所示。

排水系统的施工纵断面图与平面图应该对照使用。施工纵断面图示按实地定线后进行水准测量的资料绘制而成的。通常选用的比例为：横向为1∶1000；纵向为1∶100或1∶50。图5-54所示为雨水管道施工纵断面图。

其中，4号窨井设计尺寸为60cm×60cm×150cm，接街坊窨井4号甲连管，连管直径为ϕ300，长度为20m。此外，4号及5号窨井，均有街坊雨水支管接入。

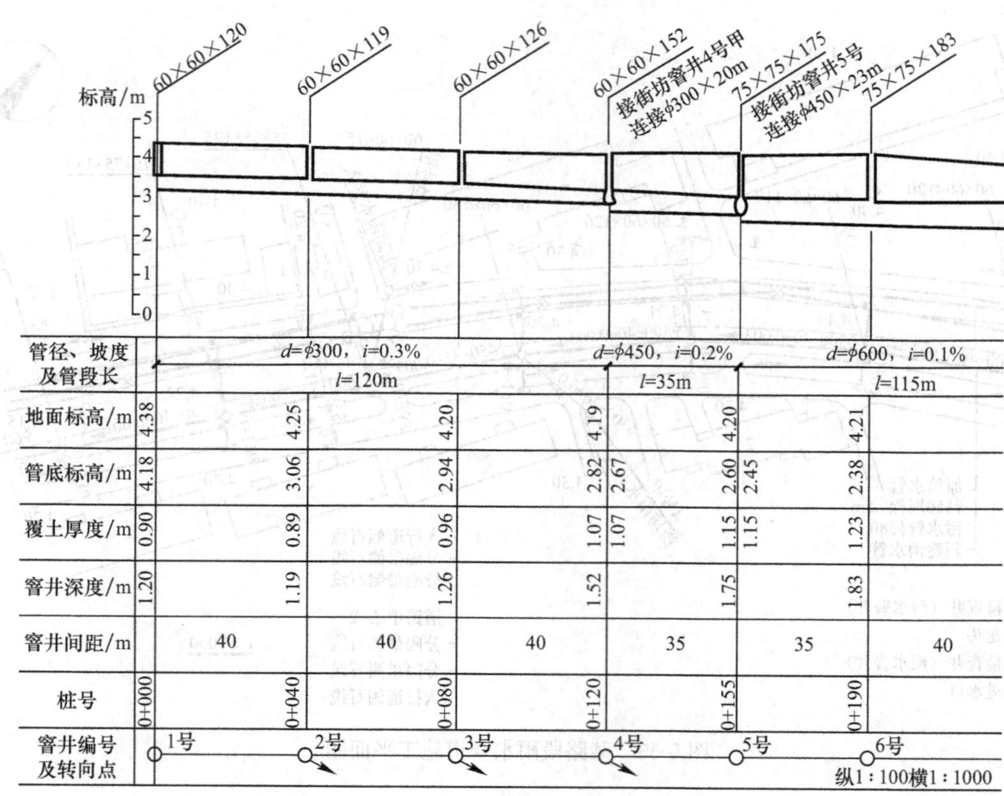

图5-54　雨水管道纵断面图

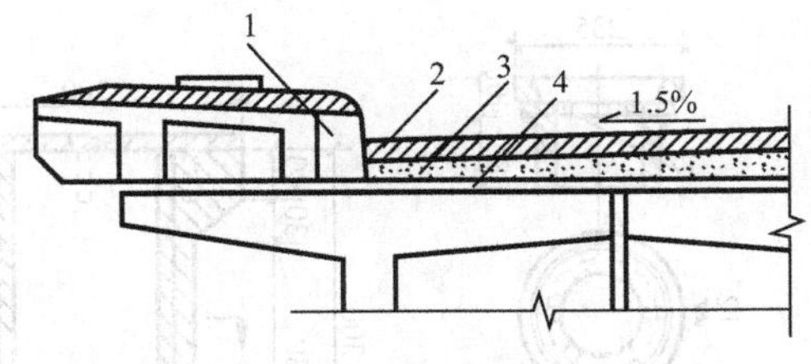

图 5-55　防水层施工图

1—缘石；2—混凝土路面；3—保护层；4—防水层

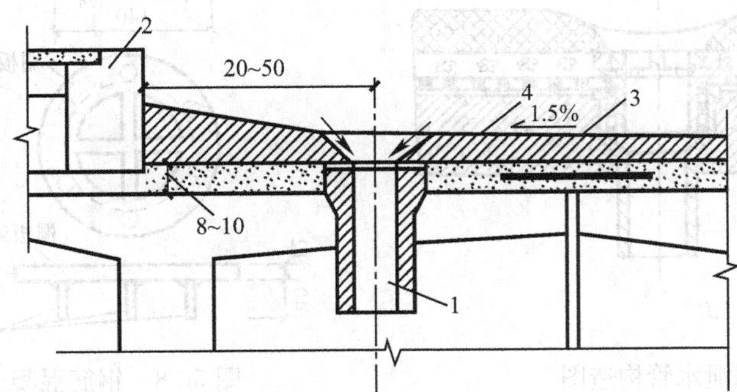

图 5-56　桥面排水管道布置示意图（单位：m）

1—泄水管；2—缘石；3—防水混凝土；4—沥青表面处治

2. 桥梁排水系统图识读

（1）桥梁防水层施工图

防水层设置在桥面铺装层下面，它将透过铺装层渗下来的雨水接住汇入到泄水管排出。防水层施工图如图 5-55 所示。

（2）桥面排水系统图

桥面排水是在桥面纵横坡的引导下，把雨水汇入集水碗，并从泄水管排出。图 5-56 所示为桥面排水管道布置示意图。

泄水管通常设置在行车道两侧，有对称设置、交错排列设置两种方式。常用的泄水管有钢筋混凝土管和铸铁管两种。金属泄水管构造与钢筋混凝土构造，分别见图 5-57、图 5-58。

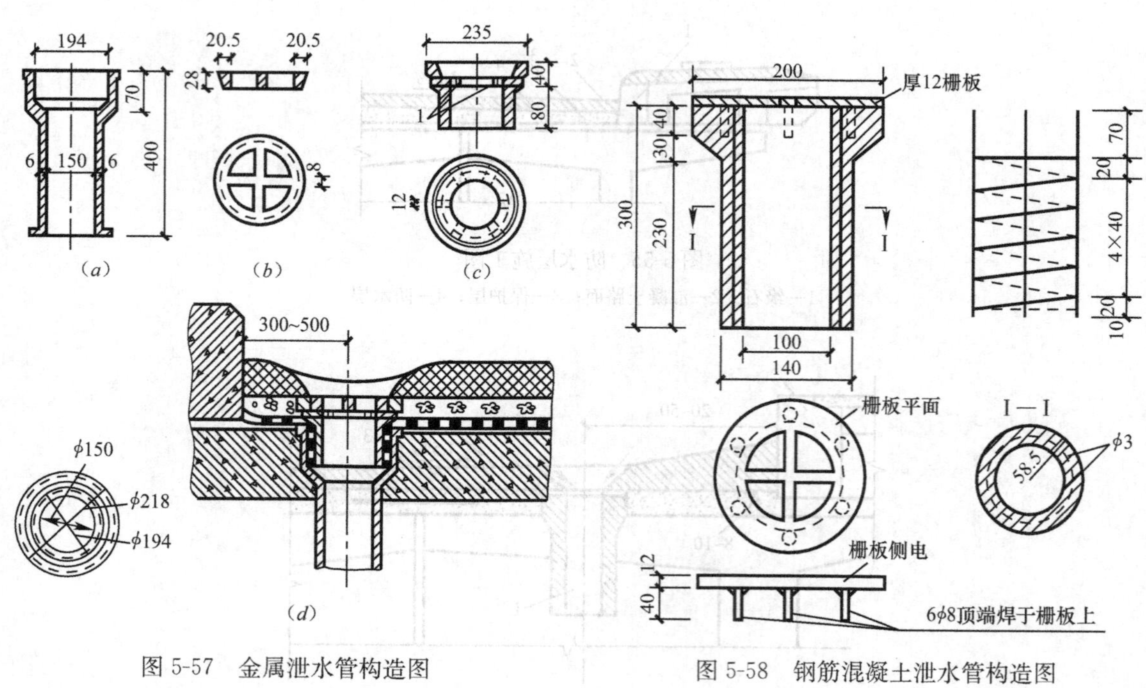

图 5-57　金属泄水管构造图

图 5-58　钢筋混凝土泄水管构造图

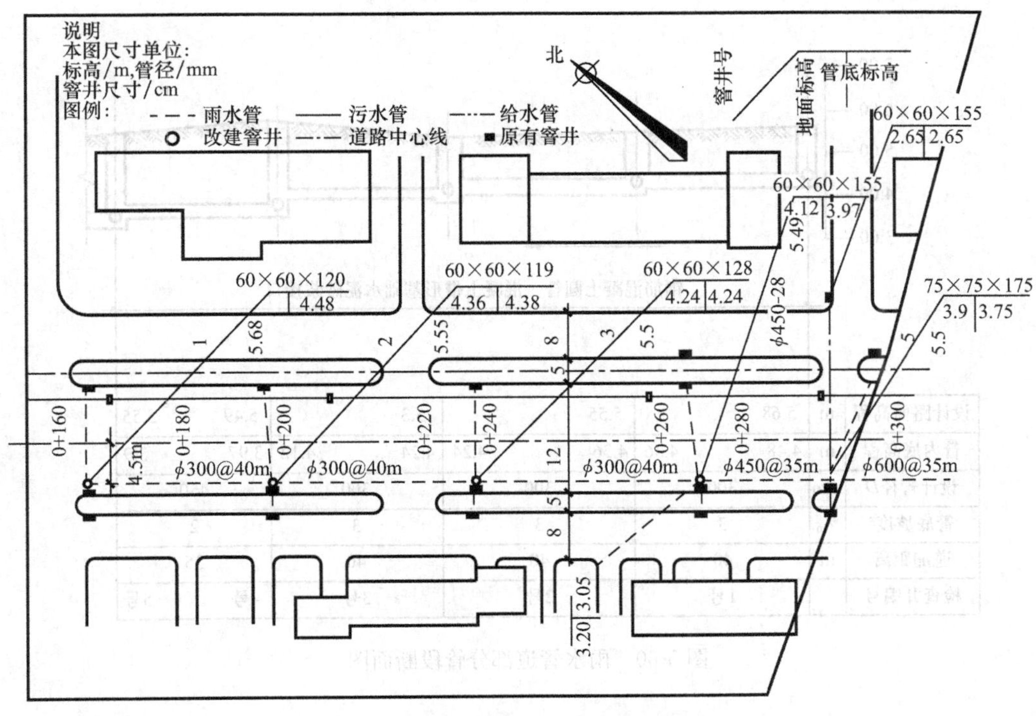

图 5-59 雨水管道部分管段平面图例

3. 识读实例

【例 5-10】 识读某雨水管道部分管段平面图。

雨水管道的平面详图，一般比例为 1∶200～1∶500，以布置雨水管线的道路为中心，如图 5-59 所示。从该图可以看出以下内容：

（1）雨水管网干管、主干管的位置。

（2）设计管段起始、检查井的位置及其编号。

（3）设计管段长度、管径、坡度及管道排水方向。

（4）道路的宽度及绘出的道路边线及建筑物轮廓线等。

【例 5-11】 识读某雨水管道部分管段断面图。

图 5-60 中可以看出管道断面图主要标明的内容有设计管道的管径、坡度、管内底高程、地面高程、路面高程、检查井修建高程、检查井编号以及管道材料、管道基础类型及旁侧支管的位置等。

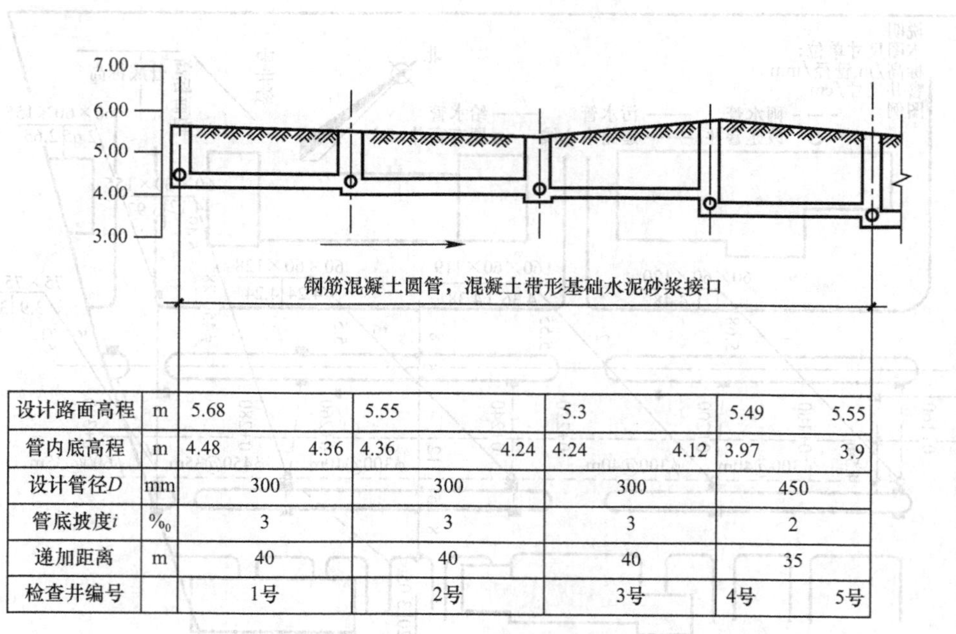

设计路面高程	m	5.68	5.55	5.3	5.49　　5.55
管内底高程	m	4.48　　4.36	4.36　　4.24	4.24　　4.12	3.97　　3.9
设计管径D	mm	300	300	300	450
管底坡度i	‰	3	3	3	2
递加距离	m	40	40	40	35
检查井编号		1号	2号	3号	4号　　5号

图 5-60　雨水管道部分管段断面图

6 识读市政燃气工程施工图

市政燃气工程施工图主要包括以下内容。

（1）图样目录

在图样目录中主要搞清新绘制的图样和选用的标准图样的编号，以便正确识读。

（2）图纸首页

在图纸首页中主要搞清楚本工程的设计依据、设计范围、设计原则、燃气用户的用量和压力、用电负荷、管线的种类和规格、管道接口和管线连接方式、施工质量检查和验收标准以及补偿器、排水器和阀门等的种类和规格。

（3）管道平面图

在管道平面图中主要搞清燃气管道、补偿器、排水器、阀门井的定位尺寸，管线的长度和根数等。

（4）管道纵断面图

在管道纵断面图中主要搞清地面标高、管线中心标高、管径、坡度坡向、排水器等管件的中心标高。

（5）管道横断面图

在管道横断面图中主要搞清各管道的相对位置及安装尺寸。

（6）节点大样图

在节点大样图中主要搞清各连接管件、阀门、补偿器、排水器的安装尺寸及规格。

某路 K0＋750～K0＋1000m 燃气管道的施工图如图 6-1 所示，包含燃气管道平面图和剖面图。天然气管道为中压管道，管材采用 PE 管 SDR＝11，管径为 *De*160。从图中可以看出：

（1）管道于里程 K0＋750～K0＋970 之间离管道中心距离为 9.83m，在里程 K0＋970～K0＋974.2 之间改变管向，在里程 K0＋974.2～K0＋1000 之间离道路中心线距离是 7.38m。

（2）管道在里程 K0＋878.3～K0＋933.9 之间穿越障碍物，套管采用 Q235A 螺旋缝埋弧焊接钢管，套管的防腐方法是特加强石油沥青防腐。

（3）管道的纵横向比例分别是 1∶500 和 1∶100，分别绘制出设计地面标高、管道覆土厚度、管顶标高、管道的长度和坡度等。如里程 K0＋878.3～K0＋893.9 之间管道实际长度 2.12m，坡度是－1.000。管道沿地势坡度覆土深度是 1m。

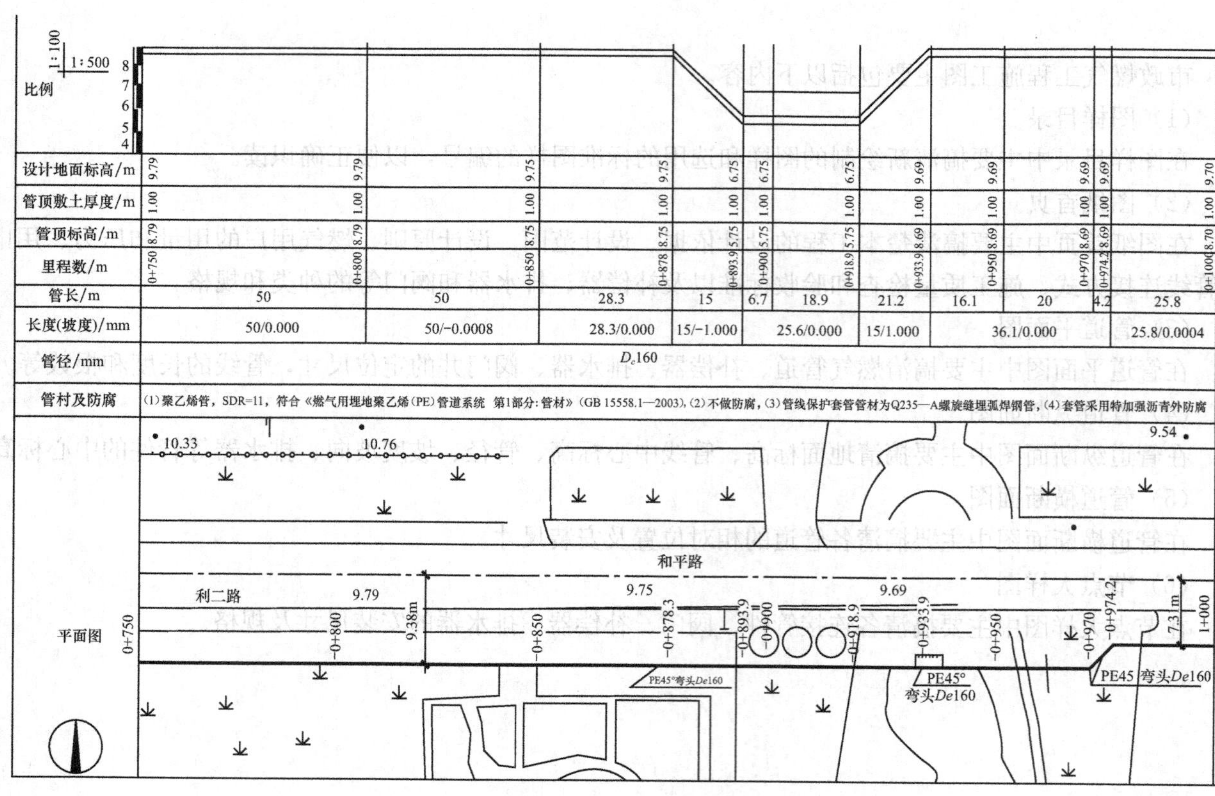

图 6-1　某城市市政燃气管道平面及剖面图

参考文献

[1] 中华人民共和国住房和城乡建设部. 房屋建筑制图统一标准 GB/T 50001—2010 [S]. 北京：中国建筑工业出版社，2011.

[2] 中华人民共和国住房和城乡建设部，中华人民共和国国家质量监督检验检疫总局. 总图制图标准 GB/T 50103—2010 [S]. 北京：中国建筑工业出版社，2011.

[3] 常小会，斯庆高娃. 道路工程制图与识图 [M]. 郑州：黄河水利出版社，2014.

[4] 洪英. 桥梁结构与识图 [M]. 北京：机械工业出版社，2015.

[5] 张维丽. 桥梁构造识图与施工 [M]. 北京：人民交通出版社，2014.

[6] 秦树和、秦渝. 管道工程识图与施工工艺（第三版）[M]. 重庆：重庆大学出版社，2013.

[7] 张瑞祯. 建筑给排水工程施工图识读要领与实例 [M]. 北京：中国建材工业出版社，2013.

[8] 李世华. 市政工程识图与构造习题集 [M]. 北京：中国建筑工业出版社，2013.